免费提供案例源程序与微课视频

微课学三菱 FX3U/Q 系列 PLC 编程

李方园 等编著

机械工业出版社

PLC 作为智能制造不可或缺的基石，在处理模拟量、数字运算、人机接口和网络通信等各方面发挥着越来越大的作用。本书介绍了目前主流的三菱 FX3U 系列小型 PLC 和 Q 系列大中型 PLC，采用扫描二维码看微课的形式对三菱 FX3U/Q 系列 PLC 技术的重要功能进行深入细致的说明，将实际 PLC 工程中容易出现的问题作为案例，交给读者研究分析，进一步延伸了书本的"厚度"。

本书共有 47 个案例，由浅入深、循序渐进地介绍了三菱 PLC 的应用指令、SFC 编程、模拟量应用、定位控制、通信编程等综合内容，各部分内容既注重系统、全面、新颖，又力求叙述简练、层次分明、通俗易懂。本书具有极强的针对性、可读性和实用性，将是学习者不可多得的好书。

图书在版编目（CIP）数据

微课学三菱 FX3U/Q 系列 PLC 编程/李方园等编著. —北京：机械工业出版社，2021.9（2023.7 重印）

ISBN 978-7-111-69199-0

Ⅰ.①微…　Ⅱ.①李…　Ⅲ.①PLC 技术-程序设计　Ⅳ.①TM571.61

中国版本图书馆 CIP 数据核字（2021）第 192782 号

机械工业出版社（北京市百万庄大街 22 号　邮政编码 100037）

策划编辑：林春泉　　　　　责任编辑：林春泉　闫洪庆

责任校对：潘　蕊　王　延　封面设计：马若濛

责任印制：张　博

北京雁林吉兆印刷有限公司印刷

2023 年 7 月第 1 版第 2 次印刷

184mm×260mm · 21 印张 · 519 千字

标准书号：ISBN 978-7-111-69199-0

定价：95.00 元

电话服务　　　　　　　　　网络服务

客服电话：010-88361066　　机 工 官 网：www.cmpbook.com

　　　　　010-88379833　　机 工 官 博：weibo.com/cmp1952

　　　　　010-68326294　　金 书 网：www.golden-book.com

封底无防伪标均为盗版　机工教育服务网：www.cmpedu.com

前　言

可编程序控制器（PLC）从其产生到现在，实现了接线逻辑到存储逻辑的飞跃；其功能从弱到强，实现了逻辑控制到流程控制的进步；其应用领域从小到大，实现了单体设备简单控制到胜任运动控制、过程控制及集散控制等各种任务的跨越。今天的 PLC 已经成为智能制造不可或缺的基石，在处理模拟量、数字运算、人机接口和网络通信等各方面发挥着越来越大的作用。本书介绍了目前主流的三菱 FX3U 系列小型 PLC 和 Q 系列大中型 PLC，前者机身紧凑、处理高效，可达数百点开关量控制；后者采用了模块化的结构形式，其产品组成与规模灵活可变，最大输入/输出点数达到 8192 点。

本书共分为 6 章。第 1 章介绍了三菱 PLC 基础知识，包括 PLC 定义、PLC 的编程软元件与扫描工作方式、PLC 的梯形图编程，同时也介绍了三菱编程软件 GX Works2 的使用，通过案例阐述了 FX3U 系列 PLC 定时器及计数器和三菱 Q 系列 PLC 配置。第 2 章介绍了 PLC 与触摸屏的联合仿真，通过交通灯控制、传送带传动、彩灯控制等 11 个案例介绍了常用的运算指令和流程控制指令。第 3 章介绍了 PLC 的 SFC 编程，对 SFC 的编写和程序输入进行全面的学习，列出了单流程结构编程方法和多流程结构编程方法，以大小球分类选择传送和按钮式人行横道指示灯为例进行实际编程应用，同时对 Q 系列 PLC 的更复杂功能的 SFC 编程给出了案例应用。第 4 章是 PLC 工程初步应用，从逻辑控制与模拟量应用两方面进行了详细阐述。第 5 章是 PLC 的定位控制，通过多个工程实例，介绍了如何对 PLC 进行硬件方式选择、程序指令调用来实现对工作台电动机等负载对象的定位控制。第 6 章介绍了 PLC 的通信编程，包括 1:N 与 N:N 串口通信、QJ71C24 串口通信、QJ71E71 以太网通信、CC - Link 通信，涵盖了 FX、Q 系列 PLC 与第三方设备的数据业务。

本书采用扫描二维码看微课的形式对三菱 FX3U/Q 系列 PLC 技术的重要功能进行深入细致的说明，将实际 PLC 工程中容易出现的问题作为案例，交给读者研究分析，进一步延伸了书本的"厚度"。

本书主要由李方园编写，参加编写的还有吕林锋、李霁婷、陈亚玲。在编写过程中，得到了三菱电机自动化（中国）有限公司技术人员的帮助，并提供了相当多的典型案例和编程经验。另外，在本书的编写过程中参考了国内一些作者编写的教材和著作等资料，作者在此一并致谢。

作　者

目　　录

第 1 章

三菱PLC基础知识

导读

作为一种工业控制计算机，PLC 可以适合各种复杂机械、自动生产线的控制场合，来执行逻辑运算、顺序控制、定时、计数与算术操作等面向用户的指令。本章介绍了三菱 FX3U 小型 PLC 和 Q 系列大中型 PLC。前者机身紧凑、处理高效，可达数百点开关量控制；后者采用了模块化的结构形式，其产品组成与规模灵活可变，最大 I/O 点数达到 8192 点。另外，本章还介绍了编程软件 GX Works2 的使用、定时器和计数器及其应用案例。

1.1 三菱 PLC 概述

1.1.1 PLC 定义

国际电工委员会（IEC）为规范相关控制器产品，颁布了 PLC 的相关规定：PLC 是一种数字运算操作的电子系统，专为在工业环境下应用而设计；它采用可编程序的存储器，用来在其内部存储执行逻辑运算、顺序控制、定时、计数和算术运算等操作的指令，并通过数字的、模拟的输入和输出，控制各种类型的机械或生产过程；PLC 及其有关设备，都应按易于与工业控制系统形成一个整体，易于扩充其功能的原则设计。

从定义来看，PLC 是为工业环境开发的电子控制设备，也是一台专门用于具有高级功能的顺序控制的计算机，它有 CPU 模块、I/O 模块、存储器、电源模块、底板或机架，其 I/O 能力可按用户需要进行扩展与组合。图 1-1 所示为 PLC 的基本结构框图。

从图中可以看出，PLC 具有与普通计算机相同的基本结构：一个 CPU，用于控制设备并处理数据，执行存储在存储器（存储单元）中的程序，从输入接口部件中接收数据，对其进行处理，然后将其从输出接口部件输出。

图 1-2 所示为三菱公司两款不同类型的 PLC，即 FX 系列 PLC 和 Q 系列 PLC，分别应用在小型工程和中大型系统中。

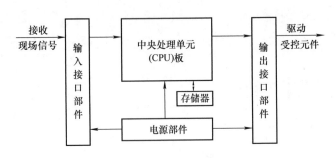

图1-1　PLC的基本结构框图

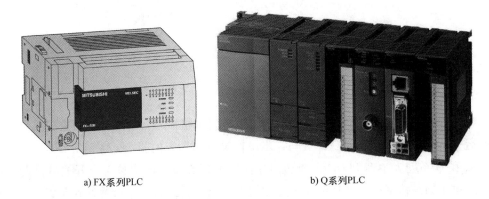

a) FX系列PLC　　　　　　　　b) Q系列PLC

图1-2　三菱PLC

1.1.2　PLC的编程软元件与扫描工作方式

1. 编程软元件

PLC为了更好地表达控制逻辑关系，将存储单元划分成几个大类的编程软元件。PLC内部的编程软元件是用户进行编程操作的对象，不同的编程软元件在程序工作过程中完成不同的功能。

为了便于理解，特别是便于熟悉低压电器控制系统的工程人员理解，通俗称之为输入/输出继电器、辅助继电器、定时器、计数器等，但它们与真实电器元件有很大的差别，被称为"软继电器"。所谓"软继电器"，是系统软件用二进制位的"开"和"关"的状态，来模拟继电器的"通"和"断"的状态。因此，这些"软继电器"的工作线圈没有工作电压等级、功耗大小和电磁惯性等问题；触点没有数量限制、机械磨损和电蚀等问题。

因此，编程元件实质上是存储器中的位（或字），因此其数量是很大的，为了区分它们，给它们每类用字母标识，并在其后编号。在三菱PLC中，X代表输入继电器，Y代表输出继电器，M代表辅助继电器，T代表定时器，C代表计数器，S代表状态继电器，D代表数据寄存器等。

（1）输入继电器X

PLC的输入端子是从外部开关接收信号的窗口，PLC内部与输入端子连接的输入继电器X是用光电隔离的继电器，它们的编号与接线端子编号一致（按八进制或十六进制编号）。

输入继电器线圈的吸合或释放只取决于与之相连的外部触点的状态，因此其线圈不能由程序来驱动，即在程序中不出现输入继电器的线圈。在程序中使用的是输入继电器常开/常闭两种触点，且使用次数不限。

FX3U 小型 PLC 单元输入继电器线圈都是八进制编号的地址，输入为 X0 ~ X7，X10 ~ X17，X20 ~ X27 等，又称为"I 元件"，即 Input（输入）。而 Q 系列中大型 PLC 则是十六进制编号，如 X00 ~ X0F。

输入端 X 的 OFF 或 ON 信号在 PLC 映像区被存储为"0"或"1"，其工作示意如图 1-3 所示。

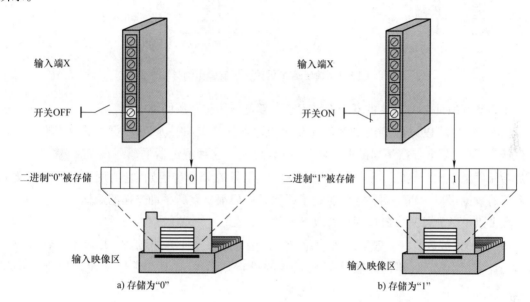

a) 存储为"0"   b) 存储为"1"

图 1-3 输入信号到输入端 X 的映像区

（2）输出继电器 Y

PLC 的输出端子是向外部负载输出信号的窗口。输出继电器的线圈由程序控制，输出继电器的外部输出主触点接到 PLC 的输出端子上供外部负载使用，内部常开/常闭触点供内部程序使用。

输出继电器的常开/常闭触点使用次数不限。输出电路的时间常数是固定的。FX3U 小型 PLC 是八进制输出，输出为 Y0 ~ Y7、Y10 ~ Y17、Y20 ~ Y27 等，又称为"O 元件"，即 Output（输出）。而 Q 系列 PLC 则是十六进制 PLC，如 Y00 ~ Y0F。

PLC 输出映像区的"0"或"1"信号到输出端的"OFF"或"ON"状态，如图 1-4 所示。

输入 X 和输出 Y 在很多工程应用中，通常被称为"I/O 元件"。一个工程项目，I/O 元件表必须清晰表达，这样才方便进行 PLC 系统配置、硬件接线和软件编程。

（3）辅助继电器 M

PLC 中有多个辅助继电器，软元件符号为"M"。与输入/输出继电器不同，辅助继电器

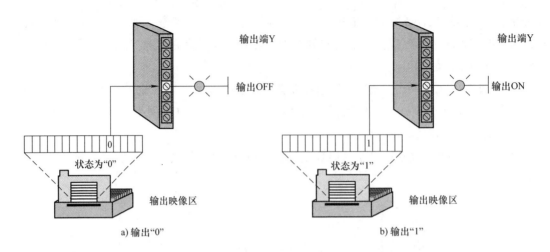

图 1-4　输出端 Y 的映像区到输出信号

M 是既不能读取外部的输入也不能直接驱动外部负载的程序用的继电器。

在 FX3U 中可以设置 M0 ～ M7679 个辅助继电器，其中 M0 ～ M1023 可以被设置为"锁存继电器"，即"停电保持用辅助继电器"。顾名思义，这种继电器的数据在 PLC 彻底断电后还是会保存至下次开机的（具体保存时间视不同型号的 PLC 确定），它的用途很广泛，比如设定好的数据可以一直不用更改，避免了每次开机后都要重新手动操作的烦恼。

除了以上软元件外，PLC 中还有以下元件：

1）各种常数数值，一般前缀 K 表示十进制数，H 表示十六进制数，E 表示实数（浮点数）。这些都用作定时器、计数器等软元件的设定值及当前值，或是其他应用指令的操作数。

2）状态元件 S，主要用在步进顺控的编程。

3）数据寄存器 D，为 16 位，用来存放数据或参数，同时可以用两个数据寄存器合并起来存放 32 位数据。

4）定时器 T，即按照指定的周期（如以 ms 计）来调用或计算。

5）计数器 C，主要是对脉冲的个数进行计数，以实现测量、计数和控制的功能。

图 1-5 所示为某化学处理系统，它由一个大型存储罐、一个启动按钮、一个进水阀、一个排水阀、一个下限水位浮动开关及一个上限水位浮动开关组成。该系统的基本流程：按下启动按钮，向存储罐中注入化学品；化学品反应一段时间之后，已发生反应的化学品从存储罐中排放出来。其相应的软元件变量定义见表 1-1。

2. PLC 扫描的工作方式

如图 1-6 所示，PLC 扫描的工作方式主要分三个阶段，即输入采样阶段（I/O 映像区刷新）、用户程序执行阶段（梯形图）和输出刷新阶段（I/O 映像区刷新）。在输入采样阶段，PLC 以扫描方式依次读入所有输入状态和数据，并将它们存入 I/O 映像区中的相应单元内。在用户程序执行阶段，PLC 总是按由上而下的顺序依次扫描用户程序，主要是梯形图形式。当用户程序扫描结束后，PLC 就进入输出刷新阶段。

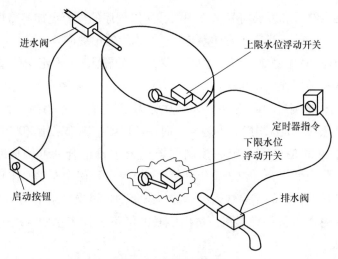

图1-5　化学处理系统

表1-1　软元件定义

序号	软元件	定义
1	X0	启动按钮
2	X1	上限水位浮动开关
3	X2	下限水位浮动开关
4	Y0	进水阀
5	Y1	排水阀
6	T0	定时器

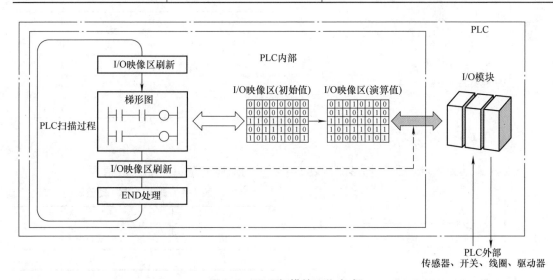

图1-6　PLC 扫描的工作方式

1.1.3　PLC 的梯形图编程

梯形图编程方式就是使用顺序符号和软元件编号在图示的画面上画梯形图的方式，由于顺控回路是通过触点符号和线圈符号来表现的，所以程序的内容更加容易理解。在梯形图编程中，⊣⊢表示常开触点、⊣⊬表示常闭触点、⟨ ⟩表示输出线圈。

在 PLC 的梯形图编程之前，需要了解三菱 PLC 的输入/输出定义的情况。在硬件接线中，输入端子为 X0，但在梯形图编程中则自动调整为 X000（序号为三位数）；输出端子为 Y0，但在梯形图编程中则自动调整为 Y000（序号为三位数）。本书为了更加符合工程实际，在硬件接线和 I/O 表中，均采用 X0 等编号，而在梯形图中则都采用 X000 等编号。

梯形图中最常见的是按照一定的控制要求进行逻辑组合，可构成基本的逻辑控制："与""或""异或"及其组合。位逻辑指令使用"0""1"两个布尔操作数，对逻辑信号状态进行逻辑操作，逻辑操作的结果送入存储器状态字的逻辑操作结果位。

图 1-7 所示为逻辑"与"梯形图，是用串联的触点进行表示的，表 1-2 所示为对应的逻辑"与"真值表。

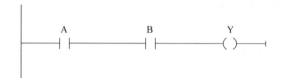

图 1-7 逻辑"与"梯形图

表 1-2 逻辑"与"真值表

A	B	Y
0	0	0
0	1	0
1	0	0
1	1	1

图 1-8 所示为逻辑"或"梯形图，是用并联的触点进行表示的，表 1-3 所示为对应的逻辑"或"真值表。

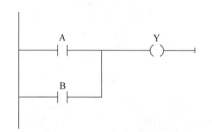

图 1-8 逻辑"或"梯形图

表 1-3 逻辑"或"真值表

A	B	Y
0	0	0
0	1	1
1	0	1
1	1	1

图 1-9 所示为逻辑"非"梯形图，表 1-4 所示为对应的逻辑"非"真值表。

图 1-9 逻辑"非"梯形图

表 1-4 逻辑"非"真值表

A	Y
0	1
1	0

图 1-10 所示的梯形图是通过一个输入继电器 X000 的常开触点的通断来控制输出继电器 Y000 的得电和失电。梯形图的最左边的竖线称为左母线，最右边的竖线称为右母线，两根

母线可看作具有交流 220V 或直流 24V 电压。当 X000 的常开触点闭合时，Y000 的线圈两端就被加上电压，线圈得电。

图 1-10　输入、输出继电器使用

除了直接用输出线圈的方式来对输出继电器进行编程外，用户还可以调用"应用指令"（比如置位 SET 和复位 RST 指令等）来操作输出继电器。当 SET 指令前面的条件成立时（线路被接通），输出继电器被置位，即成为得电状态，这与直接输出线圈的区别在于，即使之后前面的条件不成立（线路被断开），输出继电器仍然保持得电状态。直到 RST 指令被执行，输出继电器才被复位。因此出现了 SET 指令必定要有 RST 指令与之配合，如图 1-11 所示。

图 1-11　用置位、复位指令控制输出继电器

应该观察到，在这个梯形图里 X000 和 X001 的常开触点里多了一个向上的箭头。这表示上升沿触点，即该触点在 X000 得电的上升沿闭合一个扫描周期，下个扫描周期又复位。

如图 1-12 所示，当边沿状态信号变化时就会产生跳变沿，当从"0"变到"1"时，产生一个上升沿（即正跳沿）；当从"1"变到"0"时，则产生一个下降沿（即负跳沿）。在每个扫描周期中，把信号状态和它在前一个扫描周期的状态进行比较，若不同则表明有一个跳变沿。因此，前一个周期里的信号状态必须被存储，以便能和新的信号状态相比较。如果用普通的触点，哪怕用户仅按下按钮 1s，在此期间，由于 PLC 的扫描周期是低至 ns 级的，PLC 就反复执行了无数次这条指令了。因此，置位和复位指令前面的执行条件，一般采用上升沿或下降沿脉冲。

图 1-12　跳变沿

1.2 编程软件 GX Works2 的使用

1.2.1 概述

三菱 PLC 的编程软件主要是 GX Developer、GX Works2 和 GX Work3。其中 GX Developer 是三菱公司早期为其 PLC 配套开发的编程软件，于 2005 年发布，适用于三菱 Q、FX 系列 PLC，它支持梯形图、指令表、顺序功能图、结构化文本、功能块图等编程语言，具有参数设定、在线编程、监控、打印等功能。在三菱 PLC 普及过程中，作为一个功能强大的 PLC 开发软件，GX Developer 充分发挥了程序开发、监视、仿真调试以及对 PLC CPU 的读写等功能。

2011 年之后，三菱推出综合编程软件 GX Works2，该软件有简单工程和结构工程两种编程方式，支持梯形图、顺序功能图、结构化文本、结构化梯形图等编程语言，同时集成了程序仿真软件 GX Simulator2。与 GX Developer 相比，GX Works2 可实现 PLC 与 HMI、运动控制器的数据共享，同时具备程序编辑、参数设定、网络设定、监控、仿真调试、在线更改、智能功能模块设置等功能，适用于三菱 Q、FX 等全系列 PLC。

最近，三菱公司又推出了 GX Works2 的更新版 GX Works3，并向下兼容，同时支持 FX5U、iQ – R 等新一代 PLC 的强大功能。

1.2.2 GX Works2 的安装与软件界面

这里介绍一下目前市场上最主流的 GX Works2 软件的安装步骤，首先在三菱电机的公司网站获得（具体网址为 http：//cn. mitsubishielectric. com）获得安装包和序列号，双击 setup 执行安装，如图 1-13 所示。

图 1-13　安装界面

在安装过程中，将杀毒软件、防火墙、IE、办公软件等能关闭的软件尽量关闭，否则可能会导致软件安装失败。安装结束后，会在桌面出现 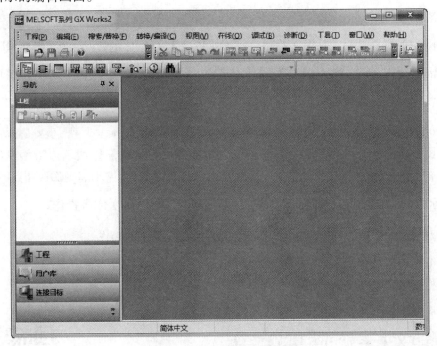 图标，双击该图标即可进入图1-14所示的编辑画面。

图 1-14　GX Works2 编辑画面

GX Works2 的软件界面如图 1-15 所示，它打开的是一个案例程序，分为标题栏、菜单栏、工具栏、状态栏、程序编辑窗口和导航窗口。

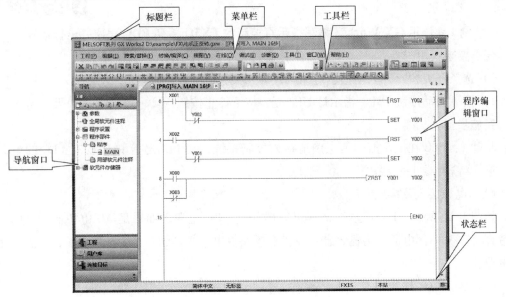

图 1-15　GX Works2 的软件界面

标题栏显示了该程序的文件名与主程序步数。

菜单栏包括工程、编辑、搜索/替换、转换/编译、视图、在线、调试、诊断、工具、窗口、帮助等主菜单及相应的子菜单。

工具栏主要包括如下模块：

1）程序通用工具栏  ：用于梯形图的剪切、复制、粘贴、撤销、搜索，以及 PLC 程序的读写、运行监视等操作。

2）窗口操作工具栏 ：用于导航、部件选择、输出、软件元件使用列表、监视等窗口的打开/关闭操作。

3）梯形图工具栏 ：用于梯形图编辑的常开和常闭触点、线圈、功能指令、画线、删除线、边沿触发触点等按钮，以及软元件注释编辑、声明编辑、注解编辑、梯形图放大/缩小等操作按钮。

4）标准工具栏 ：用于工程的创建、打开和关闭等操作。

5）智能模块工具栏 ：用于特殊功能模块的操作。

程序编辑窗口是整个 PLC 程序，包括梯形图、顺序功能图等多种方式。

状态栏反映了当前连接 PLC 的情况。

导航窗口包括工程、用户库和连接目标。

1.2.3 用 FX3U 系列 PLC 实现灯控制

Example

【例1-1】用 GX Works2 编写指示灯控制的 FX3U 系列 PLC 程序并进行监控

任务要求：用三菱 FX3U–64MR 来控制两个指示灯的显示，具体如下：

1）选择开关 SW1，联动指示灯 HL1，即开关为 ON 则指示灯亮，反之灭。

2）按下启动按钮 SB1，指示灯 HL2 亮，按下停止按钮 SB2，指示灯 HL2 灭。

实施步骤：

步骤1：PLC 在工作前必须正确地接入控制系统，与 PLC 连接的主要有 PLC 的电源接线、输入/输出器件的接线等。

（1）电源接入及接地

如图 1-16 所示，FX3U 系列 PLC 可以用 AC 或 DC 电源。如果是 AC 电源输入，则机内自带直流 24V 内部电源，为输入器件及扩展模块供电，其端子是"24V"端子，注意不能外接电源。

（2）输入口器件的接入

PLC 的输入口连接输入信号，接收来自于现场的状态和控制命令。器件主要有开关、按钮及各种传感器，这些都是触点类型的器件。
如图 1-16 所示的 X1 ~ X3，在接入 PLC 时，
每个触点的两个接头分别连接一个输入点及
输入公共端。这里的公共端一定要与 PLC 的
进线电源有关，在 AC 电源型中，公共端既
可以是 0V，也可以是 24V，按漏型输入接
线、源型输入接线分别接线。但是在 DC 电
源型中，公共端则为进线端的（+）或
（-），而不是 0V、24V 端子。图 1-17 所示
为 AC 电源型的输入配线示例（漏型输入接

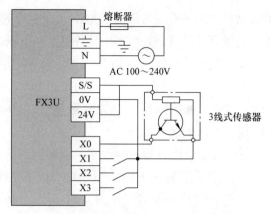

图 1-16　电源输入与输入口器件的接入

线、源型输入接线），图 1-18 所示为 DC 电源型的输入配线示例（漏型输入接线、源型输入接线）。

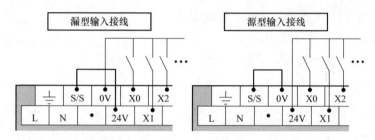

图 1-17　AC 电源型的输入配线示例（漏型输入接线、源型输入接线）

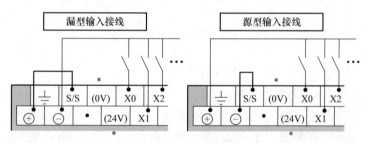

图 1-18　DC 电源型的输入配线示例（漏型输入接线、源型输入接线）

（3）输出口器件的接入

PLC 的输出口用以驱动外部设备，以最为常
见的继电器输出为例，与 PLC 输出口相连的器件
主要有继电器、接触器、电磁阀的线圈等。根据
驱动负载的电源分为直流或交流两种，其输出形
式相对应的配线方法如图 1-19 所示。

PLC 输出端子内部是一组开关接点，输出器
件受外部电源驱动，接入器件时，器件与外部电
源串联，一端接输出点螺钉，一端接与之相对应

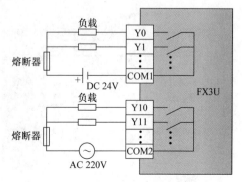

图 1-19　两种输出形式的外部配线图

的公共端。由于输出器件的类型不同，所需的电源电压也不同，因此，输出端子分为若干组，每组有自己的公共端，而且各组是相互隔离的。

本案例的接线如图1-20所示，输入X0连接选择开关SW1，X4连接一个启动按钮SB1，X5连接一个停止按钮SB2，都为常开触点；Y0和Y1连接DC24V指示灯。

步骤2：设计PLC控制程序。本案例的指示灯HL1直接连接输入SW1，指示灯HL2控制则可以通过自锁控制来实现，图1-21所示为梯形图程序。在X001的常开触点下面并联了一个Y001的常开触点。当Y001线圈得电后，Y001的常开触点会由断开转为闭合，这个环节称为"自锁"。X002的常闭按钮在当X002所连的开关闭合时，X002动作，常闭按钮断开，从而切断了"电路"，Y001线圈失电，Y001常开触点也随之断开。

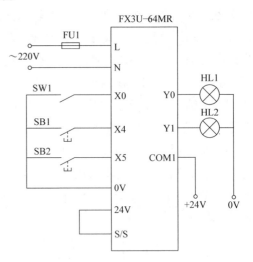

图1-20 PLC输入/输出接线图

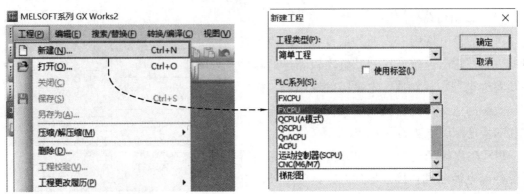

图1-21 梯形图程序

步骤3：在GX Works2中进行PLC梯形图程序输入。

1）当要开始一个程序的编写或输入时，首先要创建一个新工程。双击打开GX Works2软件，在菜单栏中单击"工程"，然后单击"新建"（见图1-22），出现了"新建工程"窗口。依次选择本案例所需要的"工程类型"为"简单工程"、"PLC系列"为"FXCPU"、"PLC类型"为"FX3U/FX3UC"、"程序语言"为"梯形图"。

图1-22 新建菜单

根据所使用的 PLC 硬件，选择好 PLC 类型后就进入到图 1-23 所示的一个新工程的编程界面了，这里要说明的一点是，如果在新建工程时类型选择错误，则编写好的程序将不能正确下载到 PLC 中。此时，需要通过"工程"菜单中的"PLC 类型更改"命令重新调整 PLC 类型（见图 1-24）。

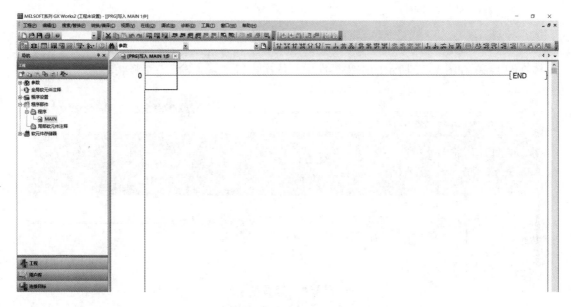

图 1-23　新工程的编程界面

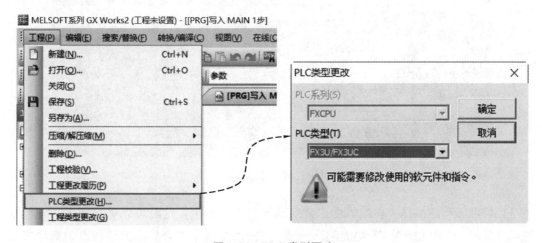

图 1-24　PLC 类型更改

2）梯形图程序编辑输入。在 PLC 程序编辑前，需要了解图 1-25 所示的指令及画线工具。它主要包括三部分内容：触点、线圈、功能指令；边沿触发触点；画线与删除。通过这个工具条可以完成常开/常闭触点的串并联、线的连接和删除、线圈输出、功能语句以及上升沿和下降沿触点使用。可以在工具上直接单击选取，也可以采用每个工具下面所示的快捷键与 Shift 和 Fn 的组合键来选取。

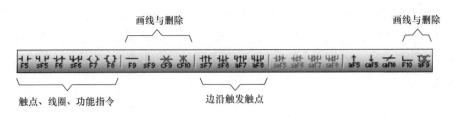

图 1-25　指令及画线工具

在图 1-26 和图 1-27 所示的编程界面中，依次进行"触点输入""竖线输入"等操作。

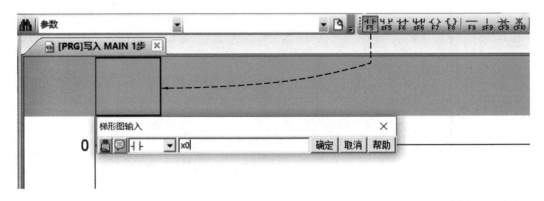

图 1-26　触点输入

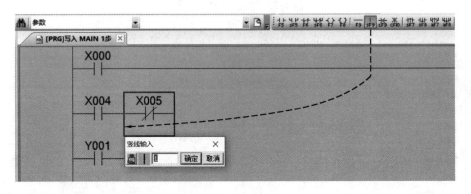

图 1-27　竖线输入

3）梯形图程序编译。在编辑中，会发现程序为阴影色，这时可以选择图 1-28 所示的"转换/编译"菜单（或者 F4 功能键），会自动进行编译，并会显示出错信息，编译之后，梯形图的阴影部分就消失了，并在左侧出现了步号，如图 1-29 中的 0、2、6 等字样。

步骤 4：使用编程线连接 GX Works2 与 PLC，并建立通信连接。

1）对 PLC 及其外部按钮和接触器等进行正确接线，同时用三菱 PLC 编程线（型号为 USB – SC09 – FX 的编程线）连接 FX PLC 的编程口到计算机的 USB 口（见图 1-30）。需要注意的是，该编程线要安装驱动软件，待安装完成后，当在计算机 USB 口插入该编程线时，在计算机的设备管理器，会自动显示端口号，也就是计算机与 FX PLC 通信的端口号。

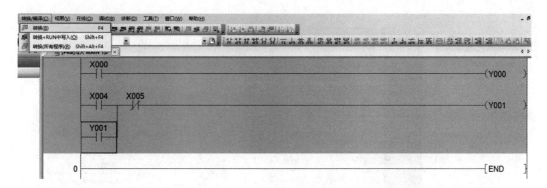

图1-28　"转换/编译"菜单

图1-29　编译完成后的梯形图

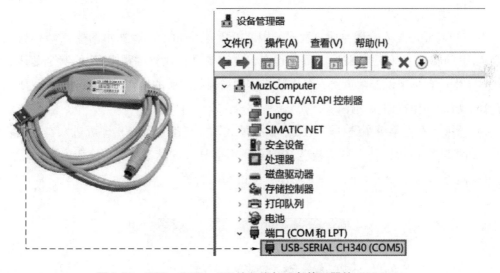

图1-30　USB – SC09 – FX 编程线与设备管理器的 COM 口

2）GX Works2 中执行"连接目标"→"Connection1"功能（见图 1-31）。进入传输设置，设置对应的 COM 口（见图 1-32），同时进行通信测试，如图 1-33 所示测试成功后，单击"确定"按钮。

3）打开"在线"菜单，执行"PLC 写入"命令，如图 1-34、图 1-35 所示。

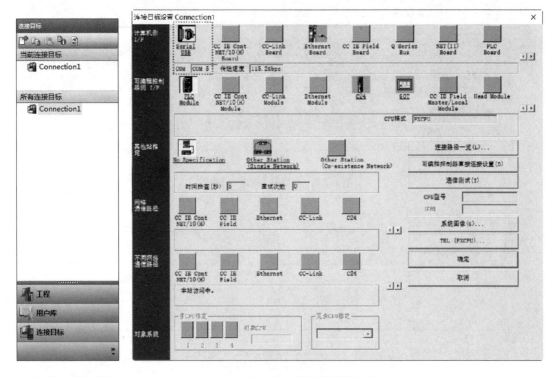

图 1-31　连接窗口　　　　　　　　　图 1-32　连接目标设置 Connection1

由于 PLC 程序写入会覆盖原有程序,因此需要进入如图 1-36 所示的执行 PLC 写入前的安全确认;同时,在程序下载后,重启程序,也需要进行执行远程 RUN 的安全确认。这个确认对于生产现场来说非常重要,可以防止程序被误删除后的动作机构出现异常,以及在重启新程序后的动作机构误动作。

4)监视。在主菜单中选择"在线→监视模式"(或者 F3 键),即可进入"监视装调状态",如图 1-37 所示,其中显示蓝色(即有阴影部分)的状态为 1、其余为 0,此时 Y000 和 Y001 均输出为 1,表示开关 SW1 动作、按钮 SB1 自锁。

图 1-33　成功连接

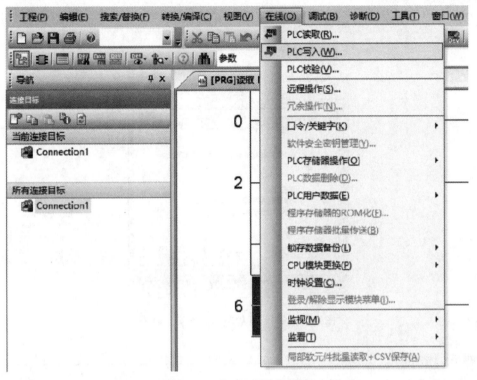

图 1-34 "PLC 写入"命令

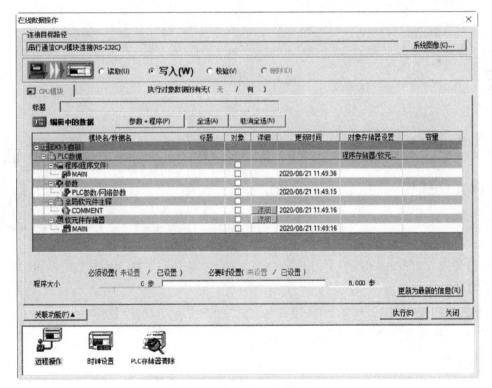

图 1-35 在线数据操作

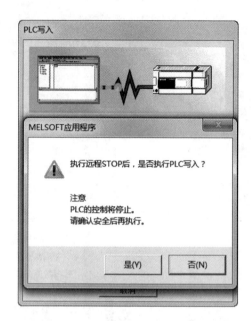

图 1-36　执行 PLC 写入前的安全确认

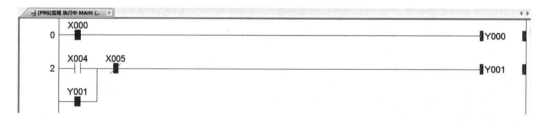

图 1-37　监视状态

1.2.4　用 FX3U 系列 PLC 实现电动机正反转控制

【例 1-2】用 FX3U 系列 PLC 实现电动机正反转

任务要求：如图 1-38 所示，用三菱 FX3U – 64MR 来控制三相交流异步电动机的正转与反转，具体要求如下：

1）能够用按钮 SB1、SB2、SB3 控制电动机的正转启动、反转启动和停止。

2）具有过载保护等必要措施。

实施步骤：

步骤 1：三相交流异步电动机传统的正反转电气控制原理如图 1-39 所示，图中主要元器件的名称、代号和功能见表 1-5，其中虚线部分为 FX3U 要改造的部分。

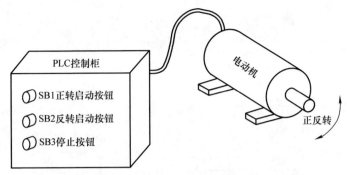

图1-38 用FX3U系列PLC实现电动机正反转示意

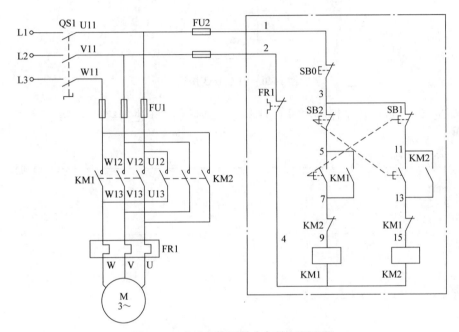

图1-39 电动机正反转电气控制原理图

表1-5 元器件的名称、代号

名称	元件代号	名称	元件代号
正转启动按钮	SB1	正转接触器	KM1
反转启动按钮	SB2	反转接触器	KM2
停止按钮	SB3	热继电器	FR1

步骤2：定义I/O表见表1-6，PLC I/O接线如图1-40所示，将图1-39的虚线部分取消。

表1-6 I/O表

输入	对应元件	输出	对应元件
X0	FR1	Y0	KM1
X4	SB1	Y1	KM2
X5	SB2		
X6	SB3		

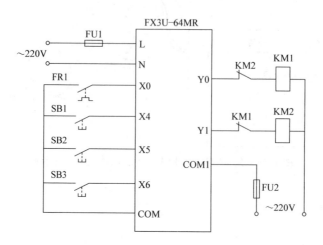

图1-40 PLC I/O 接线图

步骤3：设计PLC控制程序如图1-41所示，按照例1-1进行编译后下载。

图1-41 正反转控制梯形图

步骤4：图1-42所示为程序设计中的电气互锁监控示意，即当步0的Y000为ON时，步6的Y000常闭触点动作，则Y001不论在任何情况下都无法为ON。电气互锁是为了避免接触器、继电器的主回路中的触点竞争所产生的不良后果，如主触点发生相间短路。

图1-42 电气互锁监控示意

1.3 FX3U 系列 PLC 定时器及计数器

1.3.1 定时器的基本功能

在 FX3U 系列 PLC 内的定时器是根据时钟脉冲的累积形式，当所计时间达到设定值时，其输出触点动作，时钟脉冲有 1ms、10ms、100ms。定时器可以用存储器内的常数 K 作为设定值，范围是 K1~ K32767。

定时器范围如下：

◇ 100ms 通用定时器 T0~T199，共 200 点，设定值：0.1~3276.7s。

◇ 10ms 通用定时器 T200~T245，共 46 点，设定值：0.01~327.67s。

◇ 1ms 通用定时器 T256~T511，共 256 点，设定值：0.001~32.767s。

◇ 1ms 积算定时器 T246~T249，共 4 点，设定值：0.001~32.767s。

◇ 100ms 积算定时器 T250~T255，共 6 点，设定值：0.1~3276.7s。

图 1-43 所示梯形图是通用定时器基本使用例子。当定时器线圈 T0 的驱动输入 X000 接通时，T0 的当前值计数器对 0.1s 的时钟脉冲进行计数，当前值与设定值 K100 相等时，定时器的输出接点动作。即定时器输出触点是在驱动线圈后

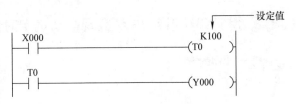

图 1-43 定时器基本使用

的 10s（0.1s×100=10s）时才动作，当 T0 触点吸合后，Y000 就有输出。当驱动输入 X000 断开或发生停电时，定时器就复位，输出触点也复位。定时器只有复位后才能再次进行定时。需要注意的是，每个定时器只有一个输入，线圈通电时，开始计时；断电时，自动复位。

如果是积算定时器，它的工作方式就不同了，所编写的梯形图也不同（见图 1-44）。定时器线圈 T245 的驱动输入 X001 接通时，T245 的当前值对 0.01s 的时钟脉冲进行累积计数，当该值与设定值 K515 相等时，定时器的输出触点动作。在计数过程中，即使输入 X001 在断开时，其当前值保存在寄存器中。在 X001 再次接通时，计数继续进行，即计算计时器可以在多次断续的情况下累积计时，其累积时间（线圈得电的时间的总和）为 5.15s（0.01s×515=5.15s）时，触点动作。当复位输入 X002 接通，定时器就复位，输出触点也复位。

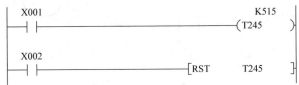

图 1-44 积算定时器基本使用

这里用到了 RST 指令，与之相对应的是 SET 指令，两者之间的功能与电路表示见表 1-7。与 RST 接近的另外一个指令是 ZRST，它指的是复位一个"连续的"地址，比如[ZRST Y000 Y007]，就是把包括"Y000～Y007"的 8 个地址栏状态全部复位，这个是区间连续复位指令。

表 1-7　SET 与 RST 指令的功能与电路表示

符号名称	功能	电路表示
SET（置位）	令元件自保持 ON	┤├────[SET Y000]
RST（置位）	令元件 OFF 或清除数据寄存器的内容	┤├────[RST Y000]

1.3.2　用 FX3U 系列 PLC 实现电动机定时运行

【例 1-3】PLC 控制电动机延时启动延时停止

任务要求：如图 1-45 所示，用三菱 FX3U–64MR 来控制三相交流异步电动机延时启动延时停止，具体要求如下：

1）按下启动按钮 SB1，警示灯 HL1 先亮起来，延时 10s 后，警示灯灭，电动机运转，且 HL2 运行灯亮。

2）按下停止按钮 SB2，警示灯 HL1 再次亮起来，延时 8s 后，电动机停止，警示灯和运行灯灭。

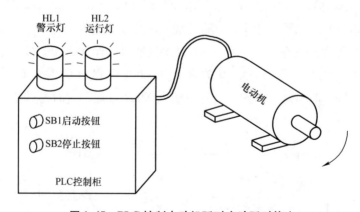

图 1-45　PLC 控制电动机延时启动延时停止

实施步骤:

步骤1: 图1-46所示为电气接线图, 表1-8所示为I/O表。

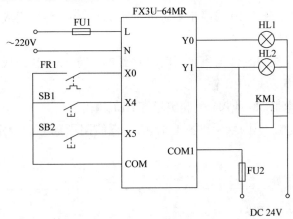

图1-46 电气接线图

表1-8 I/O表

输入	功能	输出	功能
X0	热继电器 FR1	Y0	警示灯 HL1
X4	启动按钮 SB1	Y1	运行灯 HL2/电动机接触器 KM1
X5	停止按钮 SB2		

步骤2: 如图1-47所示, 进行梯形图编辑, 并进行下载。程序解释如下:

```
      X004    T0    X000
0  ----| |---|/|---|/|----------------------------------------(M0    )
      M0
   ----| |---

      M0                                                        K100
5  ----| |-------------------------------------------------(T0    )

      T0     T1    X000
9  ----| |---|/|---|/|----------------------------------------(Y001  )
      Y001
   ----| |---

      X005   T1
14 ----| |---|/|---------------------------------------------(M1    )
      M1
   ----| |---

      M1                                                       K80
18 ----| |-------------------------------------------------(T1    )

      M0
22 ----| |---------------------------------------------------(Y000  )
      M1
   ----| |---

25 -----------------------------------------------------------[END   ]
```

图1-47 延时启动延时停止梯形图

步 0、5：由启动按钮 SB1 与启动延时定时器 T0（定时 10s）组成自锁电路，输出为中间继电器 M0，即启动警示灯 HL1 输出。

步 9：由启动延时定时器 T0 与停止延时定时器 T1（定时 8s）组成自锁电路，输出为运行灯 HL2/电动机接触器 KM1。

步 14、18：由停止按钮 SB2 与停止延时定时器 T1（定时 8s）组成自锁电路，输出为中间继电器 M1，即启动警示灯 HL1 输出。

步 22：由中间继电器 M0 或 M1 关联警示灯 HL1 输出。

步骤 3：联机后监控。图 1-48 和图 1-49 中的框线阴影部分即为定时 T0 和 T1 的实时时间。

图 1-48　T0 定时监控

图 1-49　T1 定时监控

【例 1-4】PLC 控制电动机正反转定时运行

任务要求：如图 1-50 所示，用三菱 FX3U – 64MR 来控制三相交流异步电动机的正转与

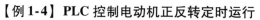

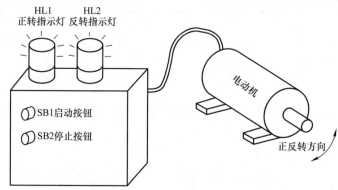

图 1-50　PLC 控制电动机正反转定时运行

反转，具体要求如下：

1）按下启动按钮 SB1，电动机正转，正转指示灯 HL1 闪烁，其周期为亮 2s，灭 1s；正转运行 20s 后，电动机反转，此时 HL1 灭，反转指示灯 HL2 闪烁，其周期为亮 0.5s，灭 1s；反转运行 15s 后，再正转，再反转，依次进行。

2）按下停止按钮 SB2，电动机立即停机，所有指示灯灭。

实施步骤：

步骤 1：图 1-51 所示为电气接线图，表 1-9 所示为 I/O 表。

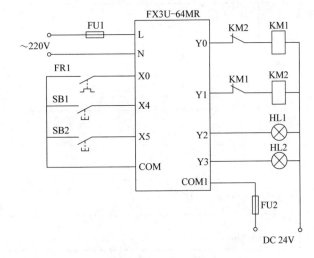

图 1-51　电气接线图

表 1-9　I/O 表

输入	功能	输出	功能
X0	热继电器 FR1	Y0	接触器 KM1
X4	启动按钮 SB1	Y1	接触器 KM2
X5	停止按钮 SB2	Y2	正转指示灯 HL1
		Y3	反转指示灯 HL2

步骤 2：梯形图编辑如图 1-52 所示，编译后下载。程序解释如下：

步 0：由启动按钮 SB1 和停止按钮 SB2 完成运行中间继电器 M0 的自锁电路。

步 5：通过 2 个定时器 T0 和 T1 来完成正反转控制，输出 Y0 和 Y1。

步 22：通过 2 个定时器 T10 和 T11 来完成正转指示灯闪烁，输出为 Y2。

步 36：通过 2 个定时器 T20 和 T21 来完成反转指示灯闪烁，输出为 Y3。

本案例编程共有 6 个定时器来完成周期动作，2 个定时器为一组。这里以步 5 为例进行时序图说明，如图 1-53 所示，T0 定时器的功能是做断开的时间计时，T1 的功能是做接通的时间计时。当 T0 定时时间到，T0 线圈动作，使得 Y1 得电，这时也接通 T1 的线圈，使 T1 开始定时，当 T1 定时时间到，T1 线圈动作，T1 的常闭触点使得 T0 线圈断开，引起 T0 常开触点断开，从而 T1 自己的线圈也断开，当然 Y1 线圈也断开。这里面其实 T1 只接通了一个程序扫描周期，所以在时序图上看仅为一个脉冲。

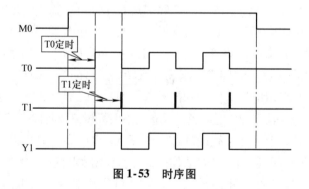

图 1-52 梯形图

图 1-53 时序图

Example

【例 1-5】PLC 控制电动机星 – 三角减压启动

任务要求：对于大功率电动机来说，当负载对电动机启动转矩无严格要求又要限制电动机启动电流，且电动机满足接线条件，可以采用星–三角启动方法。某电路要求用三菱 FX3U–64MR 来进行星–三角减压启动控制，具体要求如下：

1）能够用按钮控制电动机的启动和停止。

2）电动机启动时定子三相绕组接成星形，延时 6s 后，自动将电动机的定子三相绕组接成三角形。

3）具有电动机过载保护等措施。

实施步骤：

步骤 1：图 1-54 所示为星–三角减压启动的电气原理图。相关元件的名称、代号和作用见表 1-10。

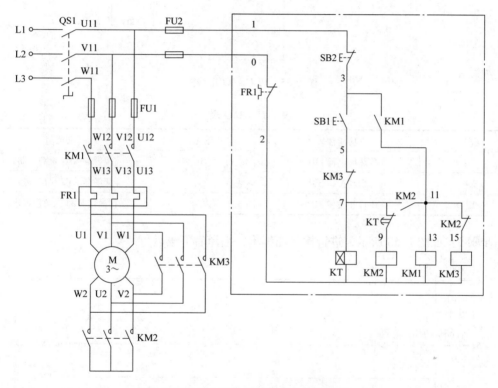

图 1-54　星–三角减压启动电气原理图

表 1-10　元件的名称、代号和作用

名称	代号	作用
交流接触器	KM1	电源控制
交流接触器	KM2	星形联结
交流接触器	KM3	三角形联结
时间继电器	KT	延时自动转换控制
启动按钮	SB1	启动控制
停止按钮	SB2	停止控制
热继电器	FR1	过载保护

步骤2：PLC I/O 接线图如图 1-55 所示，同时列出其 I/O 表见表 1-11。

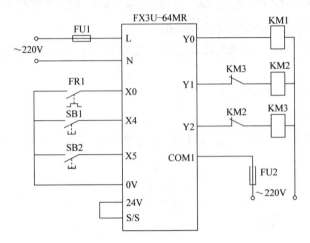

图 1-55　PLC I/O 接线图

表 1-11　I/O 表

输入	功能含义	输出	功能
X0	热继电器 FR1	Y0	接触器 KM1 电源控制
X4	启动按钮 SB1	Y1	接触器 KM2 星形连接
X5	停止按钮 SB2	Y2	接触器 KM3 三角形连接

步骤3：如图 1-56 所示，进行梯形图编辑，编译后下载运行。

图 1-56　梯形图程序

FX3U 与老产品 FX 不同，其定时器可以扩展到 512 个，这里采用的 T300 定时器实时监控情况如图 1-57 所示。

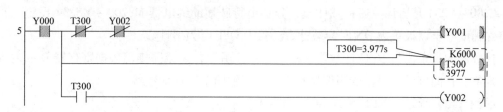

图1-57 监控T300

1.3.3 计数器的分类

FX3U的内部计数器是在执行扫描操作时对内部信号（如X、Y、M、T等）进行计数。内部输入信号的接通和断开时间应比PLC的扫描周期稍长，否则将无法正确计数。

1. 16位增计数器（C0～C199）

共200点，其中C0～C99（共100点）为通用型，C100～C199（共100点）为断电保持型（断电保持型即断电后能保持当前值，待通电后继续计数）。这类计数器为递加计数，应用前先对其设置一设定值，当输入信号（上升沿）个数累加到设定值时，计数器动作，其常开触点闭合、常闭触点断开。计数器的设定值为1～32767（16位二进制），设定值除可以用常数K设定外，也可间接通过指定数据寄存器设定。

这里举例说明通用型16位增计数器的工作原理。如图1-58所示，X10为复位信号，当X10为ON时C0复位。X11是计数输入，每当X11接通一次，计数器当前值增加1（注意，X10断开，计数器不会复位）。当计数器计数当前值为设定值10时，计数器C0的输出触点动作，Y0被接通。此后即使输入X11再接通，计数器的当前值也保持不变。当复位输入X10接通时，执行RST复位指令，计数器复位，输出触点也复位，Y0被断开。

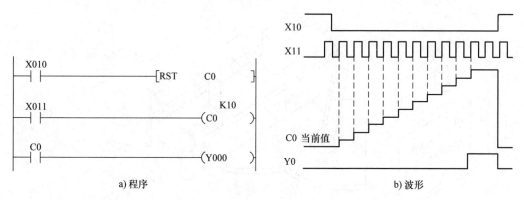

a) 程序　　　　　　　　　　　　　　b) 波形

图1-58 通用型16位增计数器

2. 32位增/减计数器（C200～C234）

共有35点32位增/减计数器，其中C200～C219（共20点）为通用型，C220～C234（共15点）为断电保持型。这类计数器与16位增计数器除位数不同外，还在于它能通过控制实现增/减双向计数。设定值范围均为 −214783648 ～ +214783647（32位）。

C200～C234 是增计数还是减计数，分别由特殊辅助继电器 M8200～M8234 设定。对应的特殊辅助继电器被置为 ON 时为减计数，置为 OFF 时为增计数。

计数器的设定值与 16 位计数器一样，可直接用常数 K 或间接用数据寄存器 D 的内容作为设定值。在间接设定时，要用编号紧连在一起的两个数据计数器。

如图 1-59 所示，X10 用来控制 M8200，X10 闭合时为减计数方式。X12 为计数输入，C200 的设定值为 5（可正、可负）。设 C200 置为增计数方式（M8200 为 OFF），当 X12 计数输入累加由 4→5 时，计数器的输出触点动作。当前值大于 5 时，计数器仍为 ON 状态。只有当前值由 5→4 时，计数器才变为 OFF。只要当前值小于 4，输出则保持为 OFF 状态。复位输入 X11 接通时，计数器的当前值为 0，输出触点也随之复位。

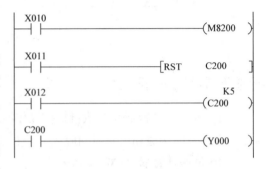

图 1-59　32 位增/减计数器

1.3.4　通用计数器的应用

【例 1-6】PLC 控制计数包装作业

任务要求：如图 1-60 所示，用三菱 FX3U－64MR 来控制包装计数作业，具体要求如下：

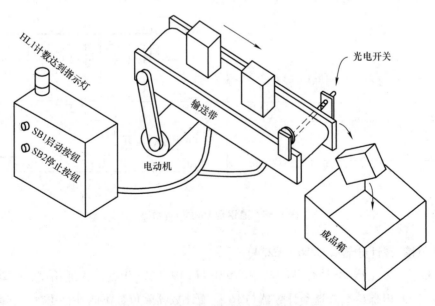

图 1-60　PLC 控制计数包装作业示意图

1）按下启动按钮 SB1，输送带电动机运行，上面的产品经过光电开关位置后送入成品箱，设定每箱计数 10 个，当 10 个满箱后，计数达到指示灯 HL1 亮起来，且停止输送。

2）再次按下启动按钮 SB1，HL1 灭，按照任务要求 1）进行产品计数包装作业。

3）任何时候都可以按下停止按钮 SB2，输送带停机，但不清除计数器现有数据。

实施步骤：

步骤 1：本案例中需要有计数检测装置，可在进库口设置光电开关来检测输送带上的物品是否到达相应的位置。图 1-61 所示为两种类型光电开关的接线，其中 NPN 型传感器需要采用漏型连接，即将 S/S 与 24V 短接；而 PNP 型传感器则需要采用源型连接，即将 S/S 与 0V 短接。

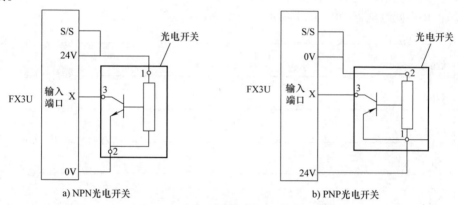

图 1-61　NPN 与 PNP 光电开关的接线

步骤 2：画出本案例的 I/O 接线图如图 1-62 所示，其中光电开关采用 NPN 方式，并进行 I/O 资源分配，见表 1-12。

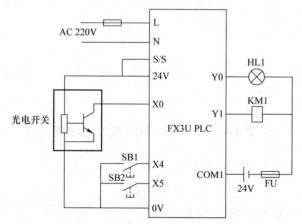

图 1-62　I/O 接线图

表 1-12　I/O 表

输入	功能含义	输出	功能含义
X0	物品进库检测光电开关	Y0	计数达到指示灯 HL1
X4	启动按钮 SB1	Y1	输送带电动机 KM1
X5	停止按钮 SB2		

步骤3：编写梯形图如图1-63所示。程序解释如下：

步0：采用初始脉冲特殊继电器M8002来复位计数器C0。

步3、5：设置2个中间变量，即M0为电动机运行、M1为计数到状态，按下按钮SB1置位M0并开始启动电动机运行，而在M1计数到时按下SB1，则启动电动机后还同时复位C0。

步9：当按下停止按钮SB2时，复位M0和M1。

步15：在电动机运行时，通过光电开关来计数C0。

步20：当计数值达到时，置位计数达到指示灯HL1、计数到状态中间继电器M1和复位电动机运行中间继电器M0。

步24：当计数值未达到时，复位HL1。

步26：将中间继电器M0与Y1相连。

```
 0  ┤ M8002 ├──────────────────────────────[RST  C0 ]
 3  ┤ X004 ├───────────────────────────────[SET  M0 ]
 5  ┤ X004 ├─┤ M1 ├──────────────────────────[RST  C0 ]
 9  ┤ X005 ├──────────────────────────[ZRST  M0   M1 ]
                                                    K10
15  ┤ M0 ├─┤ X000 ├───────────────────────────(C0    )
20  ┤ C0 ├─┬────────────────────────────────[SET  Y000]
          │
          ├────────────────────────────────[SET  M1 ]
          │
          └────────────────────────────────[RST  M0 ]
24  ┤/C0 ├───────────────────────────────────[RST  Y000]
26  ┤ M0 ├───────────────────────────────────(Y001 )
28  ────────────────────────────────────────[END ]
```

图1-63　PLC控制计数包装作业梯形图

FX3U PLC内有大量的特殊辅助继电器，它们都有各自的特殊功能，比如

M8000：运行监视器（在PLC运行中接通），M8001与M8000相反逻辑。

M8002：初始脉冲（仅在运行开始时瞬间接通），M8003与M8002相反逻辑。

M8011、M8012、M8013和M8014分别是

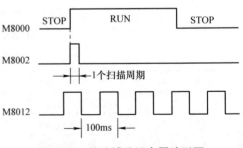

图1-64　特殊辅助继电器波形图

产生10ms、100ms、1s和1min时钟脉冲的特殊辅助继电器。

M8000、M8002、M8012的波形图如图1-64所示。

1.3.5 高速计数器及应用

高速计数器与内部计数器相比除允许输入频率高之外，应用也更为灵活，高速计数器均有断电保持功能，通过参数设定也可变成非断电保持。FX3U PLC有C235~C255共21点高速计数器。适合用来作为高速计数器输入的PLC输入端口有X0~X7。X0~X7不能重复使用，即某一个输入端已被某个高速计数器占用，它就不能再用于其他高速计数器，也不能用于它用。各高速计数器对应的输入端见表1-13。表中，U为加计数输入，D为减计数输入，B为B相输入，A为A相输入，R为复位输入，S为启动输入。X6、X7只能用作启动信号，而不能用作计数信号。

表1-13 高速计数器简表

输入端口		X0	X1	X2	X3	X4	X5	X6	X7
单相单计数输入高速计数器	C235	U/D							
	C236		U/D						
	C237			U/D					
	C238				U/D				
	C239					U/D			
	C240						U/D		
	C241	U/D	R						
	C242			U/D	R				
	C243				U/D	R			
	C244	U/D	R					S	
	C245			U/D	R				
单相双计数输入高速计数器	C246	U	D						
	C247	U	D	R					
	C248				U	D	R		
	C249	U	D	R				S	
	C250				U	D	R		S
双相双计数输入高速计数器	C251	A	B						
	C252	A	B	R					
	C253				A	B	R		
	C254	A	B	R				S	
	C255				A	B	R		S

高速计数器可分为三类：

（1）单相单计数输入高速计数器（C235~C245）

其触点动作与32位增/减计数器相同，可进行增或减计数（取决于M8235~M8245的状态）。

图 1-65a 所示为无启动/复位端单相单计数输入高速计数器的应用。当 X10 断开，M8235 为 OFF，此时 C235 为增计数方式（反之为减计数）。由 X12 选中 C235，从表 1-13 中可知其输入信号来自于 X0，C235 对 X0 信号增计数，当前值达到 1234 时，C235 常开触点接通，Y0 得电。X11 为复位信号，当 X11 接通时，C235 复位。

图 1-65b 所示为带启动/复位端单相单计数输入高速计数器的应用。由表 1-13 可知，X1 和 X6 分别为复位输入端和启动输入端。利用 X10 通过 M8244 可设定其增/减计数方式。当 X12 为接通，且 X6 也接通时，则开始计数，计数的输入信号来自于 X0，C244 的设定值由 D0 和 D1 指定。除了可用 X1 立即复位外，也可用梯形图中的 X11 复位。

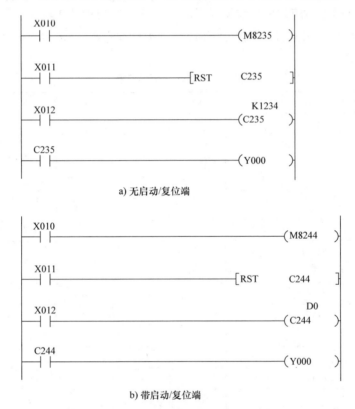

a) 无启动/复位端

b) 带启动/复位端

图 1-65 单相单计数输入高速计数器

（2）单相双计数输入高速计数器（C246～C250）

这类高速计数器具有两个输入端：一个为增计数输入端，另一个为减计数输入端。利用 M8246～M8250 的 ON/OFF 动作可监控 C246～C250 的增计数/减计数动作。

如图 1-66 所示，X10 为复位信号，其有效（ON）则 C248 复位。由表 1-13 可知，也可利用 X5 对其复位。当 X11 接通时，选中 C248，输入来自 X3 和 X4，C248 的设定值由 D2 和 D3 指定。

图 1-66 单相双计数输入高速计数器

（3）双相双计数输入高速计数器（C251～C255）

A相和B相信号决定计数器是增计数还是减计数。当A相为ON时，若B相由OFF到ON，则为增计数；当A相为ON时，若B相由ON到OFF，则为减计数，如图1-67a所示。

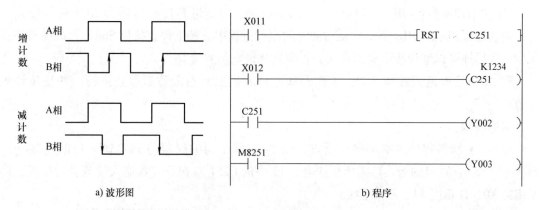

图1-67 双相高速计数器

如图1-67b所示，当X12接通时，C251计数开始。由表1-13可知，其输入来自X0（A相）和X1（B相）。只有当计数使当前值超过设定值时，Y2为ON。如果X11接通，则计数器复位。根据不同的计数方向，Y3为ON（增计数）或为OFF（减计数），即用M8251～M8255，可监视C251～C255的增/减计数状态。

需要注意的是，高速计数器的计数频率较高，它们的输入信号的频率受两方面的限制：一是全部高速计数器的处理时间，因它们采用中断方式，所以计数器用得越少，则可计数频率就越高；二是输入端的响应速度，其中X0、X2、X3最高频率为10kHz，X1、X4、X5最高频率为7kHz。

【例1-7】高速计数器应用

任务要求：如图1-68所示，某工作台用电动机带动丝杠进行前进

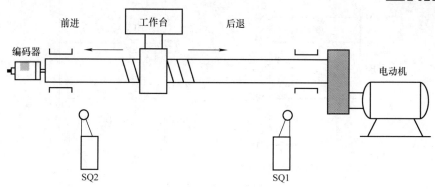

图1-68 高速计数器应用

或后退，丝杠的另外一端接编码器来实时反映当前的位置值，其中到达 SQ1 右限位时位置值清零。要求动作具体如下：

1）工作台一开始在右限位位置，编码器的计数器值显示为 0。

2）按下启动按钮 SB1，工作台从右到左前进，当前进到计数器值为 4092 时，停止运行，到达位置指示灯 HL1 亮；在从右到左的运行过程中，按下停止按钮 SB2，可以随时停止运行，然后还可以继续按下启动按钮，直到到达设定位置值。

3）按下后退返回按钮 SB3，工作台从左到右后退到右限位后停止运行，并复位计数器值。

实施步骤：

步骤 1：编码器是本案例中的重点，图 1-69 所示为编码器与 PLC 输入口的连接（以 NPN 型为例）。这里的输入口需要根据表 1-13 中的 C251 双相双计数输入规范进行接线，即 A 相接 X0、B 相接 X1、Z 相不接。

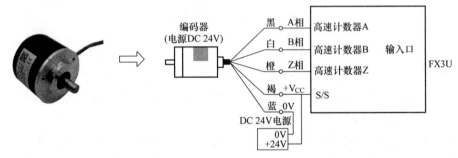

图 1-69　编码器与 PLC 输入口的连接（以 NPN 为例）

步骤 2：电气接线如图 1-70 所示，I/O 表见表 1-14。

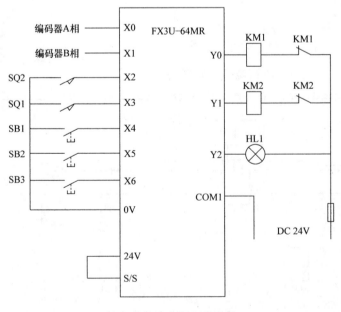

图 1-70　电气接线图

表 1-14 I/O 表

输入	功能含义	输出	功能含义
X0	编码器接线 A 相	Y0	正转（前进）KM1
X1	编码器接线 B 相	Y1	反转（后退）KM2
X2	左限位 SQ2	Y2	到达位置指示灯 HL1
X3	右限位 SQ1		
X4	启动按钮 SB1		
X5	停止按钮 SB2		
X6	后退返回按钮 SB3		

步骤 3：编写梯形图（见图 1-71），程序解释如下。

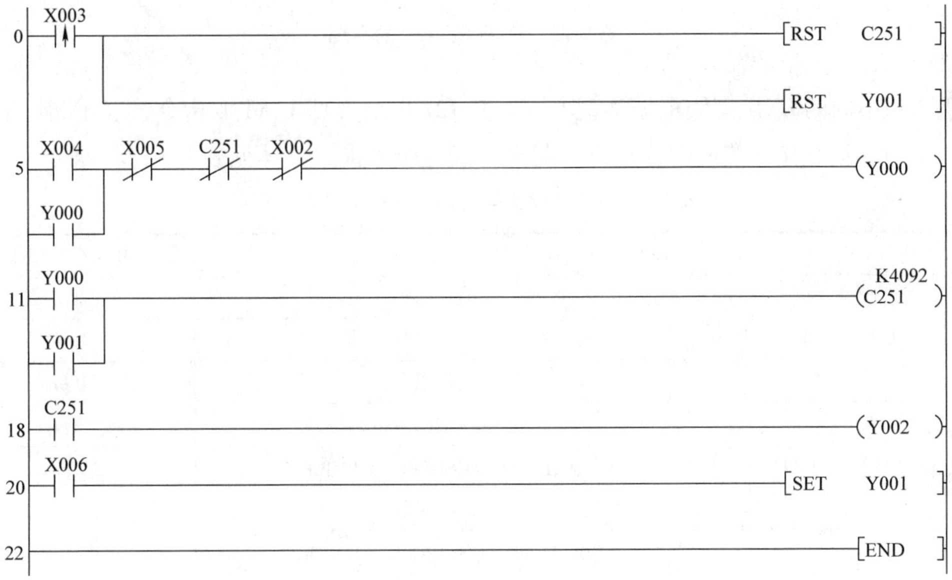

图 1-71 高速计数器应用梯形图

步 0：右限位 X003 触发后，将高速计数器 C251、反转（后退）KM2 均复位。

步 5：在左限位未触及、C251 未动作的情况下，按下启动按钮 SB1，正转（前进）KM1 自锁，按下停止按钮 SB2，KM1 断开。

步 11：只要是电动机在运行，无论是正转还是反转，都将高速计数器 C251 使能，接收 X0 和 X1 的 AB 相脉冲信号。

步 18：当高速计数器 C251 到达计数值 4092 时，输出到达位置指示灯 HL1。

步 20：按下后退返回按钮 SB3，置位反转（后退）KM2 信号。

1.4 三菱 Q 系列 PLC 配置

1.4.1 Q 系列 PLC 概述

Q 系列 PLC 是三菱公司的主流中大型产品，图 1-72 所示为 Q 系列 PLC 的布局，它包括主基板、电源模块、CPU 模块、输入/输出和特殊功能模块（图 1-72 中的插槽 0～11）以及通过扩展用的电缆连接扩展基板。

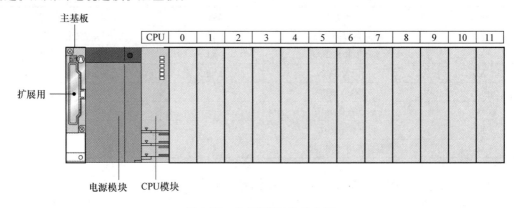

图 1-72   Q 系列 PLC 的布局

Q 系列不同的 CPU 模块根据类型不同，其 LD 指令（即 Load 取指令，表示每一行程序中第一个与母线直接相连的常开触点）处理速度完全不同，具体见表 1-15。

表 1-15   CPU 模块型号与 LD 指令处理速度

CPU 模块型号		LD 指令处理速度
基本型 QCPU	Q00JCPU	200ns
	Q00CPU	160ns
	Q01CPU	100ns
高性能型 QCPU	Q02CPU	79ns
	Q02HCPU、Q06HCPU、Q12HCPU、Q25HCPU	34ns
过程 CPU	Q02PHCPU、Q06PHCPU、Q12PHCPU、Q25PHCPU	
冗余 CPU	Q12PRHCPU、Q25PRHCPU	
通用型 QCPU	Q00UJCPU	120ns
	Q00UCPU	80ns
	Q01UCPU	60ns
	Q02UCPU	40ns
	Q03UD（E）CPU	20ns
	Q04UD（E）HCPU、Q06UD（E）HCPU、Q10UD（E）HCPU、Q13UD（E）HCPU、Q20UD（E）HCPU、Q26UD（E）HCPU、Q50UDEHCPU、Q100UDEHCPU	9.5ns
高速类型 QCPU	Q03UDVCPU、Q04UDVCPU、Q06UDVCPU、Q13UDVCPU、Q26UDVCPU	1.9ns

除了处理速度差异很大之外，其 I/O 支持点数能力不同。如基本型 QCPU 中，Q00JCPU

为256点（X/Y0~FF），Q00CPU、Q01CPU为1024点（X/Y0~3FF），用于CC-Link的远程I/O、MELSECNET/H的链接I/O（LX、LY）的刷新用的I/O软元件点数最多可支持2048点（X/Y0~7FF）。

通用型QCPU中，Q00UJCPU支持256点（X/Y0~FF），Q00UCPU、Q01UCPU为1024点（X/Y0~3FF），Q02UCPU为2048点（X/Y0~7FF），剩下的Q CPU包括Q03UD（E）CPU、Q03UDVCPU、Q04UD（E）HCPU、Q04UDVCPU、Q06UD（E）HCPU、Q06UDVCPU、Q10UD（E）HCPU、Q13UD（E）HCPU、Q13UDVCPU、Q20UD（E）HCPU、Q26UD（E）HCPU、Q26UDVCPU、Q50UDEHCPU、Q100UDEHCPU为4096点（X/Y0~FFF）。而作为MELSECNET/H远程I/O网络、CC-Link数据链接等的远程I/O站中可使用的I/O软元件点数最多可支持8192点（X/Y0~1FFF）。

高性能型QCPU、过程CPU、冗余CPU中，一般支持4096点（X/Y0~FFF），经扩展之后I/O软元件点数可支持8192点（X/Y0~1FFF）。

1.4.2 典型Q系列PLC控制系统

典型的Q系列PLC控制系统如图1-73所示，与FX PLC不同，它需要选择独立的基板、电源、CPU、输入和输出模块、通信模块等。

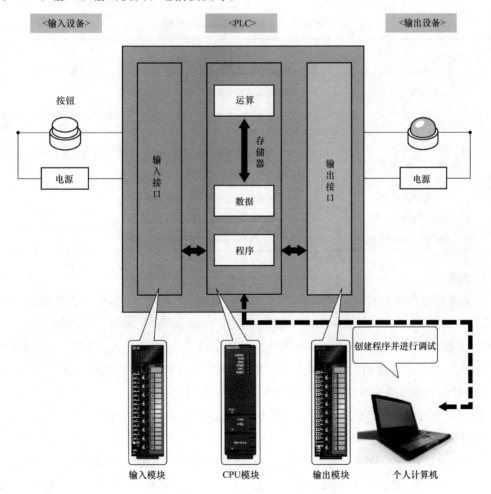

图1-73　典型的Q系列PLC控制系统

1. 基板

基板是用于安装 CPU 模块、电源模块、输入/输出模块、智能功能模块等模块，其中主基板包括 Q33B、Q35B、Q38B、Q312B 等，图 1-74 所示为主基板外观，表 1-16 所示为主基板相关名称与用途。

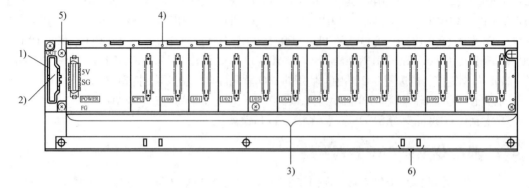

图 1-74　主基板外观

表 1-16　主基板相关名称与用途

序号	名称	用途
1)	扩展电缆连接器	用于连接扩展电缆（用于与扩展基板间的信号收发）的连接器
2)	基板盖板	扩展电缆连接器的保护盖
3)	模块连接器	安装 Q 系列电源模块、CPU 模块、输入/输出模块和智能功能模块的连接器 对于没有安装模块的空闲位置的连接器，应安装附属的连接器盖或者空槽盖板模块（QG60），以防止灰尘进入
4)	模块固定用螺栓孔	用于将模块固定到基板上的螺栓孔
5)	基板安装孔	用于将本基板安装到控制盘等面板上的孔
6)	DIN 导轨适配器安装孔	用于安装 DIN 导轨适配器的孔

2. 电源

Q 系列 PLC 的电源模块包括以下常见的规格：Q61P – A1（AC 100 ~ 120V 输入，DC 5V 6A 输出），Q61P – A2（AC 200 ~ 240V 输入，DC 5V 6A 输出），Q61P（AC 100 ~ 240V 输入，DC 5V 6A 输出），Q62P（AC 100 ~ 240V 输入，DC 5V 3A/DC 24V 0.6A 输出），Q63P（DC 24V 输入，DC 5V 6A 输出），Q64P（AC 100 ~ 120V/AC 200 ~ 240V 输入，DC 5V 8.5A 输出），Q64PN（AC 100 ~ 240V 输入，DC 5V 8.5A 输出）。

图 1-75 所示为 Q61P 电源外观，电源 Q61P 相关名称与用途见表 1-17。

3. 输入/输出模块

在 Q 系列 PLC 中，输入/输出编号以十六进制数表示。在使用 16 点的输入/输出模块的情况下，1 个插槽的输入/输出编号为"□□ 0 ~ □□ F"的 16 点连续编号。输入模块的情况下在输入/输出编号的起始处附加"X"，输出模块的情况下在输入/输出编号的起始处附加"Y"，具体如图1-76所示。

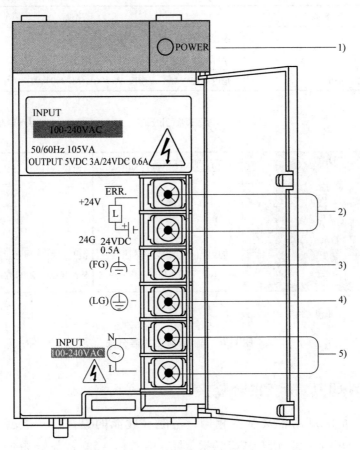

图1-75　电源Q61P外观

表1-17　电源Q61P相关名称与用途

序号	名称	用途
1)	"POWER" LED	亮灯（绿色）：正常（DC 5V输出，10ms以内的瞬停） 亮灯（红色）：DC电源为ON，但是，Q63RP发生故障（DC5V异常、过负载、内部电路故障时） 熄灯：未输入DC电源、熔丝熔断、停电（包括10ms以上的瞬停）
2)	$\overline{\text{ERR.}}$ 端子	<当安装到电源冗余主基板（Q3□RB）上时> ● 电源冗余主基板上的系统运行正常时为ON ● 发生电源故障时、未输入电源时、CPU模块停止故障（包括复位）时、熔丝熔断时，端子为OFF（开路） ● 在多CPU系统配置中，任何一台发生停止故障时，都为OFF（开始） <当安装在电源冗余扩展基板（Q6□RB）、冗余扩展基板（Q6□WRB）上时> ● 电源正常运行时为ON ● 当电源故障时、未输入电源时、熔丝熔断时，为OFF（开路）

（续）

序号	名称	用途
3）	FG 端子	连接在印制电路板上屏蔽部分的接地端子
4）	LG 端子	电源滤波器的接地。AC 输入（Q64RP）时，具有输入电压的1/2电位
5）	电源输入端子	是电源输入端子，连接 AC 100V/AC 200V 的交流电源

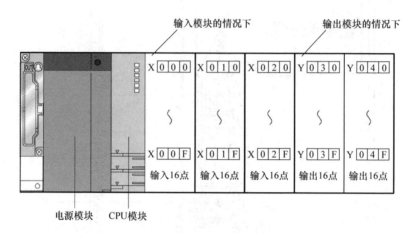

图 1-76　输入/输出编号分配

1.4.3　Q 系列 CPU 指示灯的含义

Q 系列 CPU 指示灯的含义基本相同，但随着性能的提高，其指示灯数量在增加。图 1-77所示为Q00UCPU 和 Q06UDVCPU 指示灯，两者1）~5）都是相同的，具体解释如下：

1）"MODE" LED 指示 CPU 模块的模式，其中亮灯为 Q 模式；闪烁为执行带执行条件软元件测试时或执行外部输入/输出的强制 ON/OFF 功能时。

2）"RUN" LED 指示 CPU 模块的运行状态，其中亮灯为 RUN/STOP/RESET 开关设定到 "RUN"，处于运行状态；熄灯为 RUN/STOP/RESET 开关设定到 "STOP"，处于停止状态，或检测到停止运行的出错时；闪烁为 RUN/STOP/RESET 开关设定到 "STOP" 时进行参数/程序写入操作、将 RUN/STOP/RESET 开关设定为 "STOP" → "RUN" 时。

为了在程序写入后使 "RUN" LED 亮灯，需要执行如下操作：将 RUN/STOP/RESET 开关设定为 "RUN" → "STOP" → "RUN"；用 RUN/STOP/RESET 开关执行复位操作；重新启动 PLC 的电源。

为了在写入参数后使 "RUN" LED 亮灯，需要执行如下操作：用 RUN/STOP/RESET 开关执行复位操作；重新启动 PLC 的电源。需要注意的是，在改变参数值后将 RUN/STOP/RESET 开关设定为 "RUN" → "STOP" → "RUN" 的情况下，网络参数以及智能功能模块参数并不能被保存。

3）"ERR." LED 指示 PLC 出错情况，其中亮灯为检测到除电池出错外不停止运行的自诊断出错时（当参数设置中设定了检测到出错时继续运行时）；熄灯为正常；闪烁为当检测到停止运行的出错时，或当通过 RUN/STOP/RESET 开关执行的复位生效时。

4）"USER" LED 指示报警器情况，其中亮灯为报警器（F）为 ON 时；熄灯为正常。

5）"BAT." LED 指示电池情况，其中亮黄灯是由于存储卡的电池电压过低，发生电池出错时；黄灯闪烁是由于 CPU 模块本体的电池电压过低，发生电池出错时；亮绿灯是通过至标准 ROM 的锁存数据备份功能备份的数据的还原结束后，亮灯 5s；绿灯闪烁是通过至标准 ROM 的锁存数据备份功能至标准 ROM 的备份结束时；熄灯为正常。

与 Q00UCPU 相比，Q06UDVCPU 又增加了两个指示灯，具体如下：

6）"BOOT" LED 指示引导运行情况，其中亮灯表示"开始引导运行时"，熄灯表示"未执行引导运行时"。

7）"SD CARD" LED 指示存储卡使用情况，其中亮绿灯表示"SD 存储卡使用中"，绿灯闪烁表示"SD 存储卡准备中/停止处理中"或"记录完成时"，熄灯表示"未使用 SD 存储卡"。

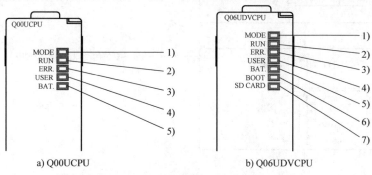

a) Q00UCPU   b) Q06UDVCPU

图 1-77   Q00UCPU 和 Q06UDVCPU 指示灯

1.4.4 RUN/STOP/RESET 开关操作

与 FX3U PLC 不一样，Q 系列 PLC 使用 RUN/STOP/RESET 开关（见图 1-78）进行复位和程序运行操作。

复位具体步骤如图 1-79 所示。

在完成复位之后，程序可以在 CPU 模块置为 STOP 状态后进行写入，有两种情况：

（1）在软元件存储器内的数据被清除

1）将 RUN/STOP/RESET 开关置于 RESET 的位置一次（约1s），然后返回到 STOP 的位置侧。

2）将 RUN/STOP/RESET 开关置于 RUN 的位置侧。

3）使 CPU 模块进入 RUN 状态（"RUN" LED：亮灯）。

（2）在软元件存储器内的数据未被清

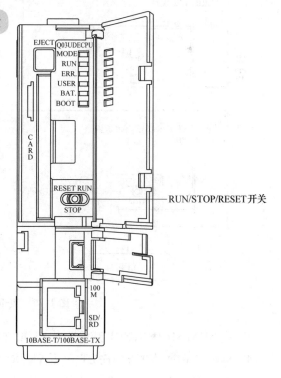

图 1-78   RUN/STOP/RESET 开关

除（保持）时

1）将 RUN/STOP/RESET 开关置于 RUN 的位置侧。

2）"RUN" LED 闪烁。

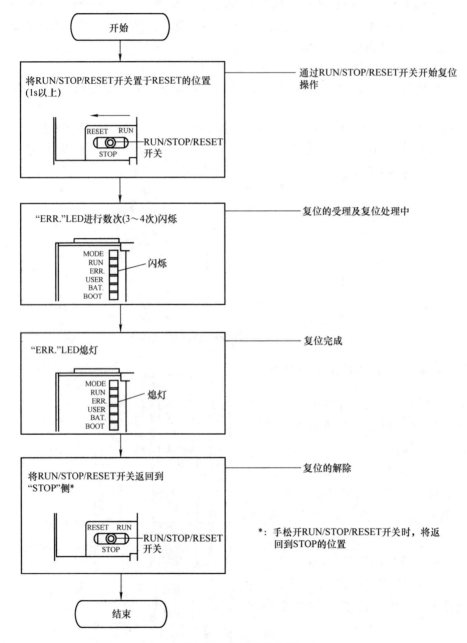

图1-79　复位具体步骤

3）将 RUN/STOP/RESET 开关置于 STOP 的位置侧。

4）再次将 RUN/STOP/RESET 开关置于 RUN 的位置侧。

5）CPU 模块进入 RUN 状态（"RUN" LED：亮灯）。

在 CPU 模块为 RUN 的状态下进行程序写入时（即运行中写入）则不需要进行 CPU 模块的 RUN/STOP/RESET 开关的操作，此时的软元件存储器的数据也不被清除。

1.4.5 Q 系列 PLC 控制系统的简单应用

由于采用同一种编程环境 GX Works2，因此 Q 系列 PLC 与 FX3U 在逻辑功能、定时器和计数器基本概念上保持一致。略有不同的是，Q 系列 PLC 的定时器的时间基准不再以 T 的编号为准，而是在指令前增加"H"。这也意味着，同一个定时器软元件可以有低速定时器和高速定时器之分。对于累计定时器也是如此。图 1-80 所示为在 GX Works2 编程环境下 Q 参数设置的定时器时限设置。低速定时器以 1~1000ms 范围内的数值为单位，对时间进行计时；高速定时器则以 0.01~100ms 范围内的数值为单位，对时间进行计时。

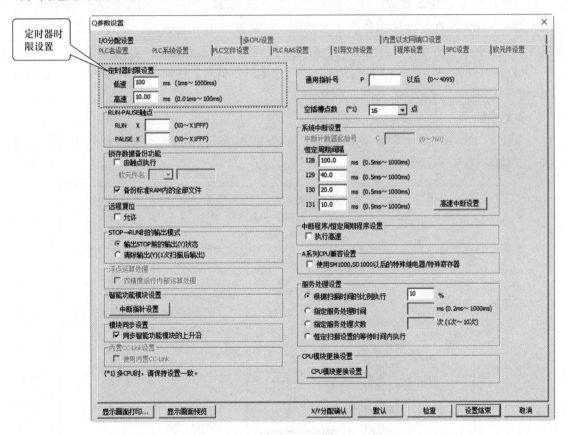

图 1-80　Q 参数设置的定时器时限设置

低速定时器的梯形图编程与 FX3U 一致，但是高速定时器则不太一样，图 1-81 所示是输入"H T0 K12"后的梯形图显示结果。该高速定时器时限默认是 10ms，则 T0 定时为 120ms。

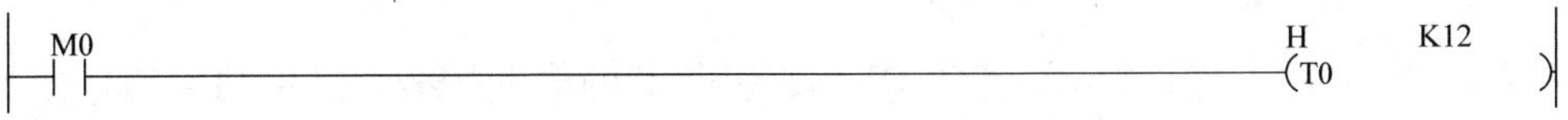

图 1-81　高速定时器梯形图

【例1-8】 Q03UDVCPU 控制系统的配置

任务要求：某 Q03UDVCPU 控制系统中，共有 2 个模块，即数字量输入模块 QX40、数字量输出模块 QY40P，要求实现功能如下：

1）正确配置该 Q 系列 PLC 的相关模块。

2）QX40 外接输入开关 SW1 和 SW2、按钮 SB1 和 SB2，QY40P 外接 HL1、HL2、HL3、HL4 四个指示灯。

3）输入开关 SW1 和 SW2 为 2 种模式指示灯显示。当 SW1 为 ON 时，按下 SB1，HL1 灯亮，延时 3s 后，HL1 灯灭、HL2 灯亮；延时 3s 后，HL2 灯灭、HL3 灯亮；延时 3s 后，HL3 灯灭、HL4 灯亮，再开始新的一轮循环，一直等到按下 SB2 后，所有的指示灯都灭。当 SW2 为 ON 时，其动作规律一致，不同的是指示灯从 HL4 开始，一直到 HL1 结束。

4）输入开关 SW1 和 SW2 同时为 ON 时，指示灯不显示；任何一个开关在指示灯显示过程中拨到 OFF 时，该显示模式停止，指示灯灭。

实施步骤：

步骤 1：图 1-82 所示为本案例 Q03UDVCPU 控制系统的配置，除 CPU 外还包括电源 Q61P、输入 QX40 和输出 QY40P。

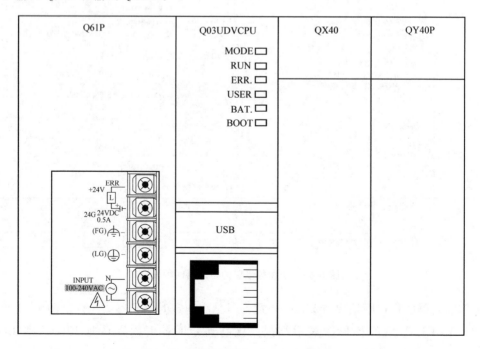

图 1-82 Q03UDVCPU 控制系统的配置

如图 1-83a 和图 1-83b 所示，进行 QX40、QY40P 的电气接线，其中端子编号参考元件定义表。

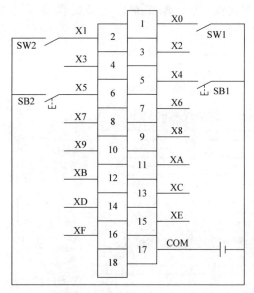 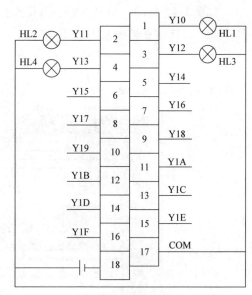

a) QX40接线　　　　b) QY40P接线

图1-83　输入/输出接线

I/O 表见表1-18。

表1-18　I/O 表

输入	功能	输出	功能
X0	SW1	Y10	HL1
X1	SW2	Y11	HL2
X4	SB1	Y12	HL3
X5	SB2	Y13	HL4

步骤2：完成工程的 PLC 配置。如图1-84 所示，在 GX Works2 中新建工程，选择 QCPU（Q 模式），并选择 Q03UDV 的 PLC 类型。

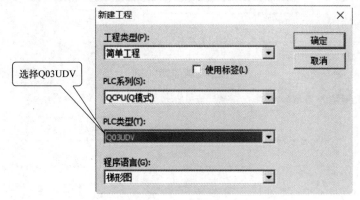

图1-84　新建工程

如图 1-85 所示，打开参数→PLC 参数→I/O 分配设置，依次添加插槽 1、2 的模块（见图 1-86）。其中 0 号插槽为 CPU 类型，不用选择。

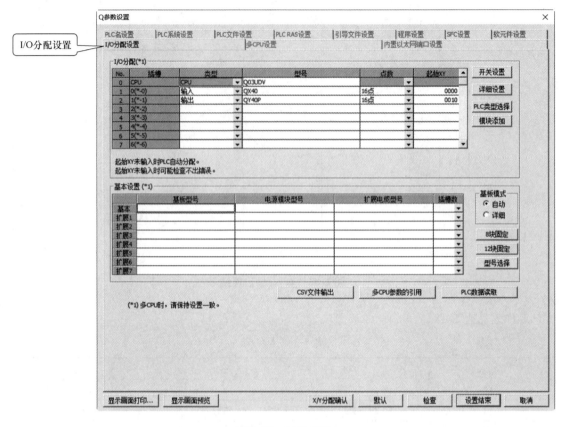

图 1-85 I/O 分配

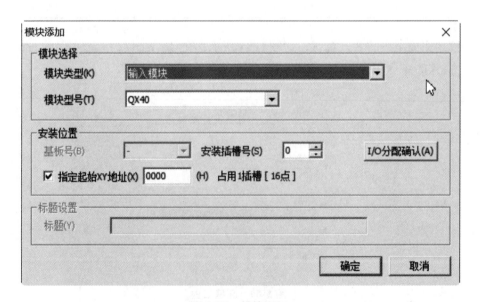

图 1-86 模块添加

这里需要指出的是，每一个模块的起始地址既可以缺省，也可以自定义。最后单击 设置结束 ，即完成参数设置。

步骤3：程序编制，图1-87所示为Q03UDVCPU控制系统的配置梯形图，具体解释如下：

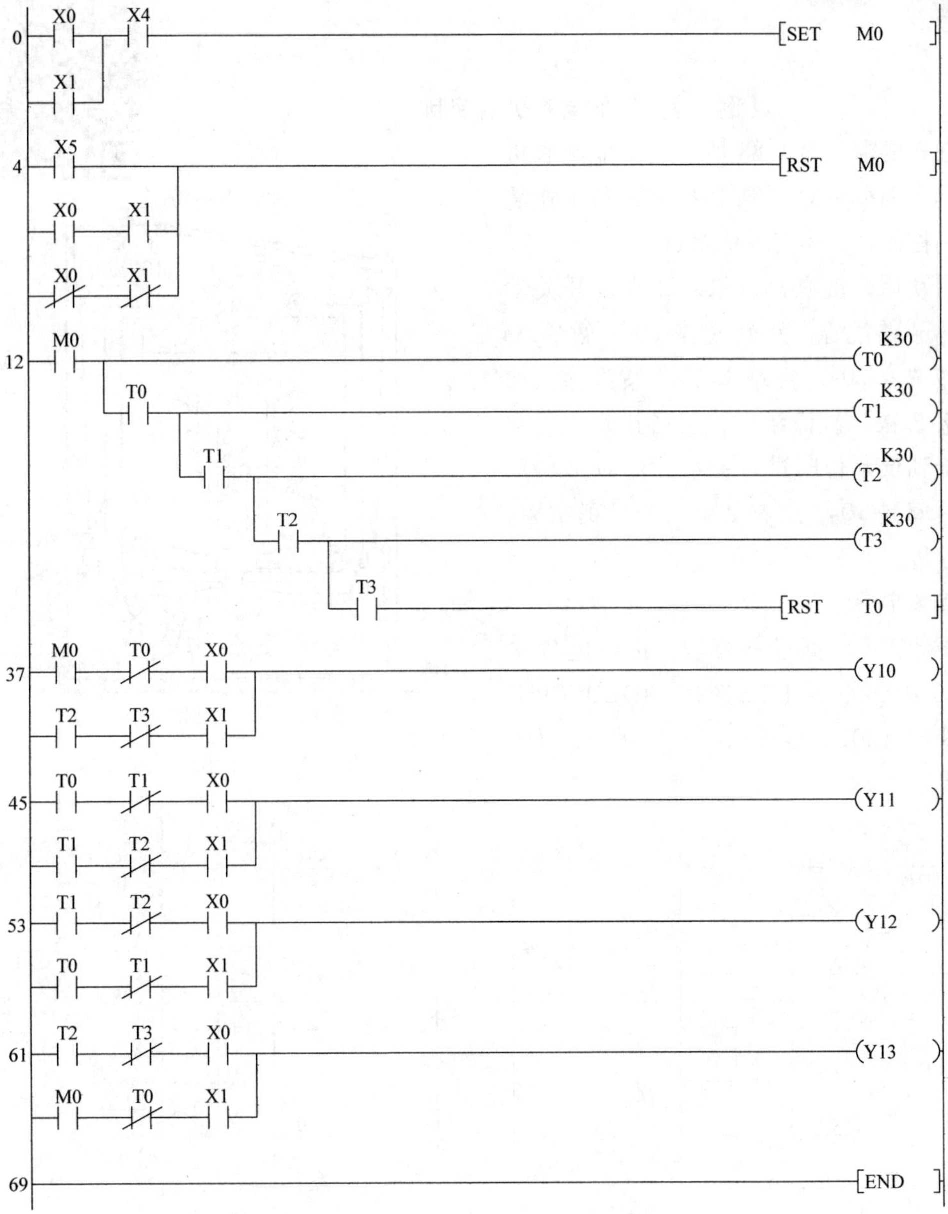

图1-87 Q03UDVCPU控制系统的配置梯形图

步0：在开关SW1或SW2为ON的情况下，按下按钮SB1，则置位M0，即进入灯显示状态。

步4：按下停止按钮 SB2 或 SW1/SW2 均为 ON 或 SW1/SW2 均为 OFF 的情况下，复位 M0。

步12：在 M0 为 ON 的情况下，分别进行 4 个指示灯的定时 T0、T1、T2、T3，都是低速定时器，均为 3s。

步37~61：分别显示 X0 和 X1 两种模式的 4 个指示灯情况。

【例1-9】 工业洗衣机的控制

任务要求： 图 1-88 所示为工业洗衣机的结构，现在用 Q 系列 PLC 来进行工业洗衣机的控制，具体实现功能如下：

启动后，洗衣机进水，高水位开关动作时，开始洗涤。正转洗涤 20s，暂停 3s 后反转洗涤 20s，暂停 3s 再正转洗涤，如此循环 3 次，洗涤结束，然后排水，当水位下降到低水位时进行脱水（同时排水），脱水时间是 10s，洗衣结束，全过程结束，自动停机。

实施步骤：

步骤 1：根据任务要求，进行电气接线。其中 Q 系列 PLC 选择 Q03UDVCPU、QX40 和 QY40P，接线如图 1-89 所示，I/O 分配见表 1-19。

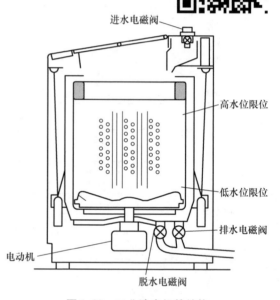

图 1-88　工业洗衣机的结构

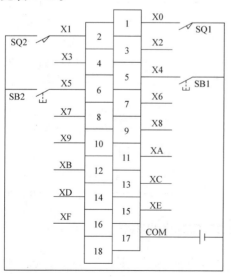

a) 输入

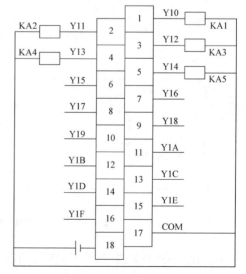

b) 输出

图 1-89　工业洗衣机输入和输出接线

表1-19 I/O表

输入	功能	输出	功能
X0	高水位开关 SQ1	Y10	进水电磁阀 KA1
X1	低水位开关 SQ2	Y11	排水电磁阀 KA2
X4	启动按钮 SB1	Y12	电动机正转 KA3
X5	停止按钮 SB2	Y13	电动机反转 KA4
		Y14	脱水电磁阀 KA5

步骤2：硬件配置与例1-8相同，不再赘述。本案例采用高速定时器，编程之前需要设置相应的时限，如图1-90所示。

步骤3：梯形图编程如图1-91所示，具体解释如下：

工业洗衣机共4个状态，即M0为进水状态、M1为正反转洗涤3次、M2为排水状态、M3为脱水状态，这些状态为递进状态。

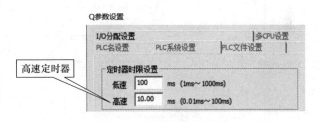

图1-90 定时器时限设置

步0：启动按钮SB1置位M0，进入进水状态。

步2：停止按钮SB2复位4个状态，即M0～M3。

步7：当M0为ON时，开始打开进水阀Y10。

步9：当高水位限位X0动作时，进入M1状态，复位M0状态。

步13、39：当M1为ON时，洗涤状态使用高速定时器T0（20s正转）、T1（暂停3s）、T2（20s反转）、T3（暂停3s），并对T3上升沿进行计数C0；计数未到3，则复位T0，重新进行定时，直至C0为3。在M1状态时，输出Y12和Y13正反接触器信号。

步53：当C0计数器为3时，进入M2状态，复位M1。

步60、64：当M2为ON时，开始排水，直到低水位限位X1动作，进入M3状态，复位M2。

步68：当M3为ON时，开始脱水，定时T4（10s），定时结束复位M3，完成整个洗衣流程，进入待机状态。

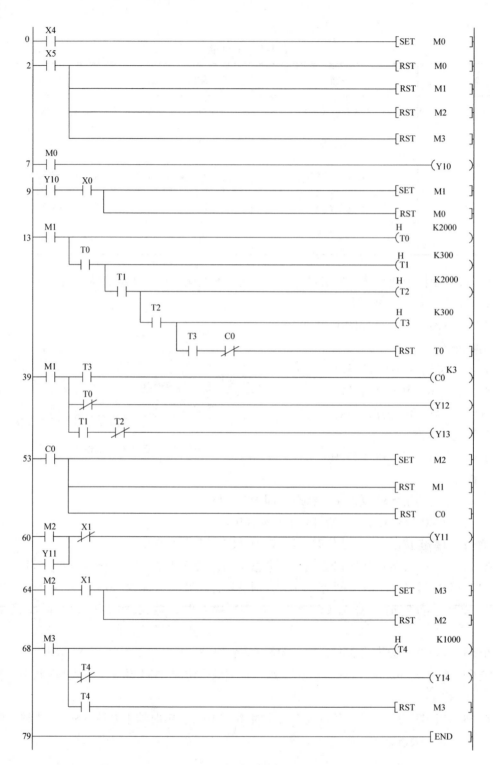

图 1-91　工业洗衣机控制梯形图

第 2 章

PLC与触摸屏的联合仿真

导读

　　联合仿真就是触摸屏工程文件尚未正式下载到触摸屏实物前在计算机上使用，配合 PLC 仿真，组成虚拟对象的控制功能。联合仿真中触摸屏可以从 PLC 的仿真运行中获取数据，同时可以模拟触摸屏的操控效果，方便了用户直观地预览效果，可以极大地提高编程效率。Q 系列 PLC 与 FX3U 在位数据上的不同是，前者是采取十六进制，后者是采取八进制。本章使用 PLC 和触摸屏的联合仿真通过交通灯控制、输送带传动、彩灯控制等 11 个案例介绍了最常用的运算指令和流程控制指令。

2.1　PLC 与触摸屏联合仿真入门

2.1.1　触摸屏概述

1. 触摸屏系统的组成

　　触摸屏是一种可接收手指触控等输入信号的感应式液晶显示装置，当接触了屏幕上的图形或文字按钮时，屏幕上的触觉反馈系统可根据预先编程的程序驱动各种连接装置，可用以取代机械式的按钮面板，并借由液晶显示画面制造出生动的多媒体效果。触摸屏作为一种最新的计算机输入设备，它是目前最简单、方便、自然的一种人机交互方式，在工业上则是显示和控制 PLC 等外围设备的最理想的解决方案。

　　触摸屏系统的基本组成如图 2-1 所示，它包括编程计算机（含编程软件）、触摸屏、现场连接设备（如 PLC、条码阅读器、温控器、打印机等）。

　　触摸屏从一出现就受到了广泛的关注，它显示直观，操作简单。它强大的功能及优异的稳定性使它非常适合应用于工业环境，如工业中的自动化控制设备、自动洗车机、天车升降控制、生产线监控等。目前在日常生活中，各个领域也已经在应用触摸屏，甚至智能大厦管理、会议室声光控制、温室温度调整等也都在应用触摸屏。

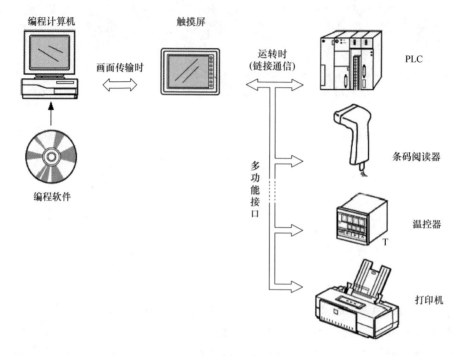

图2-1　触摸屏系统的组成

触摸屏是在操作人员和机器设备之间架起双向沟通的桥梁，操作人员可以自由地在触摸屏上组合文字、按钮、指示灯、仪表、图形、表格、测量数字等，来监控管理或显示机器设备的运行状态。在工业控制中，应用触摸屏前，电气控制设备的操作需要由操作人员根据控制设备上的一个个指示灯信号和数字显示屏上一串串的字母数字所代表的设备运行状态，去操作一个个按钮来控制设备的运行，不但显示不直观，故障率高，且很难提高工作效率、易误操作。使用了触摸屏后，屏幕能明确指示并告知操作人员机器设备目前的运行状况，使操作变得简单直观，并且可以避免操作上的失误，即使是新手也可以根据屏幕显示很轻松地操作整个机器设备；使用触摸屏还可以使整个机器设备的配线标准化、简单化，且可减少与之相连的PLC等设备的I/O接口数量，不但降低了生产成本，而且可大大地减少故障率，同时由于整个设备控制面板的小型化及高性能，也相对提高了整套设备的附加价值。

2. 触摸屏的编程软件

从触摸屏编程软件的内涵上说，它是指操作人员根据工业应用对象及控制任务的要求，配置（包括对象的定义、制作和编辑，以及对象状态特征属性参数的设定等）用户应用软件的过程。

不同品牌的触摸屏或操作面板所开发的编程软件不尽相同，但都会具有一些通用功能，如画面、标签、配方、上传、下载、仿真等。

（1）编程基本功能

触摸屏编程的目的在于操作与监控设备或过程，因此，用户应尽可能精确地在人机界面上映射设备或过程。触摸屏与机器或过程之间通过PLC等外围连接设备利用变量进行通信，变量值写入 PLC 上的存储区域或地址，由人机界面从该区域读取，基本结构如图 2-2 所示。

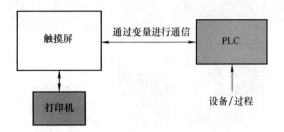

图 2-2　基本结构

（2）画面编辑制作

画面是触摸屏工程的重要组成部分，利用它们用户可以将机器或过程的状态可视化，并为操作机器或过程创建先决条件。用户可以创建一系列带有显示单元或控件的画面用于画面之间的切换，如图 2-3 所示。

对于画面的创建一定要从工程项目的全局考虑，并在编程之前就进行基本设置和拆分。图 2-4 所示为画面创建的基本模板，它包括固定窗口、事件消息窗口、基本区域、消息指示器、功能键分配。

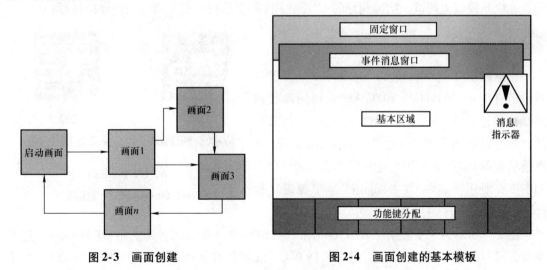

图 2-3　画面创建　　　　　　　　图 2-4　画面创建的基本模板

画面是过程的映像，可以在画面上显示过程并指定过程值，图 2-5 显示了一个用于生产不同果汁的搅拌设备的实例。配料从不同容器注入搅拌器，然后进行搅拌，通过画面显示出容器与搅拌器中的液面。通过人机界面可以打开与关闭进口阀门、搅拌电动机等。

（3）联合仿真

联合仿真的目的就是在触摸屏和实体 PLC 投入正式使用之前，触摸屏从仿真 PLC 的本地地址读取数据，其数据是静态的，但联合仿真方便了用户直观地预览效果而不必每次都下载程序到 PLC 或触摸屏，可以极大地提高编程效率，节省大量的由于重复下载所花费的工程时间。

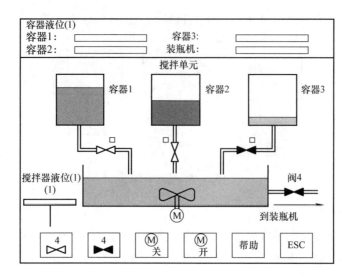

图 2-5 搅拌设备画面实例

（4）下载

下载之前，都必须通过画面编程制作"工程文件"，再通过 PC 和触摸屏产品的串行通信口、USB 或以太网口，把编制好的"工程文件"下载到人机界面的处理器中运行。

2.1.2 三菱 GT Designer 使用简介

三菱触摸屏编程软件 GT Designer3 是用于三菱电机自动化 GOT1000、GOT2000 系列图形操作终端的编程软件，同时配有 GT Simulator3 仿真软件，具有联合仿真的功能。下载 GT Designer3 软件请从官网或搜索获得，安装后共有 2 个图标，如图 2-6 所示，其中 GT Designer3 是工程设计软件，GT Simulator3 是仿真软件。

图 2-6 GT Designer3 和
GT Simulator3 软件图标

图 2-7 所示为三菱触摸屏 GOT1000 和 GOT2000 的外观，两者均使用 GT Designer3 进行编程，可与三菱 FX3U PLC、三菱 Q 系列 PLC、欧姆龙 C 系列 PLC、富士 N 系列 PLC、松下 FP 系列 PLC、AB – SLC500 系列 PLC、西门子 S7 – 200/300 系列 PLC 等 PLC 通信连接。

GT Designer3 使用步骤如下所示：

1）进入工程选择画面，使用"新建"或"打开"（见图 2-8），如果是第一次使用或是新的工程文件，则使用"新建"。

2）新建工程向导。如图 2-9 所示，可以很方便地对触摸屏进行必要的设置。

3）系统设置。如图 2-10 所示，可以选择触摸屏的型号或颜色数等。

如图 2-11 所示，触摸屏机种选择包括 GT16、GT15、GT14、GT12、GT11、GT10 等，更新的版本支持 GT27、GT23 等，请及时更新触摸屏相关软件。本书中的联合仿真均采用 GT12 ＊ ＊ － V（640×480）（以下简称 GT12）。完成后，请按图 2-12 所示进行系统设置确认。

a) GOT1000　　　　b) GOT2000

图 2-7　三菱触摸屏外观

图 2-8　工程选择

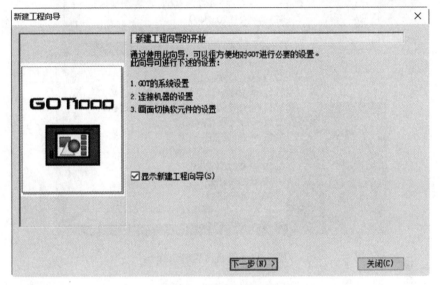

图 2-9　新建工程向导

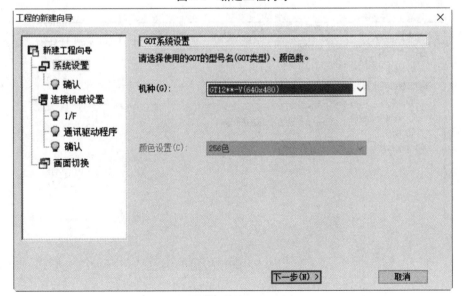

图 2-10　系统设置

57

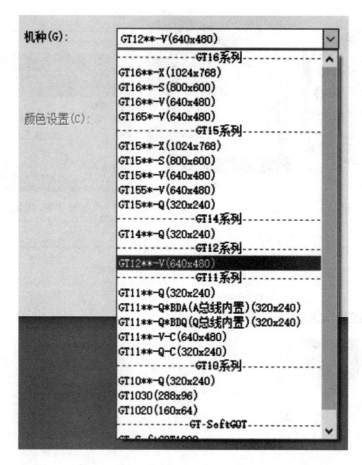

图 2-11 触摸屏机种选择

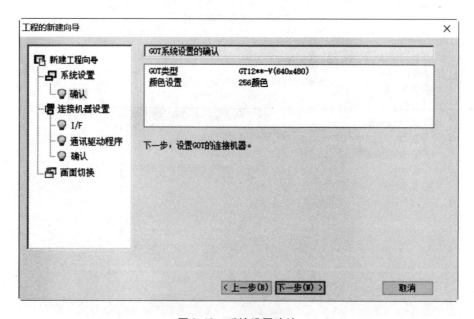

图 2-12 系统设置确认

4）连接机器设置。如图 2-13 所示，选择触摸屏连接机器（主要是 PLC、变频器、伺服、仪表等）。

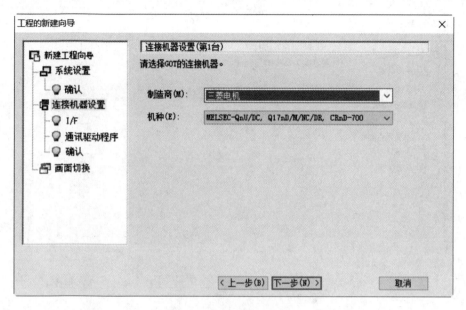

图 2-13　连接机器设置

三菱触摸屏支持大部分主流的机器品牌，除自身外，还有欧姆龙、KEYENCE、光洋电子、夏普、东芝、日立、安川电机、AB、GE、西门子、MODBUS 等（见图 2-14）。

三菱机种选择如图 2-15 所示，其中本书将主要选择为 MELSEC – FX 和 MELSEC – QnA/Q/QS 这两种。

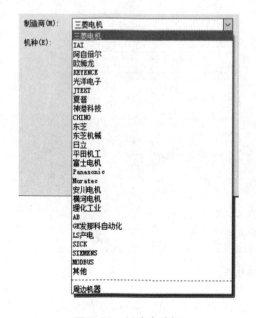

图 2-14　制造商选择

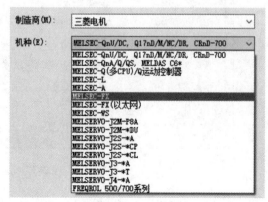

图 2-15　三菱机种选择

这里机器品牌就意味着不同的通信协议，如图 2-16 所示，三菱"MELSEC – FX"I/F（通信接口）选择为标准 I/F（标准 RS – 422/485）。

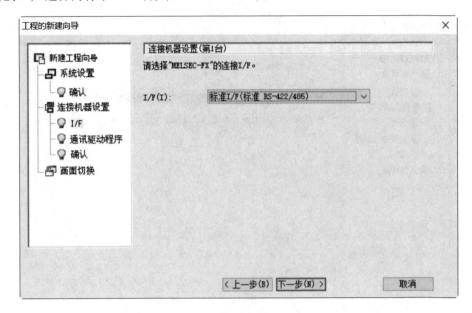

图 2-16 I/F 设置

5）画面切换。如图 2-17 所示，设置画面切换软元件，如基本画面 GD100、重叠窗口 GD101 等。

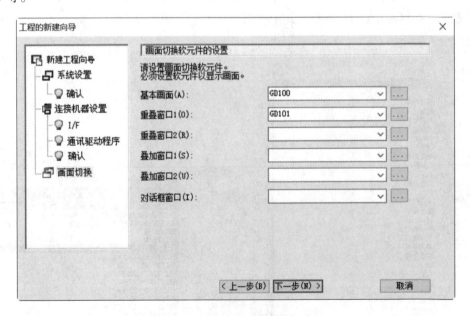

图 2-17 画面切换

最后，确认完成后的设置如图 2-18 所示，图 2-19 所示为 GT Designer3 编辑画面。

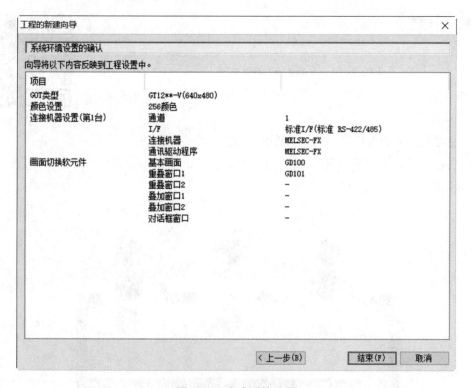

图 2-18 完成后的设置

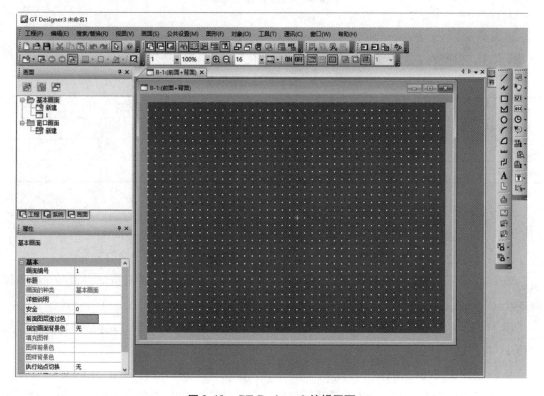

图 2-19 GT Designer3 编辑画面

【例 2-1】 交通灯触摸屏应用

任务要求：如图 2-20 所示，某交通灯采用 FX3U 和触摸屏进行控制，要求动作具体如下：

1）通过触摸屏的按钮进行启动与停止控制。

2）当触摸屏启动按钮动作后，绿灯亮 25s，然后黄灯亮 3s，最后红灯亮 20s；接下来进入下一轮周期，一直到停止按钮动作。

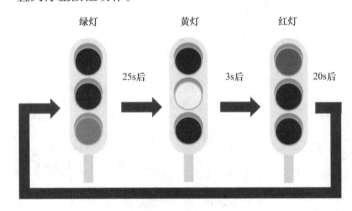

图 2-20　交通灯控制示意

实施步骤：

步骤 1：根据表 2-1 所示进行软元件分配，并进行梯形图编程。

表 2-1　交通灯软元件分配

中间软元件		输出软元件	
M0	触摸屏启动按钮	Y0	绿灯
M1	触摸屏停止按钮	Y1	黄灯
M2	交通灯处于激活状态	Y2	红灯

图 2-21 所示的梯形图程序说明如下：

步 0：通过触摸屏启动按钮 M0 置位 M2（交通灯处于激活状态）和绿灯。

步 3：当触摸屏停止按钮 M1 按下时，复位所有中间变量和所有交通灯。

步 14、19：当 M2 和绿灯亮时，T0 开始定时 25s；定时到时置位黄灯，复位 T0 和绿灯 Y0。

步 24、29：与绿灯动作相似，当 M2 和黄灯亮时，T1 开始定时 3s；定时到时置位红灯，复位 T1 和黄灯 Y1。

步 34、39：与绿灯动作相似，当 M2 和红灯亮时，T2 开始定时 20s；定时到时置位绿灯，复位 T2 和红 Y1。这样就进入了循环动作，即后续的扫描中依次执行步 14～39，直到按下停止按钮 M1。

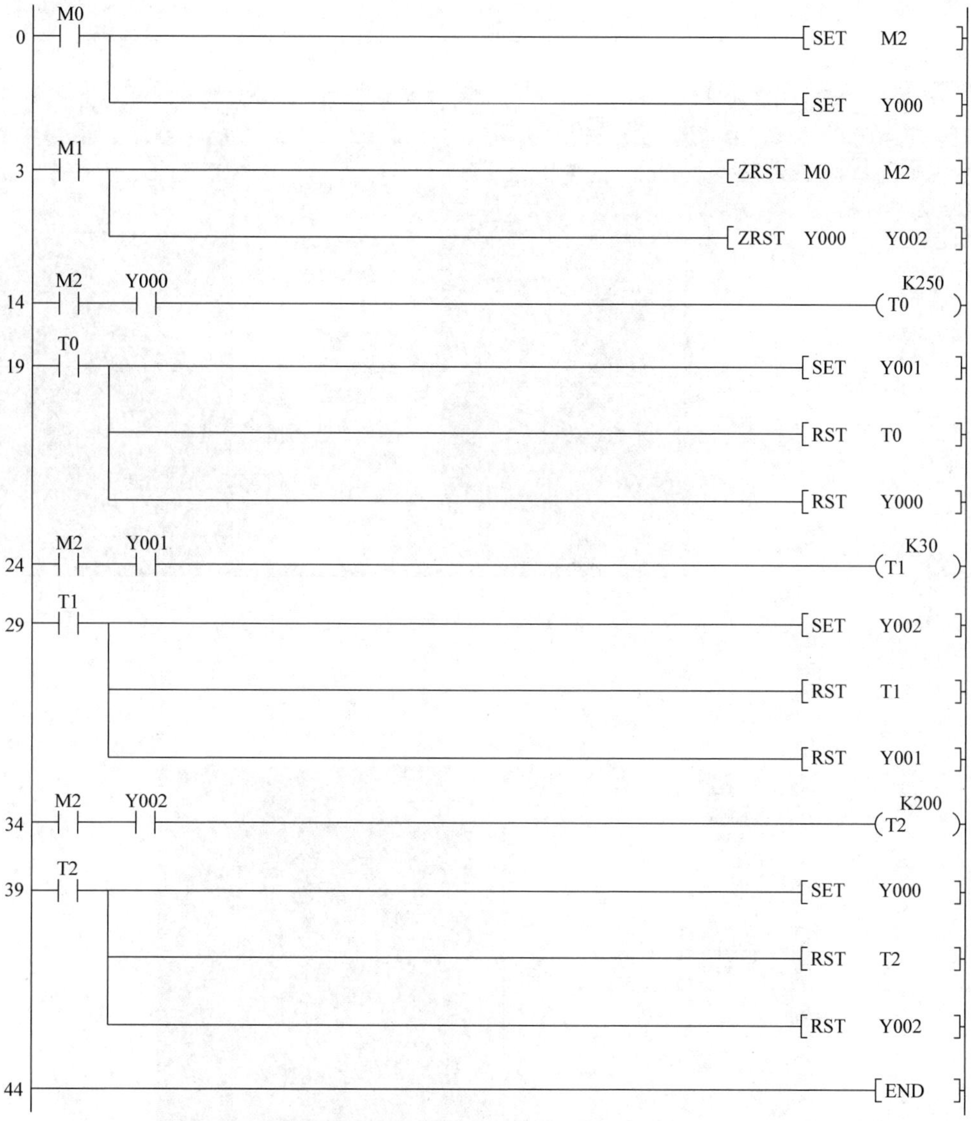

```
0   ├─┤M0├──┬─────────────────────────────────────[SET    M2  ]
    │       │
    │       └─────────────────────────────────────[SET    Y000]
    │
3   ├─┤M1├──┬──────────────────────────────[ZRST   M0     M2  ]
    │       │
    │       └──────────────────────────────[ZRST   Y000   Y002]
    │
                                                           K250
14  ├─┤M2├─┤Y000├─────────────────────────────────────(T0  )
    │
19  ├─┤T0├──┬─────────────────────────────────────[SET    Y001]
    │       │
    │       ├─────────────────────────────────────[RST    T0  ]
    │       │
    │       └─────────────────────────────────────[RST    Y000]
    │
                                                           K30
24  ├─┤M2├─┤Y001├─────────────────────────────────────(T1  )
    │
29  ├─┤T1├──┬─────────────────────────────────────[SET    Y002]
    │       │
    │       ├─────────────────────────────────────[RST    T1  ]
    │       │
    │       └─────────────────────────────────────[RST    Y001]
    │
                                                           K200
34  ├─┤M2├─┤Y002├─────────────────────────────────────(T2  )
    │
39  ├─┤T2├──┬─────────────────────────────────────[SET    Y000]
    │       │
    │       ├─────────────────────────────────────[RST    T2  ]
    │       │
    │       └─────────────────────────────────────[RST    Y002]
    │
44  ├──────────────────────────────────────────────────[END ]
```

图 2-21 交通灯触摸屏应用梯形图

步骤 2 触摸屏组态：第一步是进行交通灯三个位指示灯的组态，如图 2-22 所示，进行菜单"对象→指示灯→位指示灯"选择。

单击触摸屏上的位指示灯，图 2-23 所示为编程软件左侧的位指示灯公共信息，包括 X 坐标、Y 坐标、宽度、高度等。

双击位指示灯，就可以进入图 2-24 所示的基本设置，包括指示灯种类、软元件编号、图形形状、ON 或 OFF 时的图形属性（边框色、指示灯色、背景色、填充图样、闪烁等）。图 2-25 所示选择绿灯为 Y0。依次可以组态黄灯、红灯。

第二步就是组态触摸屏按钮，选择菜单"对象→开关→位开关"，可以出现■这样的按

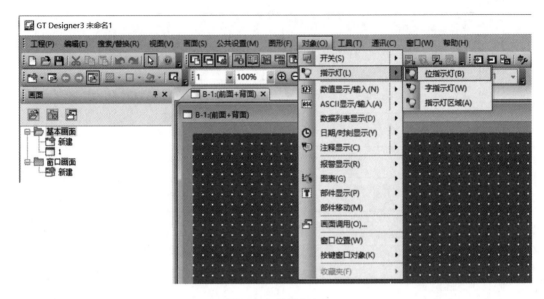

图 2-22　位指示灯

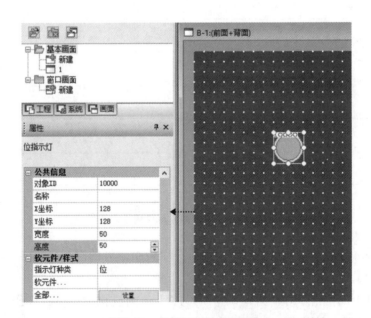

图 2-23　位指示灯的公共信息

钮。双击后进行位开关基本设置，如图 2-26 所示。这里为点动按钮动作设置。

最后完成后的触摸屏组态画面如图 2-27 所示。

步骤 3：PLC 和触摸屏联合仿真。第一步是在 GX Works2 中选择"调试→模拟开始/停

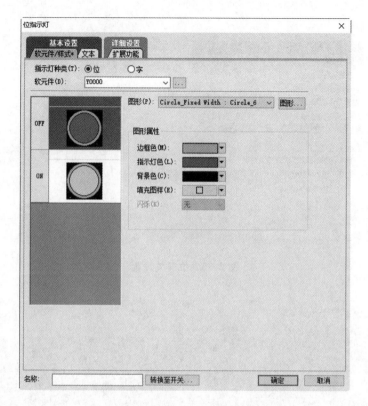

图 2-24　位指示灯的基本设置

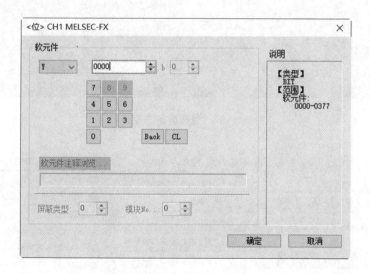

图 2-25　位软元件的选择

止",如图 2-28 所示,直至出现图 2-29 所示的 PLC 写入和 PLC 运行画面,且 "POWER"
"RUN" 灯亮。

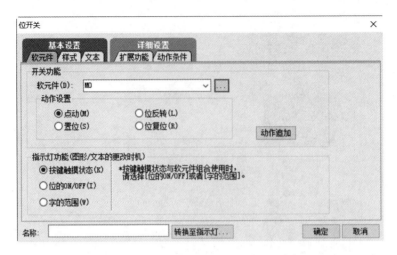

图 2-26　位开关设置

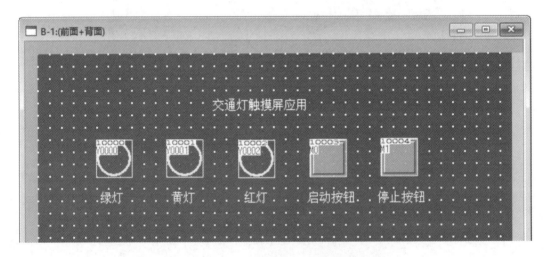

图 2-27　触摸屏组态画面

图 2-28　PLC 模拟开始

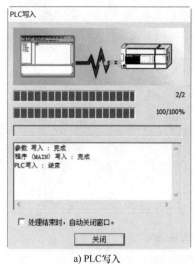

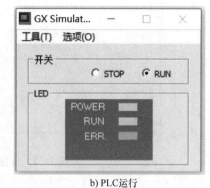

a) PLC写入 b) PLC运行

图2-29 GX Simulator2

第二步是在触摸屏组态软件中选择"工具→模拟器→启动",如图2-30所示。如果出现连接不上的情况,则需要在图2-31所示的GT Simulator3中进行"模拟→选项"设置,必

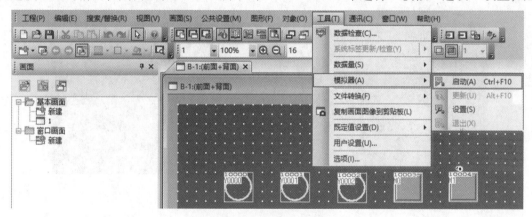

图2-30 模拟器启动

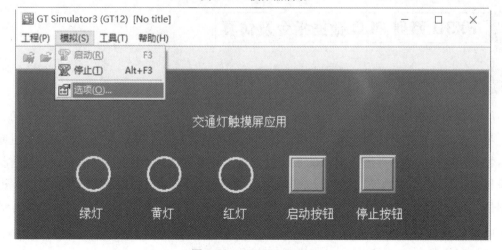

图2-31 GT Simulator3

须将连接方法选项设置为GX Simulator2（见图2-32），否则无法正常仿真。

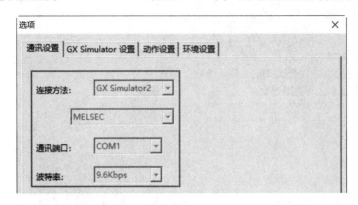

图2-32　连接方法选项

第三步，就是仿真。单击相应的按钮，实现交通灯触摸屏应用（见图2-33）。

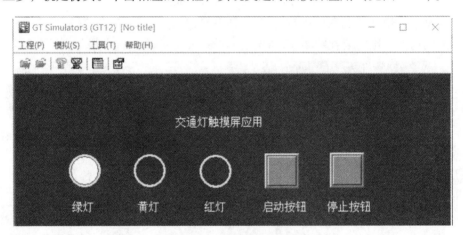

图2-33　画面仿真

2.2　FX3U 系列 PLC 数据指令及仿真

2.2.1　十进制常数和十六进制常数

1. 计算机语言中的进制

对于进制，需要掌握两个基本的概念，即基数和运算规则。基数是指一种进制中组成的基本数字，也就是不能再进行拆分的数字。二进制是 0 和 1；十进制是 0 ~ 9；十六进制是 0 ~ 9 和 A ~ F（大小写均可）。运算规则就是进位或借位规则，比如对于二进制来说，进位规则是"满二进一，借一当二"；对于十进制来说，进位规则是"满十进一，借一当十"，其他进制也是这样。

（1）二进制（Binary）——＞十进制（Decimal）

将二进制数（10010）₂转化成十进制数。

$(10010)_2 = (1 \times 2^4 + 0 \times 2^3 + 0 \times 2^2 + 1 \times 2^1 + 0 \times 2^0)_{10} = (16 + 0 + 0 + 2 + 0)_{10} = (18)_{10}$

（2）二进制（Binary）——>十六进制（Hex）

将二进制数（10010）₂转化成十六进制数。

$(10010)_2 = (0001\ 0010)_2 = (12)_{16} = (12)_{16}$

（3）十六进制（Hex）——>十进制（Decimal）

将十六进制数（1A7F）₁₆转化为十进制数。

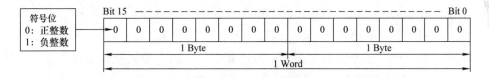

2. 三菱 FX3U 系列 PLC 中的 K 和 H 进制符号

K 是表示十进制整数的符号，主要用来指定定时器或计数器的设定值及应用功能指令操作数中的数值；H 是表示十六进制数，主要用来表示应用功能指令的操作数值。例如，20 用十进制表示为 K20，用十六进制则表示为 H14；H1A7F 转化为十进制，则为 K6783。

2.2.2 FX3U 系列 PLC 寄存器与字软元件

1. 数据寄存器 D

PLC 中的寄存器用于存储模拟量控制、位置量控制、数据 I/O 所需的数据及工作参数。每一个数据寄存器都是 16 位（最高位为符号位，如图 2-34 所示）。同时可以用两个数据寄存器合并起来存放 32 位数据（最高位为符号位）。

图 2-34　数据寄存器

（1）用数据寄存器 D0 ~ D199（200 点）

只要不写入其他数据，则已写入的数据不会变化。但是，PLC 状态由运行（RUN）→停止（STOP）时全部数据均清零。若特殊辅助继电器 M8033 置 1，在 PLC 由 RUN 转为 STOP 时，数据可以保持。

（2）停电保持数据寄存器 D200 ~ D511（312 点）

除非改写，否则原有数据不会丢失。无论电源接通与否，PLC 运行与否，其内容也不会变化。在两台 PLC 做点对点通信时，D490 ~ D509 被用作通信操作。

（3）特殊数据寄存器 D8000 ~ D8255（256 点）

这些数据寄存器供监控 PLC 中各种元件运行方式之用，其内容在电源接通（ON）时，写入初始化值（全部先清零，然后由系统 ROM 安排写入初始值）。

（4）文件寄存器 D1000 ~ D2999（2000 点）

用于存储大量的数据，例如采集数据、统计计算数据、多组控制参数等。其数量由 CPU 的监控软件决定，但可以通过扩充存储卡的方法加以扩充。它占用用户程序存储器内的一个存储区，以 500 点为一个单位，最多可在参数设置时设置 2000 点，用编程器可进行写入操作。

2. 变址寄存器（V/Z）

FX3U PLC 有 V0 ~ V7 和 Z0 ~ Z7 共 16 个变址寄存器，它们都是 16 位的寄存器。变址寄存器 V/Z 实际上是一种特殊用途的数据寄存器，其作用相当于微机中的变址寄存器，用于改变元件的编号（变址），例如 V0 = 5，则执行 D20V0 时，被执行的编号为 D25（即 D（20 + 5））。

变址寄存器可以像其他数据寄存器一样进行读写，需要进行 32 位操作时，可将 V、Z 串联使用（Z 为低位，V 为高位）。

3. 位软元件组合

由位软元件组合起来也可以构成字软元件，进行数据处理；每 4 个位软元件为一组，组合成一个单元，位软元件的组合由 Kn（n 在 1 ~ 7 之间）加首元件来表示，如 KnY、KnX 等。K1Y0 表示由 Y0、Y1、Y2、Y3 组成的 4 位字软元件；K4M0 表示由 M0 ~ M15 组成的 16 位字软元件。

2.2.3 传送指令

MOV 指令是最常见的数据指令，意思指数据传送到指定的目标操作元件，格式为 [MOV S. D.]。MOV 指令含义见表 2-2。表中操作软元件"D. "表示目标操作元件；"D 连续执行"表示指令的后缀加"D"，即 DMOV（双字移动）；"P 脉冲执行"表示指令的后缀加"P"，即 MOVP（脉冲执行移动指令）。操作软元件 K、H、KnX、KnY、KnM、KnS、T、C、D、V、Z 分别表示十进制常数、十六进制常数、输入位软元件组合、输出位软元件组合、中间变量位软元件组合、状态位软元件组合、定时器、计数器、数据寄存器、V 变址寄存器和 Z 变址寄存器，具体见表 2-3。

表 2-2　MOV 指令含义

指令	功能	操作软元件		D 连续执行	P 脉冲执行
		S.	D.		
MOV	将源操作元件的数据传送到指定的目标操作元件	K、H、KnX、KnY、KnM、KnS、T、C、D、V、Z	KnY、KnM、KnS、T、C、D、V、Z	+	+

表 2-3　操作软元件

字软元件	位软元件
K：十进制整数	X：输入继电器
H：十六进制整数	Y：输出继电器

（续）

字软元件	位软元件
KnX：输入继电器 X 的位指定	M：辅助继电器
KnY：输出继电器 Y 的位指定	S：状态继电器
KnS：状态继电器 S 的位指定	
T：定时器 T 的当前值	
C：计数器 C 的当前值	
D：数据寄存器	
V、Z：变址寄存器	

【例2-2】可设置时间的交通灯

任务要求：如图 2-35 所示，某交通灯采用 FX3U 和触摸屏进行控制，要求动作具体如下：

1）绿灯亮的时间可以在触摸屏上设置，单位自定。

2）绿灯按设定时间亮，黄灯亮 3s，红灯亮 20s。

3）在触摸屏上专门指定一个位置显示绿灯、红灯、黄灯的定时时间。

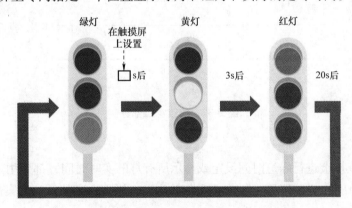

图 2-35　可设置时间的交通灯示意

实施步骤：

步骤 1：按表 2-4 所示进行软元件分配，并在例 2-1 的基础上进行梯形图修改，共分两个部分：第一部分将步 14 的 ［T0 K250］修改为 ［T0 D0］，如图 2-36 所示；第二部分在梯形图末尾加上 ［MOV T0 D1］等语句，如图 2-37 所示。最终的梯形图如图 2-38 所示。

表 2-4　可设置时间的交通灯软元件分配

中间软元件		输出软元件	
M0	触摸屏启动按钮	Y0	绿灯
M1	触摸屏停止按钮	Y1	黄灯
M2	交通灯处于激活状态	Y2	红灯
D0	设置绿灯亮的时间 （单位是100ms）		
D1	显示相关定时器的实时时间		

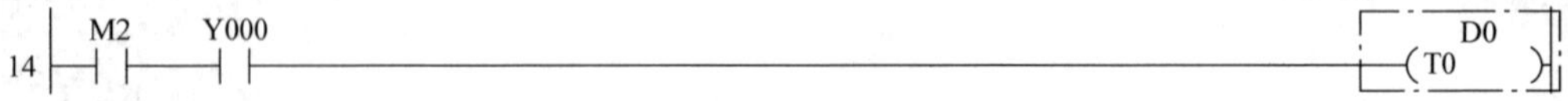

图 2-36　修改第一部分

图 2-37　修改第二部分

步骤 2：触摸屏上进行绿灯时间设定或显示所有灯的实时时间，都要用到"对象→数值显示/输入"菜单中的"数值显示"或"数值输入"，如图 2-39 所示。本案例的触摸屏画面组态如图 2-40 所示。

对于触摸屏中进行设置的"绿灯时间"和显示的"定时时间显示"，需要进行图 2-41 所示的数值输入基本设置和图 2-42 所示的数值显示基本设置。

步骤 3：联合仿真。图 2-43 所示为设定 D0 值，按"Enter"键后修改。图 2-44 所示为设置 D0 值和实时显示 D1 值。

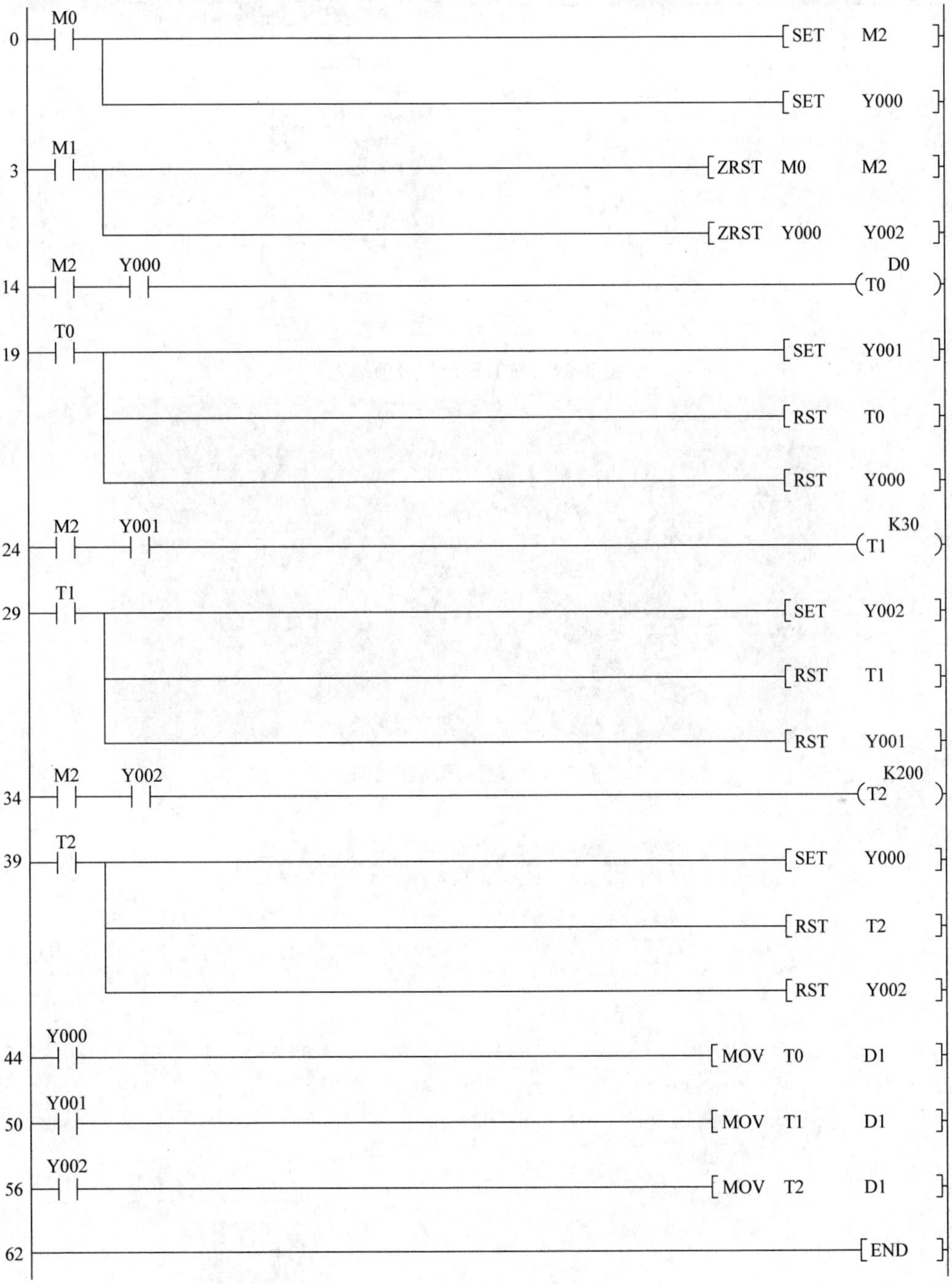

```
     M0
0 ──┤├──┬───────────────────────────────────[SET    M2  ]
        │
        └───────────────────────────────────[SET    Y000]

     M1
3 ──┤├──┬───────────────────────────[ZRST  M0    M2  ]
        │
        └───────────────────────────[ZRST  Y000  Y002]

      M2   Y000                                      D0
14 ──┤├───┤├───────────────────────────────────────(T0  )

      T0
19 ──┤├──┬───────────────────────────────────[SET    Y001]
         │
         ├───────────────────────────────────[RST    T0  ]
         │
         └───────────────────────────────────[RST    Y000]

      M2   Y001                                      K30
24 ──┤├───┤├───────────────────────────────────────(T1  )

      T1
29 ──┤├──┬───────────────────────────────────[SET    Y002]
         │
         ├───────────────────────────────────[RST    T1  ]
         │
         └───────────────────────────────────[RST    Y001]

      M2   Y002                                      K200
34 ──┤├───┤├───────────────────────────────────────(T2  )

      T2
39 ──┤├──┬───────────────────────────────────[SET    Y000]
         │
         ├───────────────────────────────────[RST    T2  ]
         │
         └───────────────────────────────────[RST    Y002]

     Y000
44 ──┤├──────────────────────────────[MOV   T0    D1  ]

     Y001
50 ──┤├──────────────────────────────[MOV   T1    D1  ]

     Y002
56 ──┤├──────────────────────────────[MOV   T2    D1  ]

62 ─────────────────────────────────────────────────[END ]
```

图 2-38　可设置时间的交通灯梯形图

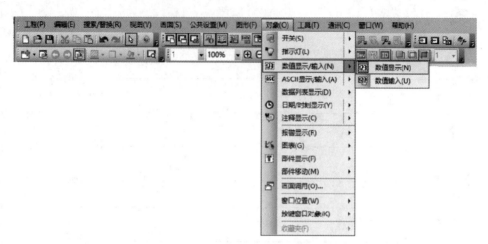

图 2-39　数值显示与数值输入

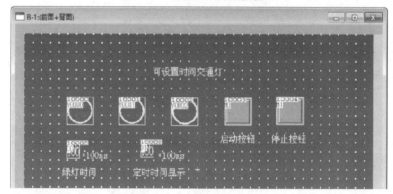

图 2-40　触摸屏画面组态

图 2-41　数值输入基本设置

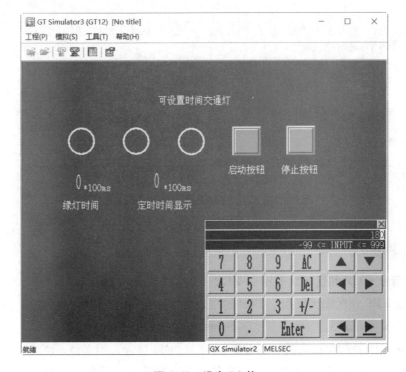

图 2-42　数值显示基本设置

图 2-43　设定 D0 值

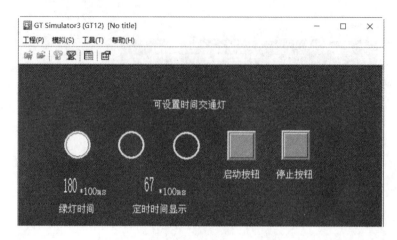

图 2-44　设置 D0 值和实时显示 D1 值

在 MOV 指令的应用中，如果目标操作元件比源操作元件范围还要小，则过剩位被简单地忽略，如图 2-45 所示的［MOV D0 K2M0］。相反，则把"0"写入相关地址，如［MOV K2M0 D1］，需要注意的是，当发生这种情况时，结果始终为正，因为第 15 位解释为符号位。

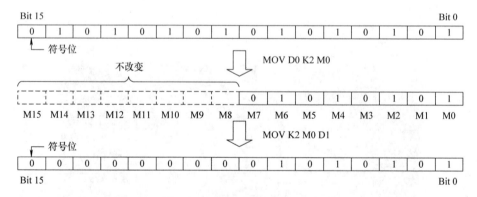

图 2-45　MOV 指令的应用

2.2.4　比较指令

1. 比较指令 CMP 和区间比较指令 ZCP

比较指令 CMP 和区间比较指令 ZCP 的格式为［CMP S1. S2. S. D. ］和［ZCP S1. S2. S. D. ］，其含义见表 2-5。

以［CMP K45 D0 M0］为例，当 K45＞D0 时，M0 接通；当 K45＝D0 时，M1 接通；当 K45＜D0 时，M2 接通。这里面的 M1、M2 虽然没有在指令中写出来，但确实是指令执行的结果，分别是 M0 后面的两个位。

表2-5　CMP 和 ZCP 指令含义

助记符	功能	操作软元件			
		S1.	S2.	S.	D.
CMP	将源操作软元件 S1 与 S2 的内容比较	K、H、KnX、KnY、KnM、KnS、T、C、D、V、Z			X、Y、M、S、T、C、D、V、Z
ZCP	S 与 S1、S2 区间比较				

【例2-3】CMP 指令控制交通灯

任务要求：与例2-1类似，某交通灯控制要绿灯亮25s、黄灯亮3s、红灯亮20s，请用 CMP 指令进行编程。

实施步骤：

步骤1：参考例2-1进行交通灯软元件分配（见表2-6）。

表2-6　CMP 指令控制交通灯软元件分配

中间软元件		输出软元件	
M0	触摸屏启动按钮	Y0	绿灯
M1	触摸屏停止按钮	Y1	黄灯
M2	交通灯处于激活状态	Y2	红灯
M10	定时小于25s的状态		
M20	定时小于28s的状态		
T0	定时器（包括三个灯显示的所有时间）		

步骤2：梯形图编程，如图2-46所示，其中 CMP 指令用了2次，分别是定时小于25s的状态、定时小于28s的状态，并将比较后的中间变量 M10、M11、M12、M20、M21、M22 用于控制交通灯。

步骤3：触摸屏画面组态并仿真。图2-47所示为 CMP 指令控制交通灯仿真，此时刚好处于 T0 = 283 × 100ms = 28.3s，红灯亮。

2. 用符号进行比较

该比较指令与平常的数学运算符号一致，即" > "" > = "" = "" < "" < = "等，其格式如 [LD > = D0 K10] 表示当 D0 > = K10 时，该指令状态为 ON，其余为 OFF。需要注意的是，符号前的 LD、AND、OR 与该符号在梯形图的位置有关。

```
0  ┤ M0 ├────────────────────────────────────────[SET    M2 ]
                                                                  K480
2  ┤ M1 ├────────────────────────────────────────[RST    M2 ]
4  ┤ M2 ├─┬──────────────────────────────────────────────(T0 )
          │                                              K480
          │                                           (T0 )
          ├──────────────────────[CMP   K250   T0    M10 ]
          │  M10
          ├──┤ ├────────────────────────────────────(Y000)
          │
          ├──────────────────────[CMP   K280   T0    M20 ]
          │  M11   M20
          ├──┤ ├──┤ ├─────────────────────────────────(Y001)
          │  M12
          ├──┤ ├─┘
          │  M22
          ├──┤ ├─┬───────────────────────────────────(Y002)
          │  M21
          ├──┤ ├─┘
          │  T0
          └──┤ ├──────────────────────────────[RST    T0 ]
41 ─────────────────────────────────────────────────[END ]
```

图 2-46 CMP 指令的程序举例

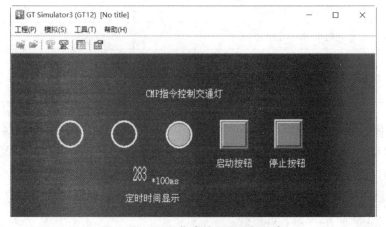

图 2-47 CMP 指令控制交通灯仿真

【例 2-4】用符号比较来实现交通灯控制

任务要求：某交通灯控制要求，绿灯亮 14s 后闪 3s 灭；黄灯闪 3s

灭；红灯亮 12s 后闪 3s 灭；接下来是下一个周期开始，绿灯亮……

实施步骤：

步骤1：I/O 分配见表2-7。

表2-7　用符号比较来实现交通灯控制软元件分配

中间软元件		输出软元件	
M0	触摸屏启动按钮	Y0	绿灯
M1	触摸屏停止按钮	Y1	黄灯
M2	交通灯处于激活状态	Y2	红灯
T0	定时器（包括三个灯显示的所有时间）		

步骤2：编制程序如图2-48所示。定时器的值是整数，可以通过采用符号比较指令来实现交通灯的时序。

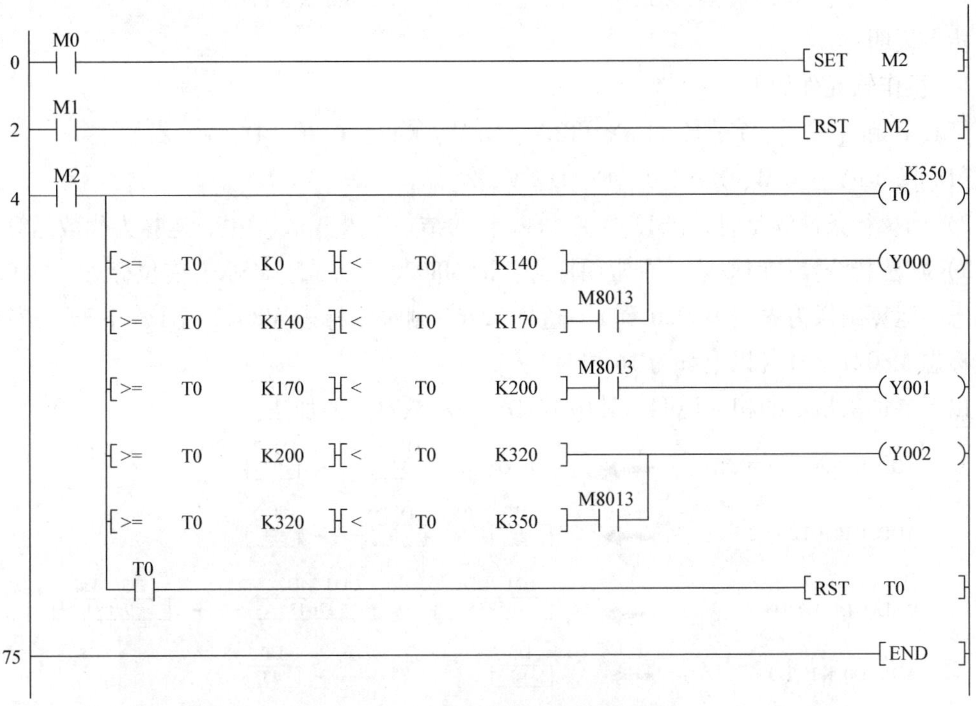

图2-48　交通灯控制梯形图

触摸屏画面与变量等均与例2-3相同，此处不再赘述。

2.2.5　四则运算指令

四则运算包括加减乘除等指令，具体见表2-8。

1. 加法指令

功能：加法指令是将指定的源操作软元件［S1.］、［S2.］中二进制数相加，结果送到指定的目标操作软元件［D.］中。

表 2-8　四则运算指令名称及功能

助记符	指令名称及功能	D	P
ADD	二进制加法指令	+	+
SUB	二进制减法指令	+	+
MUL	二进制乘法指令	+	+
DIV	二进制除法指令	+	+
INC	加 1 指令	+	+
DEC	减 1 指令	+	+

应用格式：

加法指令连续执行　　　　　　脉冲型加法指令执行

指令说明：

1）操作软元件如下：

[S1.] 和 [S2.]：K、H、KnX、KnY、KnM、KnS、T、C、D、V、Z。

[D.]：KnY、KnM、KnS、T、C、D、V、Z。

2）当执行条件满足时，[S1.] + [S2.] 的结果存入 [D.] 中，运算为代数运算。

3）加法指令操作时影响三个常用标志，即 M8020 零标志、M8021 借位标志、M8022 进位标志。运算结果为零则 M8020 置 1，超过 32767 则进位标志 M8022 置 1，小于 –32767 则借位标志 M8021 置 1（以上都为 16 位时）。

以下是加法指令的相关说明，其中 DADD 表示双整数的加法。

2. 减法指令

功能：减法指令是将指定的操作软元件 [S1.]、[S2.] 中的二进制数相减，结果送到指定的目标操作软元件 [D.] 中。

应用格式：

连续型减法指令执行　　　　　　脉冲型减法指令执行

指令说明：

1）操作软元件也和加法指令一样。

2）当执行条件满足时，[S1.] － [S2.] 的结果存入 [D.] 中，运算为代数运算。

3）各种标志的动作和加法指令一样。

以下是减法指令的相关说明，其中 DSUB 表示双整数的减法。

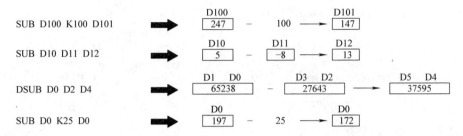

3. 乘法指令

功能：乘法指令是将指定的源操作软元件 [S1.]、[S2.] 的二进制数相乘，结果送到指定的目标操作软元件 [D.] 中。

应用格式：

```
          X000              [S1.][S2.][D.]
        ──┤ ├──────────────[MUL  D0   D2   D4  ]
              乘法指令执行
```

指令说明：

1）操作软元件与减法指令一样。

2）[S1.] × [S2.] 存入 [D.] 中，即 [D0] × [D2] 结果存入 [D5] [D4] 中。

3）最高位为符号位，0 正 1 负。

以下是乘法指令的相关说明，其中 DMUL 表示双整数的乘法。

```
                        D0          D1        D3  D2
MUL  D0  D1  D2    ➤   1085    ×   481   →   868205

                        D10         D1        D21 D20
MUL  D10 K-5 D20   ➤    8      ×   -5    →   -40

                      D1  D0       D3  D2      D7  D6  D5  D4
DMUL D0  D2  D4    ➤  65238    ×   27643   →   1803374034
```

4. 除法指令

功能：除法指令是将源操作软元件 [S1.]、[S2.] 中的二进制数相除，[S1.] 为被除数，[S2.] 为除数，商送到指定的目标操作软元件 [D.] 中。

应用格式：

```
          X001              [S1.][S2.][D.]
        ──┤ ├──────────────[DIV  D10  D12  D14 ]
              除法指令执行
```

指令说明：

1）格式如上。

2）操作软元件与加法指令一样。

以下是除法指令的相关说明，其中 DMUL 表示双整数的除法。

```
                              D0        D1        D2
DIV  D0  D1  D2    ━━▶      [ 40 ]  ÷  [ 6 ] ━▶ [ 6 ]   商 (6×6=36)

                                                 D3
                                               [ 4 ]   余数 (40-36=4)

                              C0        D10      D200
DIV  C0  D10  D200 ━━▶      [ 36 ]  ÷  [ -5 ]━▶ [ -7 ]  商

                                                 D 201
                                               [ 1 ]   余数

                           D1    D0     D3    D2    D5   D4
DDIV  D0  D2  D4   ━━▶   [ 65238 ] ÷ [ 27643 ]━▶ [ 2 ]  商

                                                 D7   D6
                                               [ 9952 ] 余数
```

5. 加1指令/减1指令

功能：目标操作软元件［D］中的结果加1/目标操作软元件［D］中的结果减1。

应用格式：

```
   X000                              X001
───┤ ├──────────[INCP    D0 ]    ───┤ ├──────────[DECP    D10 ]
   加1指令执行                        减1指令执行
```

指令说明：

1）若用连续指令，每个扫描周期都执行，须注意。

2）脉冲执行型只在脉冲信号时执行一次。

2.2.6 传送带控制仿真

【例2-5】传送带控制应用

任务要求：如图2-49所示，某传送带控制采用 FX3U 和触摸屏进行控制，要求动作具体如下：电动机启动，产品经传送带从左到右运行，直到光电传感器检测到，进行计数，并自动落入包装箱内，包装箱计数为 10 个，能在触摸屏上进行显示。启停按钮不影响产品在传送带的位置和计数。

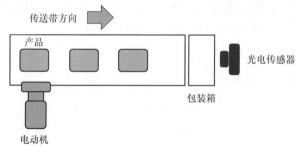

图 2-49　传送带控制应用

实施步骤：

步骤1：按表2-9所示进行软元件分配，并进行梯形图编程。

表2-9　传送带控制应用软元件分配

软元件编号	含义	备注
M0	触摸屏停止按钮	触摸屏显示
M1	触摸屏启动按钮	触摸屏显示
M2	传送带运行	触摸屏显示
M10	光电传感器	触摸屏显示
C0	计数器	计数器
T250	积算定时器（100ms）	定时器
D0	X 坐标轴数据	触摸屏显示
D1	Y 坐标轴数据	触摸屏显示
D10	部件种类	触摸屏显示
Y0	传送带	输出

梯形图编程如图2-50所示，程序解释如下：

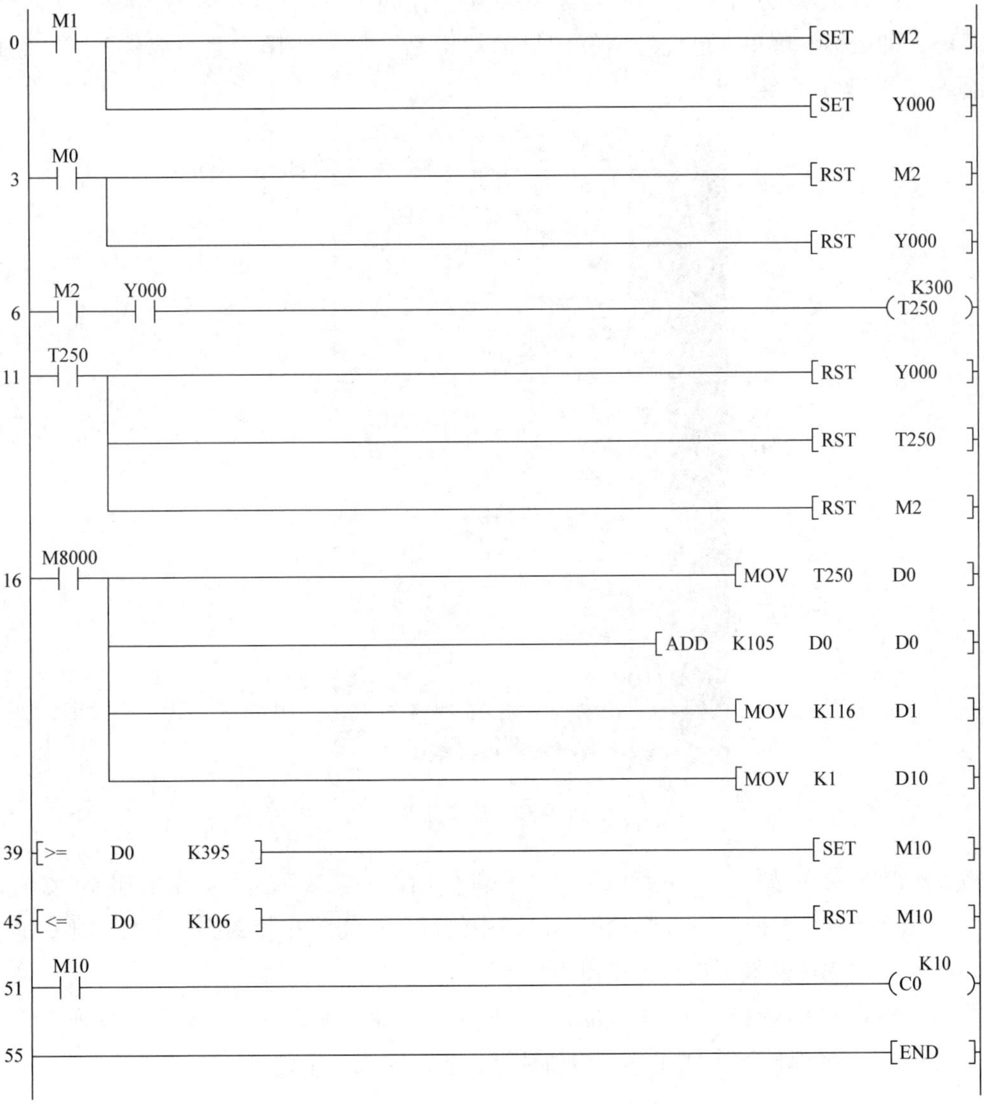

图2-50　传送带控制应用梯形图

步0、3：启动按钮动作后，置位 M2 和 Y0，传送带运行；停止按钮动作后，复位这2个变量。

步6：当传送带电动机运行时，积算定时器 T250 开始定时 30s（假设该段传送带按照这个速度运行就到包装箱内了）。当电动机停止后，再次启动，T250 不清除原先数据，继续在此数据上定时。

步11：定时到后，复位传送带电动机、定时器和中间变量 M2。

步16：进行触摸屏传送带产品动画（按照 XY 轨迹进行，具体是 X = 定时器的值 + 105；Y = 116）。

步39、45、51：当产品动画到 X > = 395 之后，就认为光电传感器可以检测到，并进行 C0 计数。

步骤2：触摸屏动画组态。首先是将传送带上的产品进行"登录部件"动作（见图2-51），即鼠标右键单击已经绘制好图形的"产品"后，选择"登录部件"，出现属性，包括编号、名称（见图2-52）。

图 2-51　登录部件

其次，单击菜单选择"公共设置→部件→部件图像一览表"，就会出现刚刚已经登录的部件（见图2-53）。此时，可以删除组态画面中的部件。需要在什么位置进行动画，直接可以将该窗口中的部件用鼠标进行拖曳出来。

然后，单击菜单选择"对象→部件移动→字对象"就可以进行部件动画设置。如图2-54所示，选择部件切换软元件、移动种类、绘图模式、定位等。

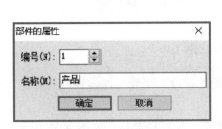

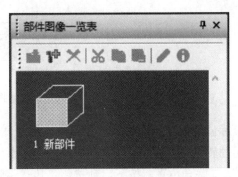

图 2-52　部件的属性　　　　　图 2-53　部件图像一览表

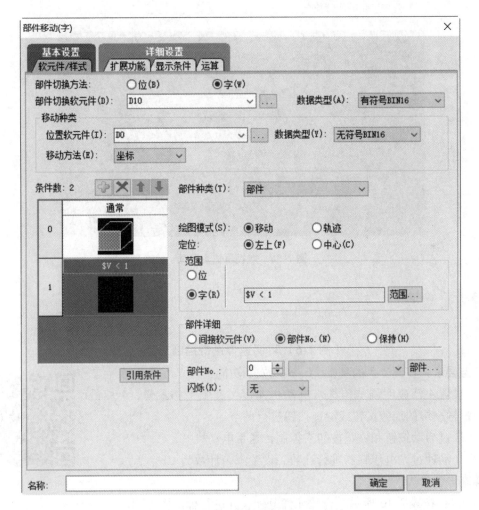

图 2-54　部件移动（字）

以动画中部件切换软元件 D10 为例，图 2-55 所示为显示不同的部件号。

动画中关于坐标的移动，数据为横坐标，纵坐标则为横坐标 +1 对应的数据。将两个字软元件的值分别作为 X 轴、Y 轴的坐标来移动显示部件时选择此项。如本例中选择 D0 设置

图 2-55　部件切换软元件 D10

为存储坐标位置的软元件。从所设置的软元件开始的连续 2 个软元件被设置为存储 X 轴、Y 轴坐标用的软元件，即 D0 为 X 轴、D1 为 Y 轴。

步骤 3：联合仿真。按下启动按钮，传送带带动产品进行运行，如图 2-56 所示。

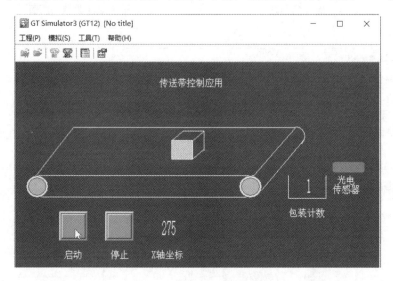

图 2-56　触摸屏仿真画面

【例 2-6】 可调速传送带控制应用

任务要求：在例 2-5 的基础上，实现如下功能：

1）设置 4 档速度调节传送带电动机速度，其中 1 档最慢，4 档最快，通过触摸屏的加速按钮或减速按钮进行调节。

2）通过启动按钮和停止按钮来控制传送带电动机。

3）产品通过光电传感器进行计数，设置满箱计数为 10 个。

实施步骤：

步骤 1：按表 2-10 所示进行软元件分配，并进行梯形图编程。

表 2-10 可调速传送带控制软元件分配

软元件编号	含义	备注
M0	触摸屏停止按钮	触摸屏显示
M1	触摸屏启动按钮	触摸屏显示
M2	传送带运行	触摸屏显示
M3	加速按钮	触摸屏显示
M4	减速按钮	触摸屏显示
M10	光电传感器	触摸屏显示
C0	计数器	计数器
T250	积算定时器（100ms）	定时器
D0	X 坐标轴数据	触摸屏显示
D1	Y 坐标轴数据	触摸屏显示
D10	部件种类	触摸屏显示
D11	速度数据（1~4 档）	触摸屏显示
D12	定时器值	—
D13	中间数据	—
Y0	传送带	输出

图 2-57 所示为可调速传送带控制梯形图，与例 2-5 相比，主要增加了动画速度，其中速度数据（1~4 档）存放在 D11 中，最终通过改变定时器值 D12 来加快或减慢产品移动速度。其中步 29 给出了 4 档速度下的定时器值：1 档，T250 = K300；2 档，T250 = K150；3 档，T250 = K100；4 档，T250 = K75。

步骤 2：触摸屏组态。在原先的基础上增加了加速、减速按钮和速度档 D11 的数值显示，如图 2-58 所示。

步骤 3：联合仿真。图 2-59 所示为速度档为 3 的情况下，启动产品进行包装的画面。

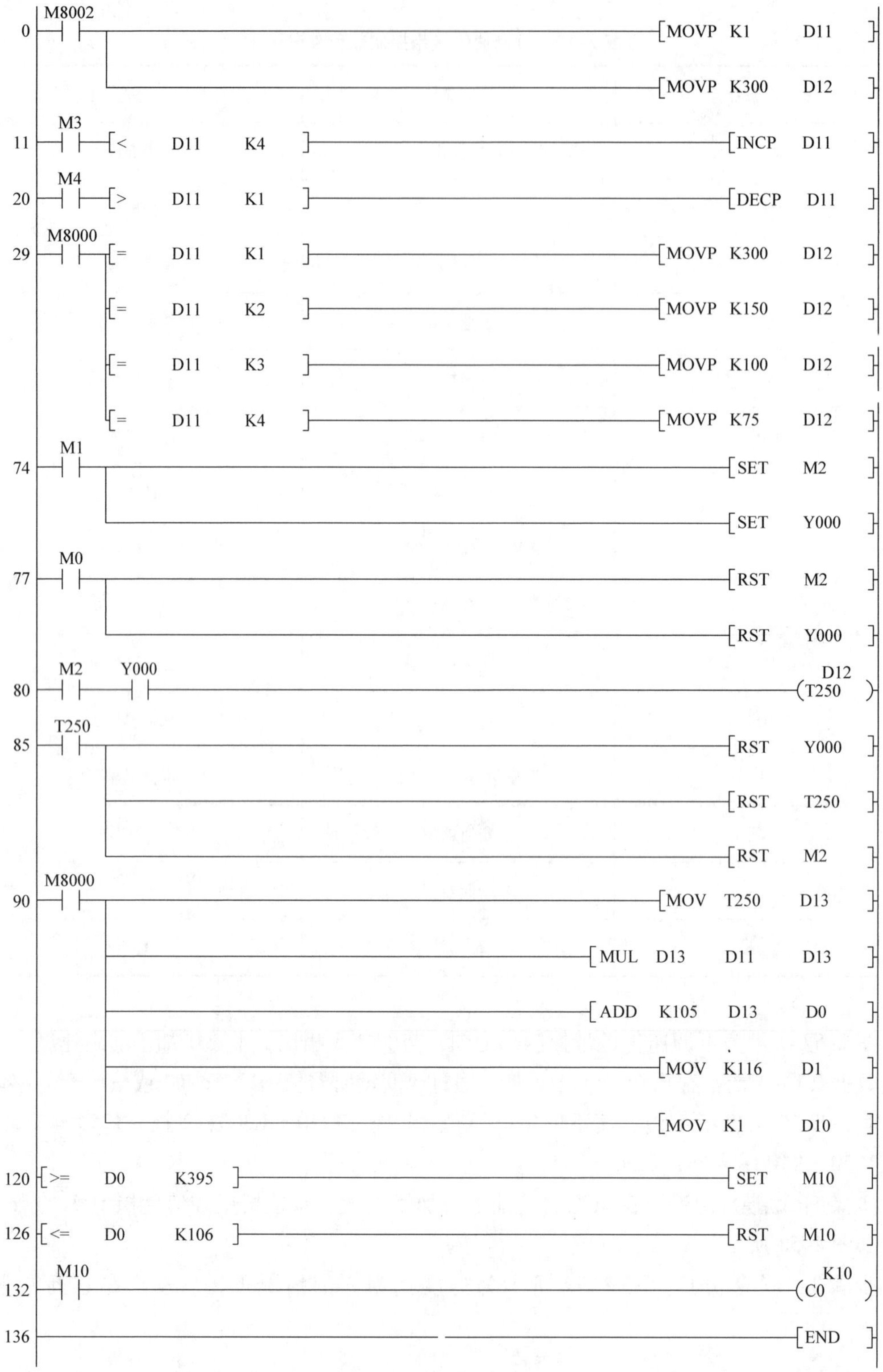

```
     M8002
0    ┤├──────────────────────────────────────────[MOVP  K1      D11 ]
     │                                            [MOVP  K300    D12 ]

     M3
11   ┤├──[< D11  K4 ]──────────────────────────────────[INCP  D11 ]

     M4
20   ┤├──[> D11  K1 ]──────────────────────────────────[DECP  D11 ]

     M8000
29   ┤├──[= D11  K1 ]─────────────────────────[MOVP  K300   D12 ]
         [= D11  K2 ]─────────────────────────[MOVP  K150   D12 ]
         [= D11  K3 ]─────────────────────────[MOVP  K100   D12 ]
         [= D11  K4 ]─────────────────────────[MOVP  K75    D12 ]

     M1
74   ┤├──────────────────────────────────────────────[SET  M2 ]
     │                                                [SET  Y000 ]

     M0
77   ┤├──────────────────────────────────────────────[RST  M2 ]
     │                                                [RST  Y000 ]

     M2   Y000                                               D12
80   ┤├───┤├─────────────────────────────────────────────(T250 )

     T250
85   ┤├──────────────────────────────────────────────[RST  Y000 ]
     │                                                [RST  T250 ]
     │                                                [RST  M2 ]

     M8000
90   ┤├──────────────────────────────────────────[MOV  T250   D13 ]
     │                                            [MUL  D13  D11  D13 ]
     │                                            [ADD  K105  D13  D0 ]
     │                                            [MOV  K116   D1 ]
     │                                            [MOV  K1     D10 ]

120  [>= D0  K395 ]──────────────────────────────────[SET  M10 ]

126  [<= D0  K106 ]──────────────────────────────────[RST  M10 ]

     M10                                                     K10
132  ┤├───────────────────────────────────────────────(C0 )

136  ──────────────────────────────────────────────────[END ]
```

图 2-57　可调速传送带控制梯形图

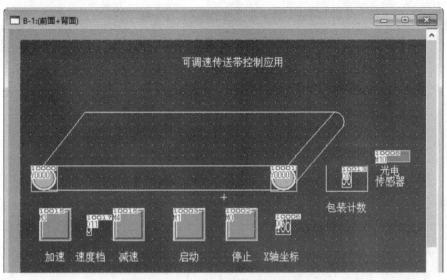

图 2-58　可调速传送带控制画面组态

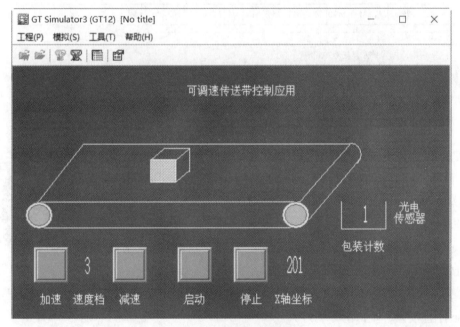

图 2-59　联合仿真画面

2.3　FX3U 系列 PLC 数据复杂运算与流程控制

2.3.1　移位指令

移位指令的名称及功能见表 2-11。其功能解释为：两条指令是使位软元件中的状态向右/向左移位，n1 指定位软元件长度，n2 指定移位的位数。

表 2-11   移位指令的名称及功能

助记符	指令名称及功能	操作软元件			
		[S.]	[D.]	n1	n2
SFTR（P）	位右移	X、Y、M、S	Y、M、S	K、Hn2 < = n1 < = 1024	
SFTL（P）	位左移				

应用格式：

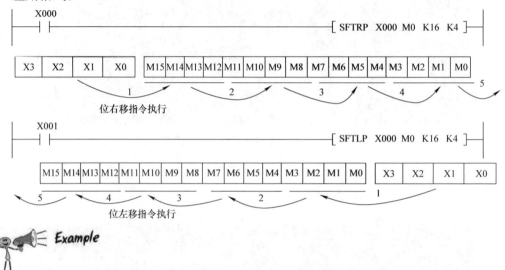

【例 2-7】 彩灯移位控制

任务要求： 实现彩灯移位控制，具体要求如下：

1）移位灯间隔数可以设置，比如"1"表示每次移动是 1 位、"2"表示每次移动是 2 位（中间灭 1 位）、"3"表示每次移动是 3 位（中间灭 2 位），依次类推。

2）每按下左移按钮，则 Y0→Y7 方向按移位灯间隔数依次点亮一个灯，直到全部亮为止，按下停止按钮，全部清零，灯灭。

3）每按下右移按钮，则 Y7→Y0 方向按移位灯间隔数依次点亮一个灯，直到全部亮为止，按下停止按钮，全部清零，灯灭。

实施步骤：

步骤 1：按表 2-12 所示进行软元件分配，并进行梯形图编程。

表 2-12   彩灯移位控制软元件分配

软元件编号	含义	备注
M0	左移按钮	触摸屏显示
M1	右移按钮	触摸屏显示
M2	停止按钮	触摸屏显示
D0	移位灯间隔数	触摸屏显示
Y0 ~ Y7	彩灯	输出

梯形图程序如图 2-60 所示，具体解释如下：

步 0：初始化置位 M10，要移位的值是"1"；同时设置移位灯间隔数缺省值为 1。

步 7：手动左移调用指令［SFTLP M10 Y000 K8 D0］，即 Y0→Y7 方向按移位灯间隔数依次点亮一个灯，直到全部亮为止。

步 17：按下停止按钮，复位所有彩灯。

步 23：手动右移调用指令［SFTRP M10 Y000 K8 D0］，即 Y7→Y0 方向按移位灯间隔数依次点亮一个灯，直到全部亮为止。

```
       M8002
  0     ┤├─────┬──────────────────────────────[SET    M10 ]
             │
             └──────────────────────────────[MOV  K1   D0 ]
        M0
  7     ┤├───────────────────────[SFTLP M10   Y000   K8   D0 ]
        M2
 17     ┤├────────────────────────────[ZRST  Y000    Y007 ]
        M1
 23     ┤├───────────────────────[SFTRP M10   Y000   K8   D0 ]

 33     ───────────────────────────────────────[END ]
```

图 2-60　彩灯移位控制梯形图

步骤 2：如图 2-61 所示，进行触摸屏画面组态，根据表 2-12 软元件分配进行设置指示灯、按钮和数值输入 D0。

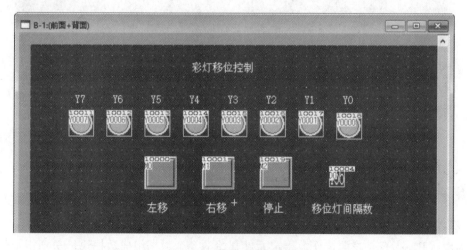

图 2-61　触摸屏画面组态

步骤 3：联合仿真。设置移位灯间隔数为 1，则左移仿真效果如图 2-62 所示；设置移位灯间隔数为 2，则左移仿真效果如图 2-63 所示。

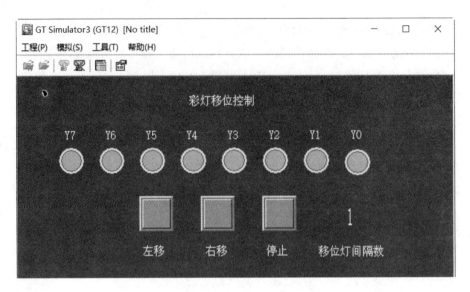

图 2-62　左移 1 灯仿真

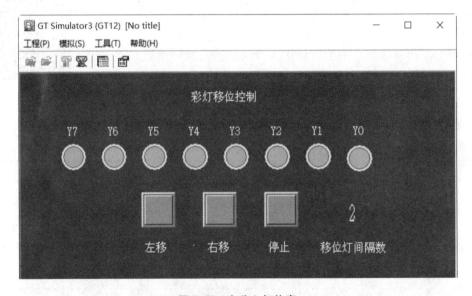

图 2-63　左移 2 灯仿真

2.3.2 块传送指令 BMOV 和多点传送指令 FMOV

1. 块传送指令 BMOV

BMOV（P）指令是将源操作数指定元件开始的 n 个数据组成数据块传送到指定的目标。如图 2-64 所示，传送顺序既可从高元件号开始，也可从低元件号开始，传送顺序自动决定。若用到需要指定位数的位元件，则源操作数和目标操作数的指定位数应相同。

2. 多点传送指令 FMOV

FMOV（P）指令的功能是将源操作数中的数据传送到指定目标开始的 n 个元件中，传送后 n 个元件中的数据完全相同。如图 2-65 所示,当 X0 为 ON 时,把 K0 传送到 D0 ~ D9 中。

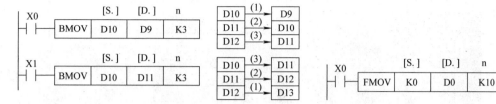

图 2-64　块传送指令的使用　　　　图 2-65　多点传送指令应用

【例 2-8】彩灯触摸屏显示

任务要求:实现彩灯移位控制,具体要求如下:

1)每按下左移按钮,则 D10→D17 方向依次点亮一个灯,直到全部亮为止,按下停止按钮,全部清零,灯灭。

2)每按下右移按钮,则 D17→D10 方向依次点亮一个灯,直到全部亮为止,按下停止按钮,全部清零,灯灭。

实施步骤:

步骤 1:按表 2-13 所示进行软元件分配,并进行梯形图编程。

表 2-13　彩灯触摸屏显示软元件分配

软元件编号	含义	备注
M0	左移按钮	触摸屏显示
M1	右移按钮	触摸屏显示
M2	停止按钮	触摸屏显示
V0 ~ V1	变址寄存器	中间变量
D10 ~ D17	彩灯	触摸屏显示

梯形图程序如图 2-66 所示,当用“D9V0”或“D9V1”来表示 D10 ~ D17 时,需要注意 V0、V1 的取值。具体解释如下:

步 0 表示初始化,即 V0 = 0、D0 = 1。

步 11 表示左移时,V0 依次从 1 增加到 8,则〔BMOVP D0 D9V0 K1〕块传送指令能将相应的数据值修改为“1”;当 V0 = 8 时,重新赋值 V0 = 1。

步 39 表示停止按钮动作时,将 V0 清除,并通过 FMOV 多点传送指令将 D10 ~ D17 都赋值为“0”。

步 52 表示右移时,V0 依次从 1 增加到 8,V1 值从 8 减少到 1,同时使用块传送指令将相应的数据值修改为“1”。

```
       M8002
  0    ──┤├──────────────────────────────────────────────[ MOV   K0    V0 ]
         │
         └────────────────────────────────────────────────[ MOV   K1    D0 ]

       M0
 11    ──┤├──┬──[ <    V0    K8 ]──────────────────────────[ INCP       V0 ]
            │
            ├────────────────────────────────────────[ BMOVP D0   D9V0  K1 ]
            │
            └──[ =    V0    K8 ]──────────────────────────[ MOVP  K1    V0 ]

       M2
 39    ──┤├──┬───────────────────────────────────────────[ MOVP  K0    V0 ]
            │
            └──────────────────────────────────────[ FMOV  K0    D10   K8 ]

       M1
 52    ──┤├──┬──[ <    V0    K8 ]──────────────────────────[ INCP       V0 ]
            │
            ├─────────────────────────────────────[ SUB   K9    V0    V1 ]
            │
            ├────────────────────────────────────────[ BMOVP D0   D9V1  K1 ]
            │
            └──[ =    V0    K8 ]──────────────────────────[ MOVP  K1    V0 ]

 87    ────────────────────────────────────────────────────────────[ END ]
```

图 2-66　彩灯触摸屏显示梯形图

步骤 2：触摸屏画面组态（见图 2-67）。与例 2-7 略有不同，这里采用了"字指示灯" D10 ~ D17，基本设置如图 2-68 所示，当前值为 0 时显示为 OFF 状态、当前值为 1 时显示为 ON 状态。

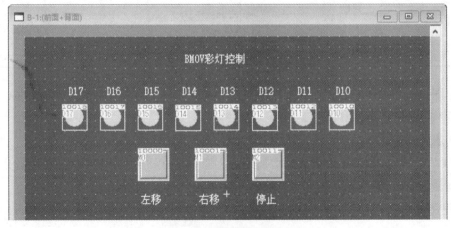

图 2-67　触摸屏画面组态

步骤 3：联合仿真。图 2-69 所示为左移按钮动作时的实际效果。

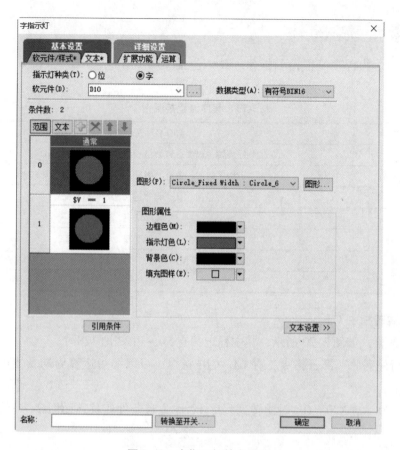

图 2-68　字指示灯基本设置

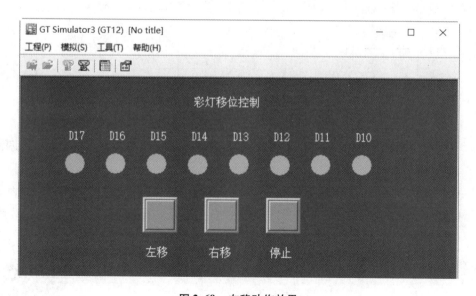

图 2-69　左移动作效果

2.3.3 程序流程控制指令

表2-14所示为程序流程控制指令，具体包括 CJ、CALL、SRET、FEND、WDT、FOR、NEXT。

表2-14　程序流程控制指令

功能助记符	指令名称及功能
CJ	条件跳转，程序跳到 P 指针指定处，P63 为 END
CALL	子程序调用，指定 P 指针，可嵌套 5 层以下
SRET	子程序返回，从子程序返回，与 CALL 配对
FEND	主程序结束
WDT	定时器刷新
FOR	重复循环开始，可嵌套 5 层
NEXT	重复循环结束

1. 条件跳转指令 CJ

CJ 指令的格式如图 2-70 所示，其中标记共有 P0 ~ P127 即 128 个。

作为执行序列的一部分指令，有 CJ、CJP 指令，可以缩短运算周期及使用双线圈。CJ 指令说明如下：

1）图 2-70 中，X20 = ON 时跳转到程序 P9 称为有条件转移，而图 2-71 的程序则为无条件跳转。

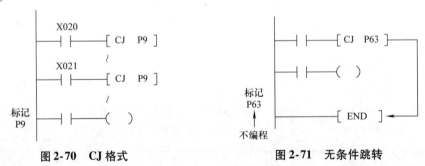

图 2-70　CJ 格式　　　　　　　图 2-71　无条件跳转

2）一个标号只能出现一次，多于一次则会出错；两条或多条跳转指令可以使用同一标号。

3）如图 2-71 所示，编程时标号占一行，对有意为向 END 步跳转的指针 P63 编程时，请不要对标记 P63 编程，给标记 P63 编程时，PLC 显示出错码 6507（标记定义不正确）并停止。

【例 2-9】CJ 指令应用

任务要求：在例 2-7 基础上实现彩灯的手动/自动显示，具体要求如下：

1）选择开关位于手动位置，每按下左移按钮，则 Y0→Y7 方向依次点亮一个灯，直到全部亮为止，按下停止按钮，全部清零，灯灭；每按下右移按钮，则 Y7→Y0 方向依次点亮一个灯，直到全部亮为止，按下停止按钮，全部清零，灯灭。

2）选择开关位于自动位置，按下左移按钮，则 Y0→Y7 方向每秒自动依次点亮一个灯，直到全部亮为止，按下停止按钮，全部清零，灯灭；按下右移按钮，则 Y7→Y0 方向每秒依次点亮一个灯，直到全部亮为止，按下停止按钮，全部清零，灯灭。

实施步骤：

步骤1：按表 2-15 所示进行软元件分配，并进行梯形图编程。

表 2-15　CJ 指令应用软元件分配

软元件编号	含义	备注
M0	左移按钮	触摸屏显示
M1	右移按钮	触摸屏显示
M2	停止按钮	触摸屏显示
M3	选择开关（OFF：手动；ON：自动）	触摸屏显示
Y0 ~ Y7	彩灯	输出

图 2-72 为本实例程序，这里选择了 2 个标记，即 P10 为 M3 = OFF 时的动作（手动流程，与例 2-7 相同）、P11 为手动或自动情况下的复位流程。自动流程是步 6 ~ 步 95，其中最重要的是对定时器 T0 进行比较，每 1s 间隔就触发一个上升沿脉冲进行 SFTLP 或 SFTRP 指令。这里还需要注意的是，由于梯形图程序是自上而下顺序扫描的，因此一定要注意跳转的位置是否符合控制要求。

步骤2：如图 2-73 所示，进行画面组态，其中指示灯、按钮等不变，唯独多了一个选择开关 M3，其基本设置如图 2-74 所示，即动作设置为位反转。

步骤3：联合仿真。图 2-75 所示为自动状态下左移示意。

2. 子程序调用指令 CALL 与相关指令

子程序相关指令的程序格式如图 2-76 所示，其中 CALL 具有操作软元件，而 SRET、FEND 无操作软元件。

从图 2-76 中可以看出，当 X020 = ON 时，则执行调用指令跳转到标记 P10 步。在这里，执行子程序后，通过执行 SRET 指令返回原来的步即 CALL 指令之后的步。

图 2-77 所示为 CALLP 指令程序格式。当 X001 = OFF 到 ON 后，只执行 CALLP P11 指令 1 次后向标记 P11 跳转，即脉冲形式。在执行 P11 的子程序的过程中，如果执行 P12 的调用指令，则执行 P12 的子程序、用 SRET 指令向 P11 的子程序跳转。

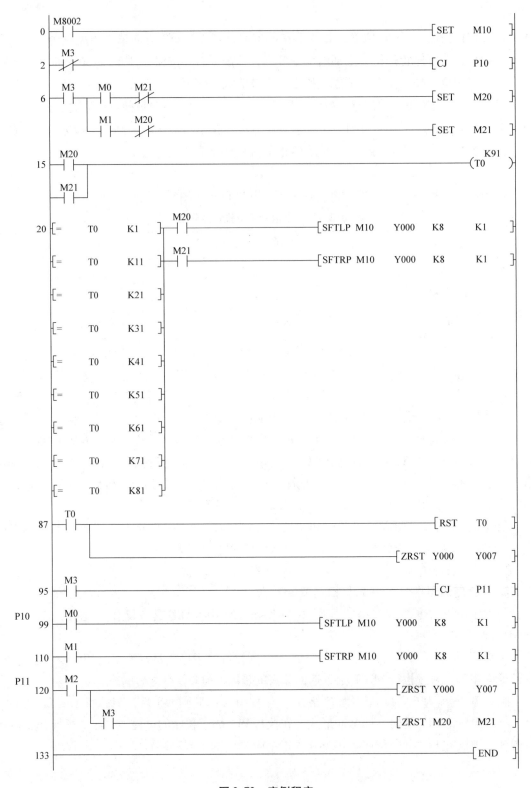

图 2-72 实例程序

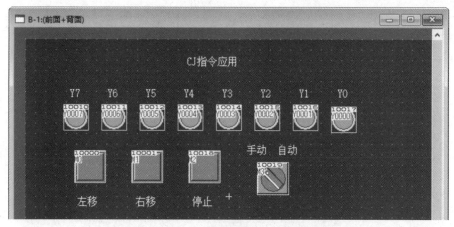

图 2-73　触摸屏画面组态

图 2-74　M3 选择开关基本设置

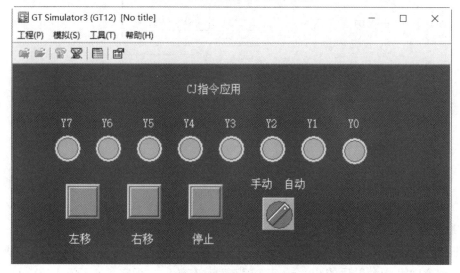

图 2-75　CJ 指令应用仿真

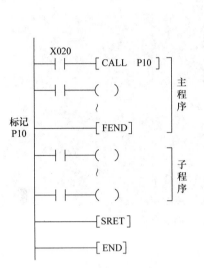

图 2-76　子程序相关指令的格式

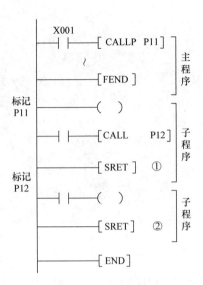

图 2-77　CALLP 指令

第一个 SRET 返回主程序，第二个 SRET 返回第一个子程序。这样，在子程序内最多可以允许有 4 次调用指令，整体而言可做 5 层嵌套。

应用子程序调用指令，可以优化程序结构，提高编写程序的效果。

3. 监视定时器刷新指令 WDT

WDT 指令是在 PLC 顺序执行程序中，进行监视定时器刷新的指令。WDT（P）为连续/脉冲执行型指令，无操作软元件。图 2-78 所示为 WDT 指令执行示意。

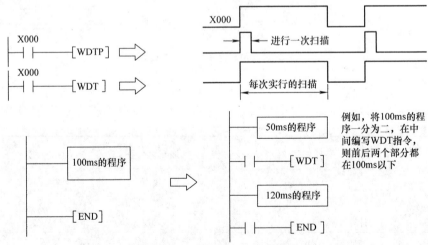

图 2-78　WDT 指令执行示意

4. 循环指令 FOR、NEXT 指令说明

循环指令是指只在 FOR 到 NEXT 指令之间的处理（利用源数据指定的次数）执行几次后，才处理 NEXT 指令以后的步。n = 1 ~ 32767 时有效，在指定了 - 32767 ~ 0 时，被当作 n = 1 处理。图 2-79 所示的程序中，[C] 的程序执行 4 次后向 NEXT 指令③以后的程序转移。

若在 [C] 的程序执行一次的过程中,数据寄存器 D0Z 的内容为 6,则 [B] 的程序执行 6 次。因此 [B] 的程序合计一共被执行了 24 次。若不想执行 FOR ~ NEXT 间的程序时,利用 CJ 指令,使之跳转。(X10 = ON)当 X10 为 OFF 时,例如,K1X000 的内容为 7,则在 [B] 的程序执行一次的过程中,[A] 被执行了 7 次。总计被执行了 4 × 6 × 7 = 168 次,这样一共可以嵌套 5 层。循环次数多时扫描周期会延长,有可能出现监视定时器错误,请务必注意。

NEXT 指令在 FOR 指令之前,或无 NEXT 指令,或在 FEND、END 指令以后出现 NEXT 指令,或 FOR 指令与 NEXT 指令的个数不一致时,都会出错。

循环指令 FOR 的操作软元件包括 K、H、KnH、KnY、KnM、KnS、T、C、D、V、Z;而 NEXT 则无操作软元件。

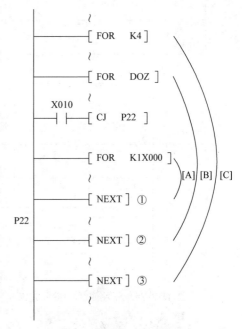

图 2-79　FOR、NEXT 指令

【例 2-10】循环指令应用

任务要求：用循环指令实现求 1 + 2 + 3 + … + N（N 可以设置为 2 ~ 100 之间的值）的和。

实施步骤：

步骤 1：按表 2-16 进行软元件分配,并进行梯形图编程。编程时采用 FOR 和 NEXT 指令,其中循环次数为 D0,每次加法的变量为 Z0,计算结果累积存放在 D10 中,具体如图 2-80 所示。

表 2-16　循环指令应用软元件分配

软元件编号	含义	备注
D0	N 的值（2 ~ 100 之间）	触摸屏设置
D10	计算结果	触摸屏显示
Z0	变址寄存器	中间数据

步骤 2：如图 2-81 所示,在触摸屏上进行画面组态,主要是进行 D0 和 D10 的设置,前者为数值输入,位数为 3；后者为数值显示,位数为 6。

步骤 3：联合仿真,结果如图 2-82 所示,这里输入 D0 = 10,结果 D10 = 55,也可以输入 2 ~ 100 之间的任意值。

```
     M8002
0   ──┤├──────────────────────────────────────────[MOV  K2    D0 ]

     M8000
6   ──┤├──────────────────────────────────────────[RST  Z0  ]
        │
        ├───────────────────────────────────────────[RST  D10 ]

13  ────────────────────────────────────────────────[FOR  D0  ]

     M8000
16  ──┤├──────────────────────────────────────────[INC  Z0  ]
        │
        ├──────────────────────────────────[ADD  D10  Z0  D10 ]

27  ────────────────────────────────────────────────[NEXT ]

28  ────────────────────────────────────────────────[END  ]
```

图 2-80   循环指令求和梯形图

图 2-81   触摸屏画面组态

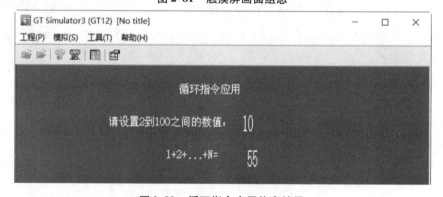

图 2-82   循环指令应用仿真结果

2.4 Q 系列 PLC 数据运算及仿真

2.4.1 Q 系列 PLC 中相关数据类型

1. 位数据

在第 1 章已经描述过了，Q 系列 PLC 与 FX3U 系列 PLC 在位数据上的不同是，前者是采取十六进制，后者是采取八进制。在字软元件的位指定是通过指定"字软元件．位号"来完成的。例如，D0 的位 5（b5）指定为 D0.5，D0 的位 10（b10）指定为 D0.A。但是，对于定时器（T）、累计定时器（ST）、计数器（C）或变址寄存器（Z），不能进行位指定（如不能指定为 Z0.0）。

图 2-83 所示为使用位数据的程序指令。

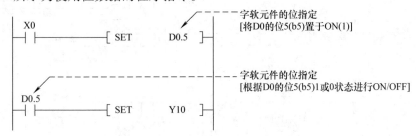

图 2-83　使用位数据的程序指令

2. 字（16 位）数据

字数据是基本指令和应用指令中使用的 16 位数值数据，可以与 FX3U 系列 PLC 一样，使用 K 和 H 常数，也可以使用位软元件组合。如图 2-84 所示，将位数指定为 X0 时，点数指定的情况如下所示（这一点与 FX3U 系列 PLC 不同，需要特别引起注意）：

- K1X0：X0 ~ X3 的 4 点被指定。
- K2X0：X0 ~ X7 的 8 点被指定。
- K3X0：X0 ~ XB 的 12 点被指定。
- K4X0：X0 ~ XF 的 16 点被指定。

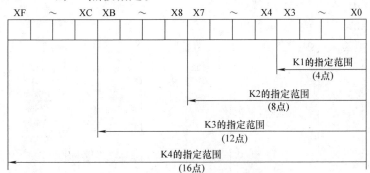

图 2-84　点数指定的字数据

如图 2-85 所示，在目标（D）中已存在有位数指定时，则指定的点数将被作为目标使用，而进行了位数指定的点数后面的位软元件不发生变化。

3. 双字数据（32 位）

CPU 模块可处理的双字数据有以下 2 种：

- 十进制常数：K – 2147483648 ~ K2147483647。
- 十六进制常数：H00000000 ~ HFFFFFFFF。

字软元件以及进行了位数指定的位软元件可以当作双字数据使用。其中位数指定以 4 点（4 位）为单位，可在 K1 ~ K8 的范围内指定。

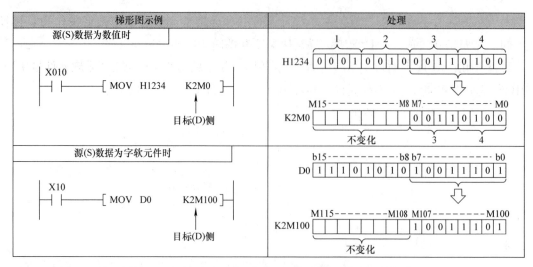

图 2-85　目标（D）中已存在有位数指定时的字移动指令

如图 2-86 所示，将位数指定为 X0 时，点数指定的情况如下所示：

- K1X0：X0 ~ X3 的 4 点被指定。
- K2X0：X0 ~ X7 的 8 点被指定。
- K3X0：X0 ~ XB 的 12 点被指定。
- K4X0：X0 ~ XF 的 16 点被指定。
- K5X0：X0 ~ X13 的 20 点被指定。
- K6X0：X0 ~ X17 的 24 点被指定。
- K7X0：X0 ~ X1B 的 28 点被指定。
- K8X0：X0 ~ X1F 的 32 点被指定。

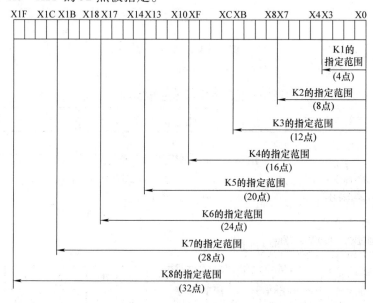

图 2-86　点数指定的双字数据

与字处理一样，在目标（D）中已存在有位数指定时，则指定的点数将被作为目标使用，进行了位数指定的点数后面的位软元件不发生变化。

图2-87所示，在DMOV等32位指令中，使用（指定软元件号）及（指定软元件号＋1），图中D0是指定的低16位字软元件，与高16位字软元件D1一起组成双字。

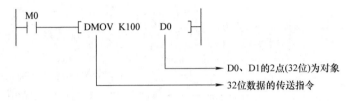

图2-87　双字指令

4. 单精度/双精度实数数据

实数数据是用于基本指令和应用指令的浮点数据，只有字软元件能够存储实数数据。

（1）单精度实数（单精度浮点数据）

在处理单精度浮点数据的指令中，指定低16位中使用的软元件。单精度浮点数据存储在（指定软元件号）及（指定软元件号＋1）的32位中。图2-88所示为单精度实数的传送。浮点数据通过E□指定，如用E1.25来表示浮点数1.25。

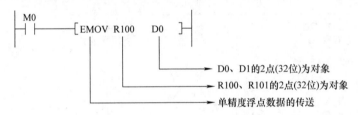

图2-88　单精度实数的传送

单精度浮点数据使用2个字软元件并以下列方式表示：

［符号］1.［尾数部分］$\times 2^{[指数部分]}$

单精度浮点数据内部表示时的位构成及含义如下：

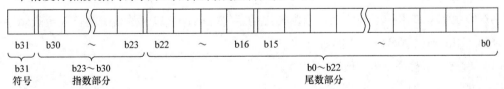

- 符号　通过b31表示符号。

  0：正

  1：负
- 指数部分　通过b23～b30表示2^n的n。

  根据b23～b30的BIN值，n的值如下所示：

b23～b30	FFH	FEH	FDH			81H	80H	7FH	7EH			02H	01H	00H
n	未使用	127	126			2	1	0	−1			−125	−126	未使用

- 尾数部分　通过b0～b22的23位表示，在二进制数中1.XXXXXX…表示为XXXXXX…的值。

（2）双精度实数（双精度浮点数据）

在处理双精度浮点数据的指令中，指定低 16 位中使用的软元件。双精度浮点数据存储在（指定软元件号）～（指定软元件号 +3）的 64 位中。图 2-89 所示为双精度实数的传送。

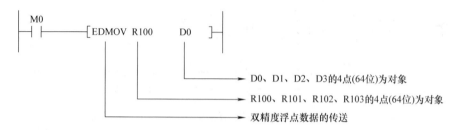

图 2-89　双精度实数的传送

双精度浮点数据使用 4 个字软元件并以下列方式表示：

[符号] 1. [尾数部分] ×2[指数部分]

双精度浮点数据内部表示时的位构成及含义如下：

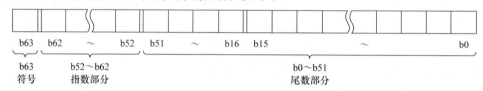

- 符号　通过 b63 表示符号。
  0：正
  1：负
- 指数部分　通过 b52～b62 表示 2^n 的 n。
  根据 b52～b62 的 BIN 值，n 的值如下所示：

b52～b62	7FFH	7FEH	7FDH		400H	3FFH	3FEH	3FDH	3FCH		02H	01H	00H
n	未使用	1023	1022		2	1	0	−1	−2		−1021	−1022	未使用

- 尾数部分　通过 b0～b51 的 52 位表示，在二进制数中 1.XXXXXX… 表示为 XXXXXX… 的值。

5. 字符串数据

字符串数据是基本指令和应用指令中使用的字符数据，它包含从指定字符起至表示字符串末尾的 NULL 码（00H）为止的所有数据。

（1）当指定字符为 NULL 码时

图 2-90 所示为使用 1 个字来存储 NULL 码。

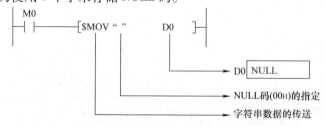

图 2-90　使用 1 个字来存储 NULL 码

（2）当字符数是偶数时

使用（字符数/2 +1）个字存储字符串及 NULL 码。如图 2-91 所示，如果将"ABCD"传送至 D0 ~，则字符串（ABCD）将被存储到 D0 及 D1 中，NULL 码将被存储到 D2 中。NULL 码将被存储到最后的 1 个字中。

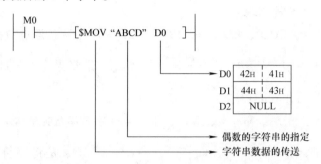

图 2-91　偶数字符传送

（3）当字符数是奇数时

使用（字符数/2）个字（小数部分进位）存储字符串及 NULL 码。图 2-92 中，如果将"ABCDE"传送到 D0 ~，则字符串（ABCDE）及 NULL 码将被存储到 D0 ~ D2 中。NULL 码将被存储到最后 1 个字的高 8 位处。

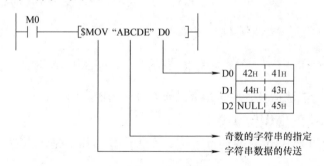

图 2-92　奇数字符传送

2.4.2　常见 Q 系列 PLC 的指令

如与 FX3U 系列 PLC 相一致的，就不一一列出，以下指令为需要重点学习的 Q 系列 PLC 指令。

1. INV（取反）

如指令，输出为 X0 的取反。

2. D =、D < >、D >、D < =、D <、D > =（BIN32 位数据比较）

如指令，是将 X0 ~ X1F 的数据与 D3、D4 的数据进行比较，X0 ~ X1F 的数据与 D3、D4 的数据一致时，将 Y33 变为 ON 的程序。

3. E =、E < >、E >、E < =、E <、E > =（32 位浮点数据比较）

如指令 ┤E= D0 D3 ├──（Y33），是将 D0、D1 的 32 位浮点实数数据与 D3、D4 的 32 位浮点实数数据进行比较的程序。需要注意的是，使用了 E = 指令时，有时会发生由于误差而导致两个值不相等的现象。

4. ED =、ED < >、ED >、ED < =、ED <、ED > =（64 位浮点数据比较）

如指令 ┤├M3─┤ED◇ E1.23 D4 ├──（Y33），是将浮点实数 1.23 与 D4 ~ D7 的 64 位浮点实数数据进行比较的程序。

5. $ =、$ < >、$ >、$ < =、$ <、$ > =（字符串数据比较）

如指令 ┤├M3─┤$◇ "ABCDEF" D10 ├──（Y33），是将字符串 "ABCDEF" 与存储在 D10 后面的字符串进行比较的程序。

6. +、+P、-、-P（ADD、SUB 算术运算指令）

这一点与 FX3U 采用英文字 ADD 和 SUB 不同，如果是 32 位，则为 D +、D + P、D -、D - P 指令。

如指令 ┤X5├─┤+P D3 D0 K2Y38 ├，表示当 X5 变为 ON 时，将 D3 与 D0 的内容进行加法运算，并将运算结果存储到 Y38 ~ Y3F 中。

如指令 ┤X0B├─┤D-P D0 K6M0 D10 ├，表示当 X0B 变为 ON 时，将 D0、D1 的数据与 M0 ~ M23 的数据进行减法运算，并将运算结果存储到 D10、D11 中。

7. ∗、∗P、/、/P（MUL、DIV）

BIN16 位数据与 BIN16 位数据进行乘法、除法运算。如果是 32 位，则为 D ∗、D ∗ P、D/、D/P 指令。

如指令 ┤X5├─┤∗P K5678 K1234 D3 ├，表示 X5 变为 ON 时，将 BIN 的 "5678" 与 "1234" 的乘法运算结果存储到 D3、D4 中。

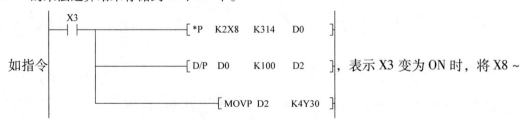

如指令，表示 X3 变为 ON 时，将 X8 ~ XF 的数据用 3.14 相除，并将运算结果输出到 Y30 ~ Y3F 中。

8. B +、B + P、B -、B - P（BCD4 位数据加减运算）

表示 BCD4 位数据的加减运算，如果是 8 位 BCD 运算，则为 DB +、DB + P、DB -、DB - P 指令。

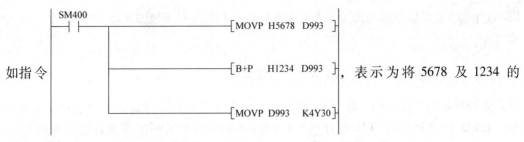

BCD 数据进行加法运算，在将运算结果存储到 D993 中的同时并输出到 Y30~Y3F 中。这里需要指出的是，SM400 在 Q 系列 PLC 等同于 FX3U 的 M8000。

类似的还有 B＊、B＊P、B/、B/P 表示乘除运算等。

9. E＋、E＋P、E－、E－P（32 位浮点实数加减运算）

如指令┤├ X20 ──[E＋P D10 D3]，表示当 X20 变为 ON 时，将 D3、D4 的 32 位浮点实数与 D10、D11 的 32 位浮点实数进行加法运算，并将加法运算结果存储到 D3、D4 中。具体动作为

D4 D3		D11 D10		D4 D3
5961.437	＋	12003.200	⇒	17964.637

类似的还有 ED＋、ED＋P、ED－、ED－P 表示 64 位浮点实数加减运算，E＊、E＊P、E/、E/P 表示 32 位浮点实数乘除法运算，ED＊、ED＊P、ED/、ED/P 表示 64 位浮点实数乘除法运算。

10. ＄＋、＄＋P（字符串合并运算）

本指令是将指定的字符串数据连接到另外的字符串数据的后面。

如指令┤├ X0 ──[＄＋P "ABCD" D10]，表示当 X0 变为 ON 时，将 D10~D12 中存储的字符串与字符串 "ABCD" 合并。

11. FLT、FLTP、DFLT、DFLTP（浮点数转换运算）

如指令┤├ SM400 ──[FLTP D20 D0]，表示将 D20 的 BIN16 位数据转换为 32 位浮点实数后，存储到 D0、D1 中。具体动作为

D20	整数转换	D1 D0
15923	⇒	15923
BIN值		32位浮点实数

12. INT、INTP、DINT、DINTP（16 位/32 位整数转换）

如指令┤├ SM400 ──[DINT D20 D0]，表示将 D20、D21 的 32 位浮点实数转换为 BIN32 位数据后，存储到 D0、D1 中的程序。具体动作为

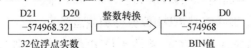

D21 D20	整数转换	D1 D0
－574968.321	⇒	－574968
32位浮点实数		BIN值

需要注意的是，使用 INT 指令时浮点型数据超出了 －32768~32767 的范围时，或使用

DINT 指令时浮点型数据超出了 – 2147483648 ~ 2147483647 的范围时，就会出错而无法执行该程序。

2.4.3 Q 系列 PLC 与三菱触摸屏联合仿真

由于 Q 系列 PLC 与 FX3U 系列 PLC 的指令大部分相同，因此本章所述的 2.2 节和 2.3 节内容也可以应用到 Q 系列 PLC 中，这里以"字符串应用"为例进行联合仿真全过程的阐述。

【例 2-11】字符串应用

任务要求：用 Q 系列 PLC（Q00UJCPU）进行字符串的正向排序和反向排序，即按下正序排列按钮时，触摸屏显示"ABCDE"；按下反序排列按钮时，触摸屏显示"EDCBA"。

实施步骤：

步骤 1：按表 2-17 进行软元件分配。

表 2-17　字符串应用软元件分配

软元件编号	含义	备注
M0	正序排列按钮	触摸屏按钮
M1	反序排列按钮	触摸屏按钮
D10 ~ D14	数据寄存器	触摸屏显示字符串

本案例采用 Q 系列 PLC，因此在新建程序时要选择 PLC 型号或者在编程完成后，进行 PLC 类型更改，如图 2-93 所示，这里选择 PLC 系列为"QCPU（Q mode）"，PLC 类型选择为 Q00UJ。

如图 2-94 所示，进行梯形图编程，这里主要用到了［\$ MOVP "A" D10］相关的字符串传送指令。

完成编辑后，进入 PLC 仿真状态，可以观察到图 2-95 所示的 D10 ~ D14 为 ASCII 值。

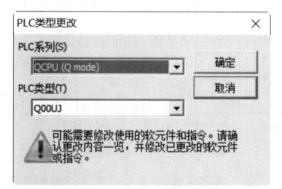

图 2-93　PLC 类型更改

步骤 2：触摸屏画面组态如图 2-96 所示，包括 D10 ~ D14 共 5 个 ASCII 数值显示（具体设置如图 2-97 所示）、M0 正序排列按钮和 M1 反序排列按钮。

触摸屏画面组态完成后，必须修改图 2-98 所示的触摸屏连接机器的设置，要确保与 PLC 类型一致，这里选择"MELSEC – QnA/Q/QS，MELDAS C6 *"。

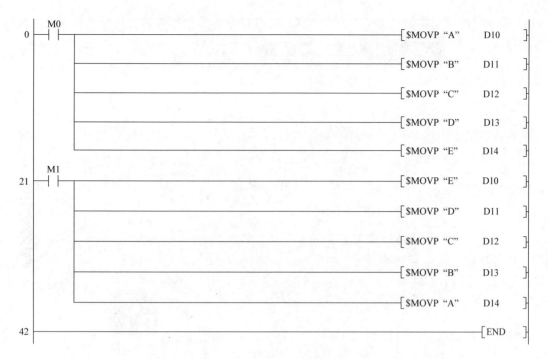

图 2-94　字符串应用梯形图

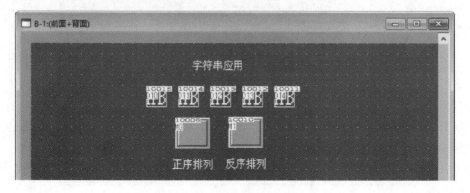

图 2-95　PLC 仿真示意

字符实际实时显示ASCⅡ值

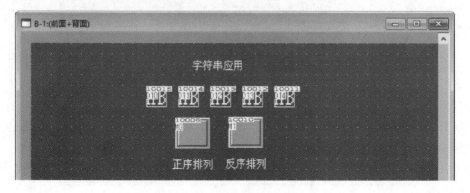

图 2-96　触摸屏画面组态

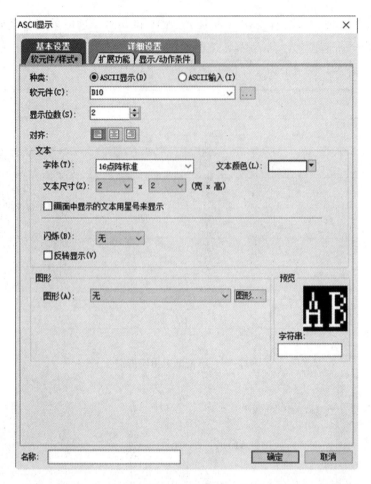

图 2-97　ASCII 显示设置

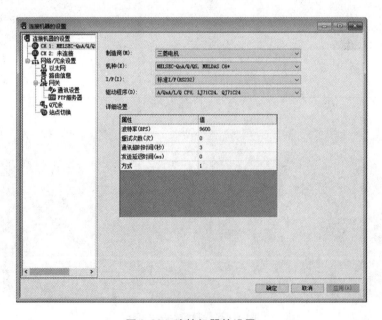

图 2-98　连接机器的设置

步骤3：联合仿真。本章前面10个按钮是FX3U的仿真，这里采用Q系列PLC，因此要在仿真中首先确保通信正常，然后可以测试本案例的功能，即图2-99所示为正序排列按钮动作后的结果，图2-100所示为反序排列按钮动作后的结果。

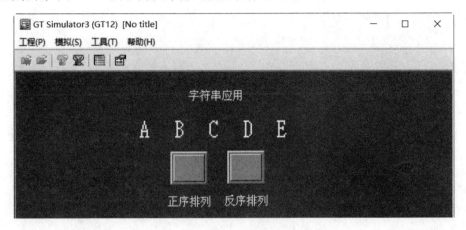

图2-99　正序排列

图2-100　反序排列

第 3 章

PLC的SFC编程

Chapter **3**

导读

　　顺序功能图（SFC）这种编程方式受到不少编程人员的喜爱，特别是在顺序控制程序设计方面，因其编程思路简单，稳定性好，有着独特的优势。在三菱编程软件 GX Works2 中，也提供了 SFC 编程方法。本章主要对 SFC 的编写和程序输入进行全面的学习，列出了单流程结构编程方法和多流程结构编程方法，以大小球分类选择传送和按钮式人行横道指示灯为例进行实际编程应用，同时对 Q 系列 PLC 的更复杂功能的 SFC 编程给出了案例应用。

3.1 顺序控制设计简介

3.1.1 顺序控制设计法概述

　　顺序功能图（Sequential Function Chart，SFC）是一种新颖的按工艺流程图进行编程的图形化编程语言，也是一种符合国际电工委员会（IEC）标准，被首选推荐用于 PLC 的通用编程语言，在 PLC 应用领域中应用广泛。

　　采用 SFC 进行 PLC 应用编程的优点是

　　1）在程序中可以直观地看到设备的动作顺序。SFC 程序是按照设备（或工艺）的动作顺序而编写，所以程序的规律性较强，容易读懂，具有一定的可视性。

　　2）在设备发生故障时能很容易地找出故障所在位置。

　　3）不需要复杂的互锁电路，更容易设计和维护系统。

　　根据 IEC 标准，SFC 的标准结构是，状态或步 +该步工序中的动作或命令 + 有向连接 + 转换和转换条件 = >SFC，如图 3-1 所示。

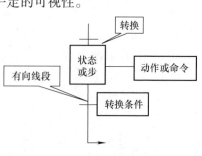

图 3-1　状态转换图

SFC 程序的运行规则是，从初始状态或步开始执行，当每步的转换条件成立，就由当前状态或步转为执行下一步，在遇到 END 时结束所有状态或步的运行。

可见 SFC 最核心的部分就是状态或步、转换条件和转换方向，这三者被称为 SFC 的三要素。

步是系统所处的阶段（状态），根据输出量的状态变化划分。任何一步内，各个输出量状态保持不变，同时相邻的两步输出量总的状态是不同的。

转换条件则是触发状态变化的条件，通常包括外部输入信号、内部编程元件触点信号、多个信号的逻辑组合等。

图 3-2 所示是步与转换条件的示意。

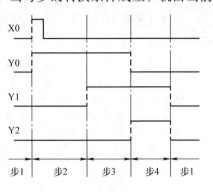

图 3-2　步与转换条件

3.1.2　顺序控制设计法举例

图 3-3 所示的是物件在输送带上移动的示意图。控制要求是物件在所示位置出发，输送带正转，带动物件移动到右限位置，当物件碰到右限传感器时，输送带改变运行方向，输送带反转，带动物件到达左限位置，停留在左限位置 3s，3s 后输送带正转，物件又再次向右移动，到达输送带中间停止传感器处停下。

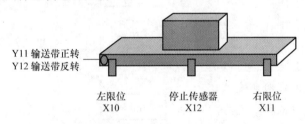

图 3-3　物件移动示意图

这个例子可以使用梯形图编程的方法来完成。由于物件前两次在输送带上移动经过停止传感器时都没有停下，而最后一次经过停止传感器时停下，因此用梯形图编程有一定的难度。

这个例子是典型的顺序控制，很容易用顺序控制法编程，而且刚才提到的同样是经过停止传感器却有不同操作的问题在顺序控制编程中却不是难题。为什么呢？等下编好程序就知道了。

使用顺序控制法编程将这个控制要求分为几个工作状态（或步），从一个工作状态（或步）到另一个工作状态（或步）通过满足转换条件来实现转换，即按照图 3-1 所示的状态图来实现这里的控制要求。

设置一个启动按钮，给它分配一个输入点为 X0，其他 I/O 分配按图 3-3 所示。图 3-4 左边是按照状态转换法的设计思路来绘制的状态转换图，再将这个图按照 I/O 分配加入具体的元件，就成了右边的 SFC。

这里 S 是状态寄存器，专门用于 SFC 的编制，不用于状态存储时，也可以当作普通辅助寄存器使用。

FX3U PLC 状态元件的分类及编号见表 3-1。

表 3-1 FX3U PLC 状态元件

类别	元件编号	点数	用途及特点
初始状态	S0 ~ S9	10	用于状态转换图的初始状态
返回原点	S10 ~ S19	10	多运行模式控制中，用作返回原点的状态
一般状态	S20 ~ S499	480	用作状态转换图的中间状态
掉电保持状态	S500 ~ S899	400	具有停电保持功能，用于停电恢复后需继续执行停电前状态的场合
信号报警状态	S900 ~ S999	100	用作报警元件使用

每个状态后面的输出线圈即为当进入该状态时要驱动的线圈，每个时刻只有一个状态称为工作状态，这时该状态所带的线圈得电动作。在该例子中每个状态仅带了一个输出线圈，其实每个状态可以多个线圈并联。SFC 还有一个特点是不同状态可以输出同一个线圈，这也很好地解决了在梯形图编程时要避免出现的线圈多次输出的问题。

这样物件移动程序就编写完成了，这是因为 PLC 有 SFC 编程法，可以将图 3-4 右边的 SFC 输入到编程软件中去，编程软件会将其自动转换为对应的梯形图。

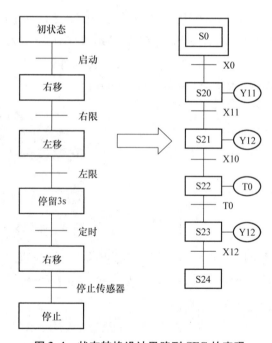

图 3-4 状态转换设计思路到 SFC 的实现

3.2 FX3U 系列 PLC 的 SFC 结构编程方法

3.2.1 单流程结构编程方法

单流程结构是顺序控制中最常见的一种流程结构，其结构特点是程序顺着工序步，步步为序地向后执行，中间没有任何的分支。图 3-5 所示为典型的单流程状态转换结构，即从一开始的初始状态 S2（可以从 S0 ~ S9 选择任何一个状态寄存器），一路单向经过 S20、S21、S22、S23 后，再跳转至 S2，准备第二次、第 N 次的流程。单流程结构没有分支，所以控制相对简洁。

Example

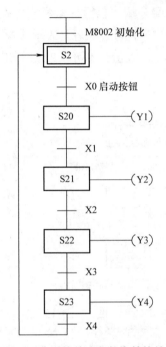

图 3-5 典型的单流程状态转换结构

【例 3-1】 工作台电动机控制 SFC 编程

任务要求：某工作台电动机用 FX3U 进行控制，示意如图 3-6 所示，用一个启动按钮来实现前进和后退，具体如下：

1）按下启动按钮后，电动机前进，限位开关 LS1 动作后（常开触点，动作为 ON），立即后退。

2）通过后退触发限位开关 LS2，停止 5s 后再次前进，经过 LS1（注意：此时不停机），到达 LS3 位置，LS3 动作后，立即后退。

3）后退到 LS2 位置，LS2 动作，电动机停止运行。

4）以上为一个循环动作（见图 3-7），如需要重复，则继续 1）~3）的动作。

实施步骤：

步骤 1：建立 I/O 表，见表 3-2。

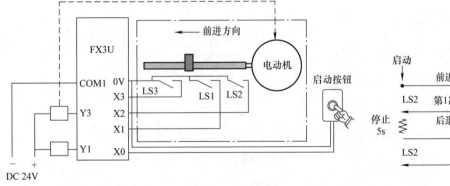

图 3-6 工作台电动机控制示意图   图 3-7 动作过程

表 3-2 I/O 表

输入	含义	输出	含义
X0	启动按钮	Y1	电动机前进
X1	限位开关 LS1	Y3	电动机后退
X2	限位开关 LS2		
X3	限位开关 LS3		

步骤2：创建状态转换结构图。将本案例的动作分成各个状态和转换条件，进行如图3-8所示的状态转换结构图创建。其中初始状态为S0，中间状态为S20～S24，转换条件分别为按钮、限位开关和定时器。

步骤3：程序图编写。根据软元件的分配情况以及SFC程序的特殊情况，编写的程序图共分两部分：第一部分为用于使初始状态置ON的程序，为梯形图块，如图3-9所示；第二部分为SFC块，包括状态编号及转换条件等，如图3-10所示。X000触点驱动的不是线圈，而是TRAN符号，意思是表示转换（Transfer），这一点请注意。在SFC程序中，所有的转换都用TRAN表示，不可以采用〔SET S＊＊〕语句表示，否则将告知出错。

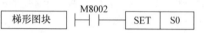

图3-9　用于使初始状态置ON的程序

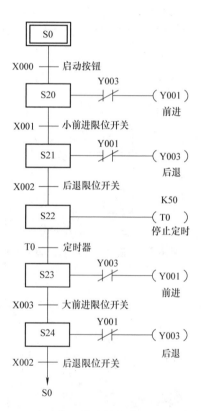

图3-8　状态转换结构图

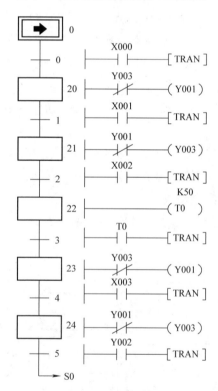

图3-10　SFC块

步骤4：SFC程序软件操作。

1）启动GX Works2编程软件，单击"工程"菜单，单击"新建"命令，如图3-11所示。要对三菱系列的CPU和PLC进行选择，以符合对应系列的编程代码，否则容易出错。同时，在程序语言中选择SFC而不是之前的梯形图。完成上述项目后之后单击"确定"按钮。

2）如图3-12所示，在随后跳出来的"块信息设置"窗口中，输入标题"激活初始状态"。由于SFC程序由初始状态开始，初始状态必须激活，而激活的通用方法可以用一段梯形图来建立，且需要放在 SFC 程序的开头部分。在窗口中的"块类型"选择"梯形图块"。单击"执行"按钮后进入下一步。

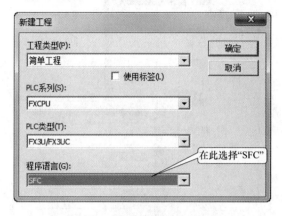

图 3-11 GX Works2 编程软件窗口

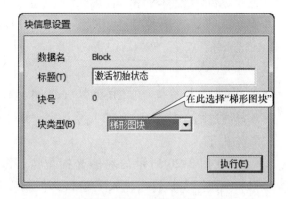

图 3-12 "块信息设置"窗口

3）在图 3-13 所示的窗口中，编辑"激活初始状态"梯形图（见图 3-14），然后进行编译（F4 快捷键），直至看到程序块颜色从红色变为黑色。

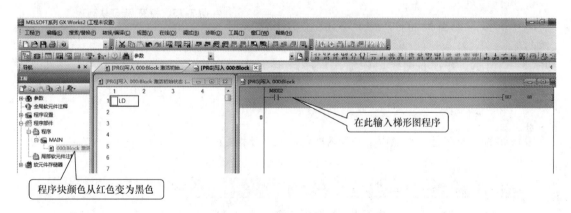

图 3-13 编辑"激活初始状态"梯形图

图 3-14 输入的梯形图程序

4）在工程窗口中，鼠标右键单击 MAIN，出现图 3-15 所示的菜单，选择"打开 SFC 块列表"，即出现图 3-16 所示的块列表窗口，双击第二行，在弹出的"块信息设置"窗口中对"块 1"进行设置，即选择块类型为"SFC 块"。接下来单击"执行"按钮。

5）在 SFC 程序编辑窗口中，窗口光标变成了空心矩形，如图 3-17 所示。然后可以进入步号和转换号的编辑，此时出现的是左边的窗口光标和右边对应的程序光标，它们之间是

——对应的，即不同的步号和转换号有不同的程序。

6）步号 0 没有程序，不需要编辑，接下来把左侧窗口光标移至转换号"？0"，并在右侧窗口中输入转换条件 ├─┤ X000 ├──────[TRAN]┤（见图 3-18），且只有选择"TRAN"（见图 3-19）。等编译通过后，转换号"？0"变成了"0"，即"？"消失了。

7）在图 3-20 所示的左侧光标位置，添加步号，跳出"SFC 符号输入"窗口，根据程序，选择"STEP""20"，即 S20。单击"确定"按钮后，就可以插入步 S20 了。同时，输入该步的程序 ├─┤/├ Y003 ────(Y001)┤，如图 3-21 所示，编译后进入下一步。

8）下移左侧窗口光标，添加转换号 TR1，如图 3-22 所示，并在右侧窗口中输入程序 ├─┤ X001 ├────────[TRAN]┤，如图 3-23 所示。

9）如图 3-24 所示，按照以上步骤依次添加 S21 及相关的程序 ├─┤/├ Y001 ────(Y003)┤。

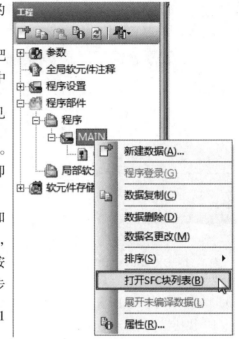

图 3-15 打开 SFC 块列表

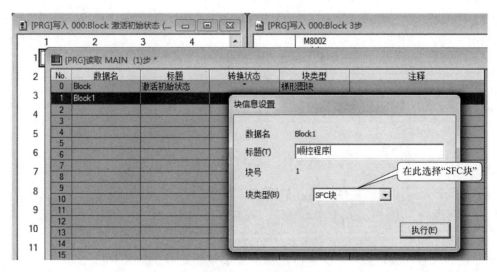

图 3-16 块信息设置

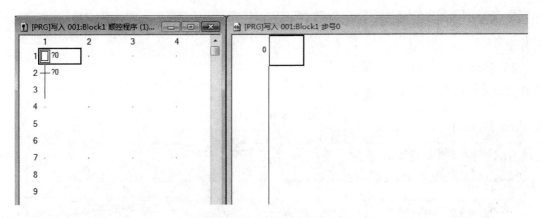

图 3-17　SFC 程序编辑窗口

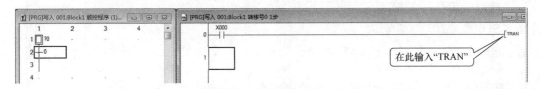

图 3-18　输入转换条件

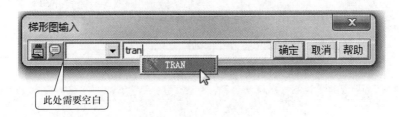

图 3-19　TRAN 输入

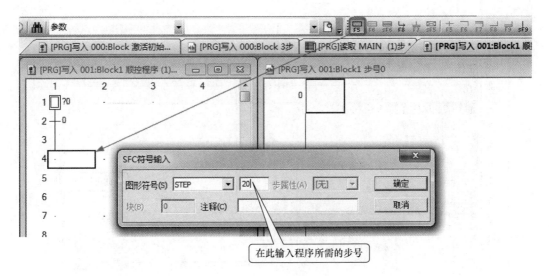

图 3-20　添加 S20

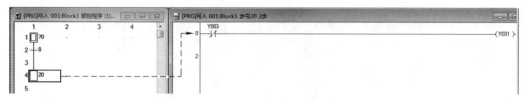

图 3-21 S20 的程序输入

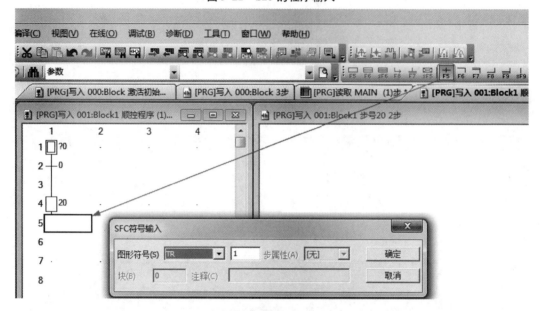

图 3-22 添加转换号 TR1

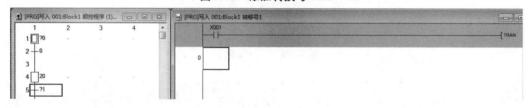

图 3-23 输入 TR1 的梯形图程序

图 3-24 添加 S21

10）用相同的方法把控制系统一个周期内所有的通用状态编辑完毕，添加转换号 TR2、
S22、TR3、S23、TR4、S24、TR5，其中的程序不再赘述。最终在左边窗口中出现如图 3-25
所示的状态图。此时应该将 TR5 跳转到 S0，具体的操作步骤是菜单"编辑"→"SFC 符
号"→"［JUMP］跳转"，如图 3-26 所示。在"SFC 符号输入"窗口中输入图 3-27 所示的
跳转信息。

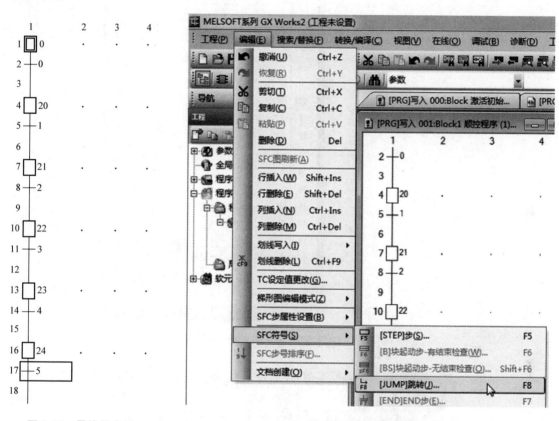

图 3-25　最终状态图　　　　　　　　　　　　　图 3-26　选择跳转

图 3-27　跳转的 SFC 符号输入

如图 3-28 所示，在有跳转返回指向的状态符号框图中多出一个小黑点，这说明此工序
步是跳转返回的目标步，这为阅读 SFC 程序也提供了方便。

11）由于 SFC 程序块不同于梯形图，因此必须使用图 3-29 所示的菜单命令，即"转
换/编译→转换块"，其结果会在"输出"窗口中进行显示，如图 3-30 所示。

12）在编译程序后即可下载程序到 PLC 中，并进行图 3-31 所示的在线监控调试。其中

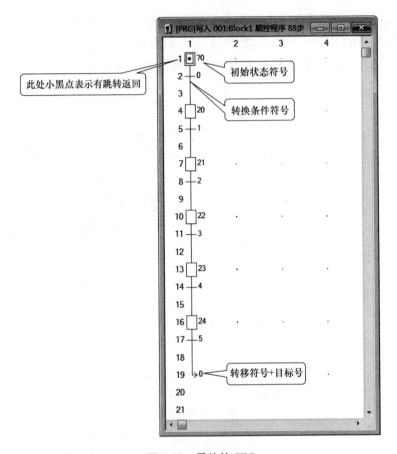

图 3-28 最终的 SFC

图 3-29 转换块菜单

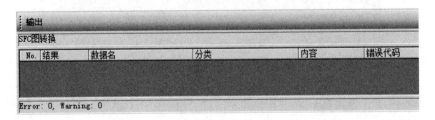

图 3-30 编译结果

的 S0 出现蓝色，即表示进入该步；当按下按钮，即 X0 接通后，则▣⁷⁰→■²⁰；X1 接通后，

■²⁰→■²¹；X2 接通后，■²¹→■²²；开始 T0 定时，时间到后■²²→■²³；X3 接通后，■²³→■²⁴；X2

接通后，■²⁴→◨⁷⁰，继续开始新一轮的状态控制。

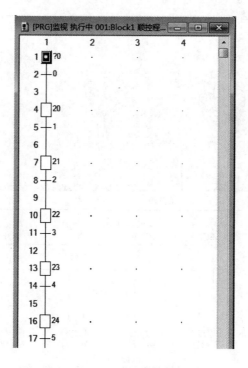

图3-31　SFC中状态监控

【例3-2】电镀槽生产线SFC控制

任务要求：某电镀槽生产线示意如图3-32所示，具体流程控制要求如下：

1）具有手动/自动切换功能，具有原点指示功能。

2）手动时，能实现吊钩上、下和行车左行、右行。

3）自动时，按下自动位启动按钮后，能从原点开始按工作流程的箭头所指方向依次运行一个周期后回到原点，如需要进行下一个循环，则需要重新按下自动位启动按钮。

实施步骤：

步骤1：按图3-33所示I/O接线图建立FX3U系列PLC的I/O表，见表3-3。

步骤2：程序编写。这里要建立2个程序，即主程序用梯形图，自动程序用SFC块完成，如图3-34所示。

（1）主程序

图3-35所示的主程序主要完成S20~S37的复位，手动方式的所有动作，以及自动方式的S0触发。其中手动/自动采用CJ指令。

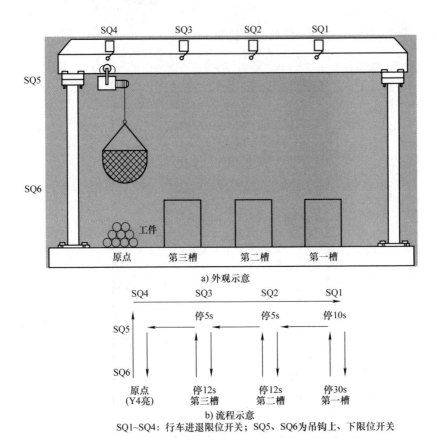

a) 外观示意

b) 流程示意

SQ1~SQ4：行车进退限位开关；SQ5、SQ6为吊钩上、下限位开关

图 3-32　电镀槽生产线示意图

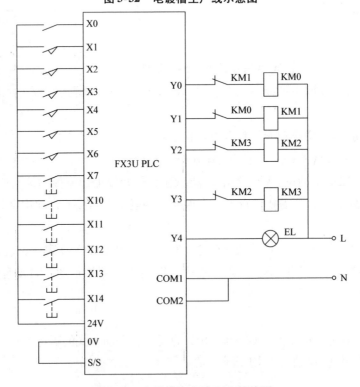

图 3-33　电镀槽生产线 I/O 接线图

表 3-3 I/O 表

输入	含义	输出	含义
X0	自动 ON/手动 OFF 切换	Y0	吊钩上
X1	SQ1 限位	Y1	吊钩下
X2	SQ2 限位	Y2	行车右行
X3	SQ3 限位	Y3	行车左行
X4	SQ4 限位	Y4	原点指示
X5	SQ5 限位		
X6	SQ6 限位		
X7	停止		
X10	自动位启动		
X11	手动向上		
X12	手动向下		
X13	手动向右		
X14	手动向左		

（2）自动程序

图 3-36 所示的自动程序采用 SFC 块，都是单流程。图中的 S28
到 S29 不是跳转，而是直接一路向下。

图 3-34 程序结构

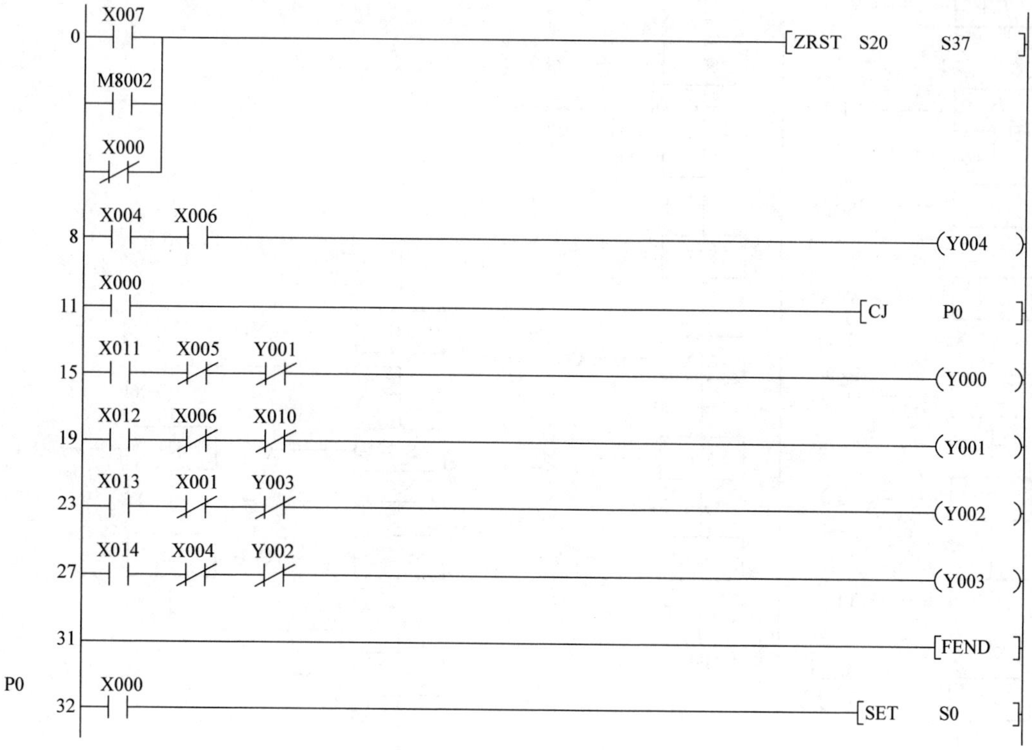

图 3-35 电镀槽生产线主程序

在电镀槽生产线中，单流程控制相对简洁，一般的转换多采用限位或定时器，状态的输出多是线圈与定时器。

3.2.2 多流程结构编程方法

多流程结构是指状态与状态间有多个工作流程的 SFC 程序。多个工作流程之间通过并联方式进行连接，而并联的流程又可以分为选择性分支、并行分支、选择性汇合、并行汇合等几种连接方式。

1. 可选择的分支与汇合

当一个程序有多个分支时，各个分支之间的关系是"或"，程序运行时只选择运行其中的一个分支，而其他的分支不能运行，称为"可选择的分支"，它有选择条件。

图 3-37 中，分支选择条件 X1 和 X4 不能同时接通。在状态 S21 中，根据 X1 和 X4 的状

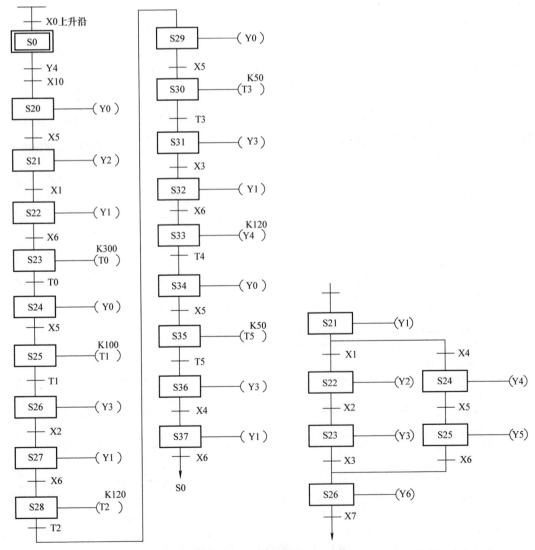

图 3-36 自动程序状态转换图　　　　图 3-37 可选择的分支与汇合

态决定了执行哪一条分支。当状态 S22 或 S24 接通时，S21 自动复位。状态 S26 由 S23 或 S25 转换置位，同时，前一状态 S23 或 S25 自动复位。

2. 并行的分支与汇合

当一个程序有多个分支时，各个分支之间的关系是"和"，程序运行时要运行完所有的分支，才能汇合。各程序之间没有选择条件，运行时可以不分先后。

图 3-38 中，当转换条件 X1 接通时，状态 S21 分两路同时进入 S22 和 S24，此后系统的两个分支并行工作，图中采用水平双线强调并行工作。

【例 3-3】专用钻床 SFC 控制

图 3-38 并行的分支与汇合

任务要求：图 3-39 所示的某专用钻床用来加

工圆盘状零件均匀分布的 3 对孔（6 个且大小不一样），操作人员放好工件后，按下启动按钮 X0，Y0 变为 ON，工件被夹紧，夹紧后压力继电器 X1 为 ON，Y1 和 Y3 使两个钻头同时开始工作，钻到由限位开关 X2 和 X4 设定的深度时，Y2 和 Y4 使两个钻头同时上行，升到由限位开关 X3 和 X5 设定的起始位置时停止上行。两个都到位后，Y5 使工件旋转，旋转到位时，X6 为 ON，同时设定值为 3 的计数器 C0 的当前值加 1，旋转结束后，又开始钻第二对孔。3 对孔都钻完后，计数器的当前值等于设定值 3，Y6 使工件松开，松开到位时，限位开关 X7 为 ON，系统返回初始状态。

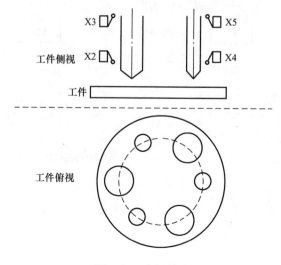

图 3-39 专用钻床

实施步骤：

步骤1：根据例题要求写出 I/O 表（见表 3-4）。

表 3-4   I/O 表

输入		输出	
启动按钮	X0	工件夹紧	Y0
压力继电器	X1	两钻头下行	Y1、Y3
两个钻孔限位	X2、X4	两钻头上升	Y2、Y4
两个钻头原始位	X3、X5	工作台旋转	Y5
旋转限位	X6	工作台松开	Y6
工作松开限位	X7		

步骤2：功能示意如图 3-40 所示，需要同时采用并行分支结构和可选择分支结构，即从状态 S20 后进入并行分支结构，分别是 S21/S22/S23 与 S24/S25/S26；同时在 S27 后进入可选择分支，即一个分支 JUMP S20、一个分支进入状态 S28 后 JUMP S0。

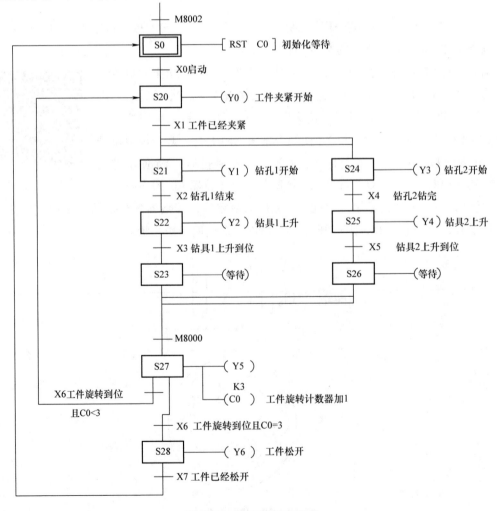

图 3-40   顺序控制功能图

步骤3：SFC 程序的输入。打开 GX Works2 软件，设置方法同单流程结构，建立 2 个块，如图 3-41 所示。

本例中还是利用 M8002 作为启动脉冲，在程序的第一块输入梯形图

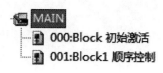

图 3-41 专用钻床程序块

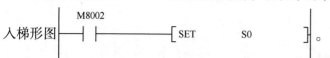

本例中要求初始状态时要做工作，复位 C0 计数器，因此对初始状态做些处理，把光标移到初始状态符号处，在右边窗口中输入梯形图，如图 3-42 所示，接下来的状态转换程序输入与例 3-1 相同。

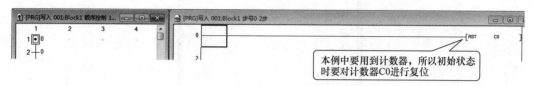

图 3-42 初始状态 S0 编程

程序运行到 X1 为 ON 时（压力继电器常开触点闭合）要求两个钻头同时开始工作，程序开始分支如图 3-43 所示。接下来输入并行分支，控制要求 X1 触点接通状态发生转换，将光标移到条件 1 方向线的下方，单击工具栏中的并行分支写入按钮，就会跳出"SFC 符号输入"窗口，选择" = = D"。

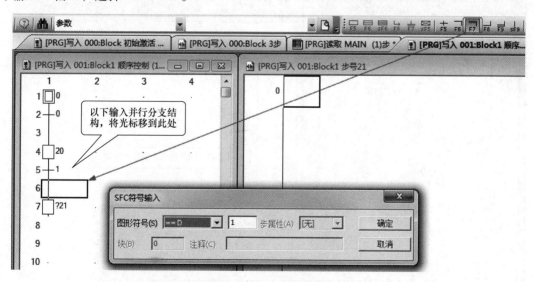

图 3-43 并行结构分支

并行分支线输入以后如图 3-44 所示。

接下来分别在两个分支下面输入各自的状态符号和转换条件符号，如图 3-45 所示。图中每条分支表示一个钻头的工作状态。两个分支输入完成后要有分支汇合。将光标移到状态 S23 的下面，按钮弹出"SFC 符号输入"对话框，选择" = = C"项，单击"确定"按钮

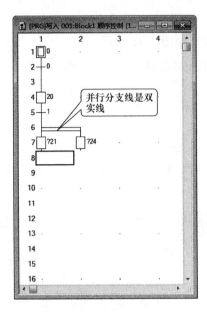

图 3-44 并行分支线输入

返回。

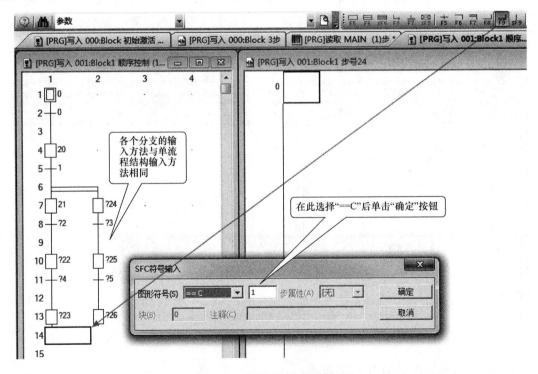

图 3-45 并行汇合符号的输入

继续输入程序，当两条并行分支汇合完毕后，此时钻头都已回到初始位置，接下来是工件旋转，程序如图 3-46 所示，输入完成后程序又出现了选择分支。将光标移到状态 S27 的下端，按 弹出 SFC 符号输入对话框，在"图形符号"下拉列表框中选择 "－－D"项，单击"确定"按钮返回SFC程序编辑区，这样一个选择分支被输入。

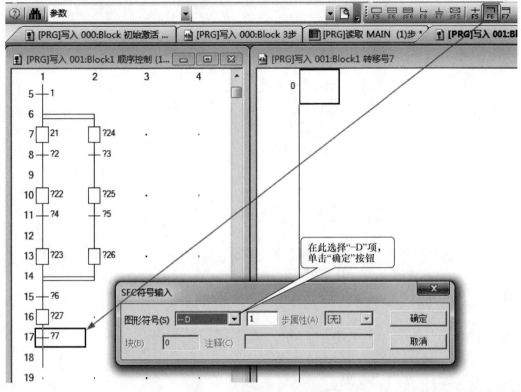

图 3-46　选择分支符号的输入

如图3-47所示，继续输入程序，在程序结尾处，看到本程序用到了两个JUMP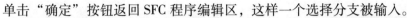符号，在SFC程序中状态的返回或跳转都用JUMP符号表示，因此在SFC程序中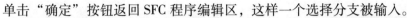符号可以多次使用，只需在JUMP符号后面加目的标号即可达到返回或跳转的目的。

完整的状态转换结构图如图3-48所示。

这里仅列出重要的几个程序，其余参考书中给出的源程序数字资源。

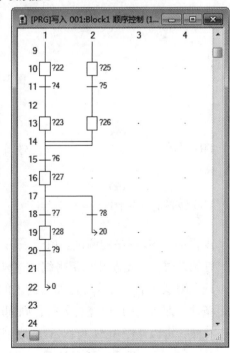

图 3-47　选择分支与 JUMP 符号

TR6 转换：

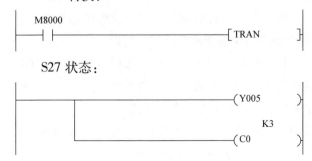

S27 状态：

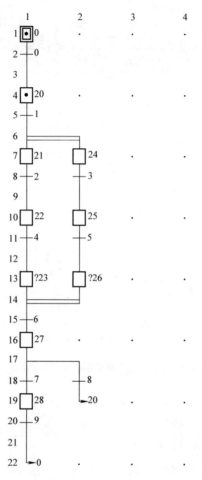

图 3-48　完整的程序

步骤 4：SFC 程序的调试。由于采用了选择分支和并行分支后，程序变得更加复杂，因此，在调试时，一定要注意记得编译，只有等所有的块编译成功之后才可以下载。

现在测试一下并行分支是如何进入的，图 3-49 所示为进入 S20 状态后的情况。当 TR1 满足条件，即 X1 工件已经夹紧时，则同时进入 S21 和 S24 状态（见图 3-50）。

显然，可以从图 3-51 可以看出，并行分支中的动作状态是不一致的。

在分别进入 S23 和 S26 状态后，待满足 TR6 条件后，进入状态 S27，如图 3-52 所示。

图 3-53 所示为 S27 的程序监控，图 3-54 所示为满足 TR7 条件后移至 S28。

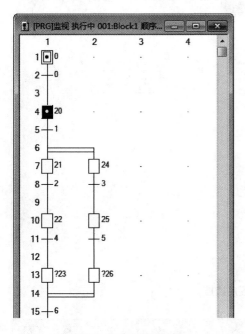

图 3-49　SFC 程序监控一

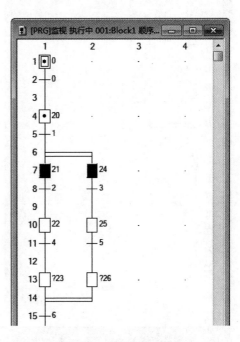

图 3-50　SFC 程序监控二

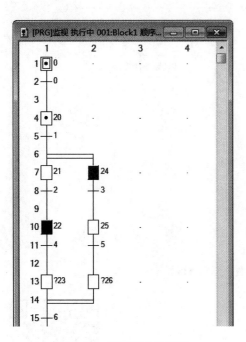

图 3-51　SFC 程序监控三

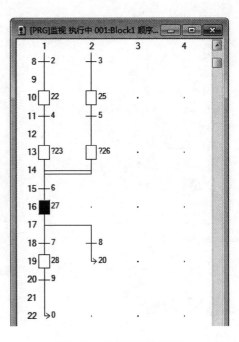

图 3-52　SFC 程序监控四

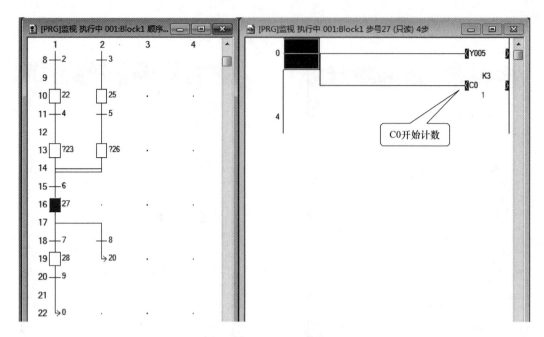

图 3-53　S27 的程序监控

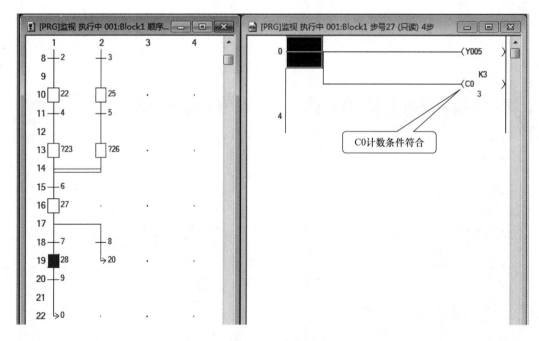

图 3-54　满足 TR7 条件后移至 S28

【例3-4】大小球分类选择传送控制

任务要求：图 3-55 所示为大小球分类分拣传送控制示意，控制

要求：

1）在原点才能启动。

2）动作顺序为下降、吸住球、上升、右行、下降、释放球、上升、左行、回原点。

3）机械手下降时，若电磁铁压住大球，下限位开关不通，若压住小球，下限位开关接通。

4）有手动复位功能。

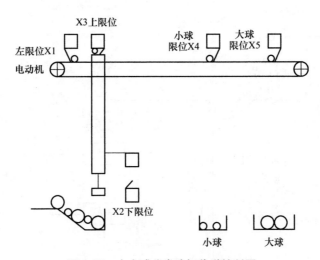

图 3-55　大小球分类选择传送控制图

实施步骤：

步骤1：建立 I/O 表。大小球分类选择传送控制 I/O 分配见表 3-5。

表 3-5　I/O 表

输入		输出	
启动	X0	下降	Y0
左限位	X1	抓球	Y1
下限位	X2	上升	Y2
上限位	X3	右移	Y3
小球限位	X4	左移	Y4
大球限位	X5	零位显示	Y7
手动上升	X6		
手动左移	X7		
机械手松开	X10		

步骤2：建立状态转换图。如图 3-56 所示，这里采用了"选择分支"，即在 S21 状态时，根据 T0 和 X2 的情况，选择小球分拣或大球分拣，只能是 2 选 1，并在 S30 处汇合。

步骤3：编写程序。按状态转换图编写程序，输入 PLC 运行，经调试和修改后，使运行的程序符合控制要求。

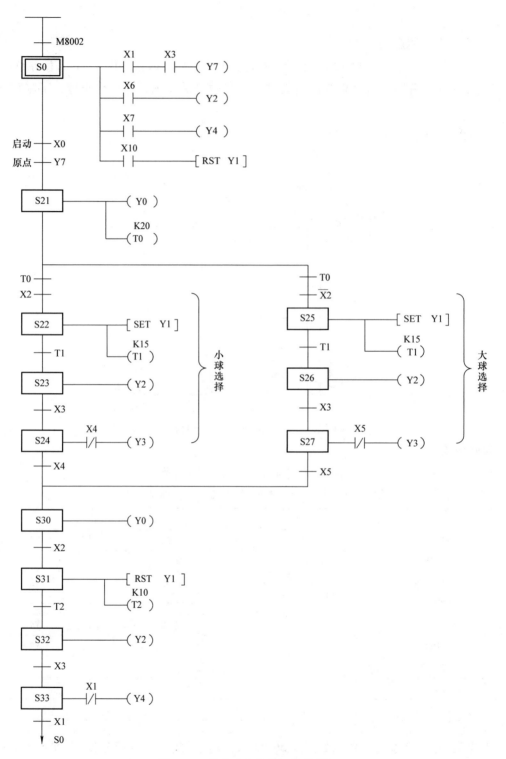

图 3-56　大小球分类选择传送 SFC

【例 3-5】 按钮式人行横道指示灯控制

任务要求：按钮式人行横道指示灯示意如图 3-57 所示，其中按钮为 X0 或 X1，交通灯按图 3-58 所示控制要求的顺序进行变化，如交通灯已进入运行中，按钮将不起作用。

实施步骤：

步骤 1：建立 I/O 表。按钮式人行横道指示灯控制 I/O 分配见表 3-6。

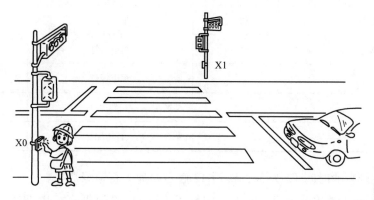

a) 动作示意

b) 指示灯布置示意

图 3-57　按钮式人行横道指示灯示意图

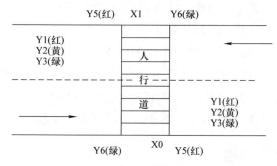

图 3-58　按钮式人行横道指示灯控制要求

步骤 2：熟悉控制功能顺序，具体如下：

1）PLC 从 STOP 切换到 RUN 时，初始状态 S0 动作，通常为车道为绿灯亮，人行道为红灯亮。

2）若按人行横道按钮 X0 或 X1，则状态 S21 为车道绿灯亮，S30 为人行道红灯亮，此时的状态不变化。

3）车道绿灯亮的时间 T0 为 30s，绿灯亮后车道变为黄灯亮的时间 T1 为 10s，黄灯后车道变为红灯亮。

表 3-6　I/O 清单

输入		输出	
右边按钮	X0	车道红灯	Y1
左边按钮	X1	车道黄灯	Y2
		车道绿灯	Y3
		人行道红灯	Y5
		人行道绿灯	Y6

4）车道红灯亮的时间 T2 为 5s，5s 后 T2 触点接通人行道绿灯亮。

5）人行道绿灯亮的时间 T3 为 15s，15s 后绿灯开始闪烁亮，周期为 1s（S32 = 暗，S33 = 亮）。

6）闪烁中 S32、S33 反复进行动作，计数器 C0 设定值为 5 次，当满足条件后，状态向 S34 转换，人行道变为红灯 5s 后，返回初始状态。

7）在状态转换过程中，按动人行横道按钮 X0、X1 无效。

步骤 3：绘制 SFC 如图 3-59 所示。本案例中，采用了并行结构，即在按下人行道按钮，S0 开始后，分车道灯和人行道灯两种；同时在人行道中 S33 处又有选择结构，即根据计数器 C0 的次数，小于 5 次时跳转 S32 状态，等于 5 次时进入 S34 状态。

3.2.3 多程序块的 SFC 编程

在实际工程案例中，经常会发现有多个不同的流程，且相互之间也许有关联，也许没有关联，这就会用到多程序块的 SFC 编程。图 3-60 所示为某应用中使用了 3 个程序块，即采用梯形图块编程的初始化、采用 SFC 块的 SFC1、采用 SFC 块的 SFC2。

其中初始化程序如图 3-61 所示，同时将 SFC1 块的初始状态 S0 和 SFC2 块的初始状态 S1 置位。

除了初始状态置位之外，还可以在梯形图块中进行图 3-62 所示的编程，确保在某种条件下复位所有的状态。

SFC1 块和 SFC2 块示意如图 3-63 所示。

多程序块的 SFC 编程也可以应用在相互关联的 SFC 块之间，如图 3-64 所示。

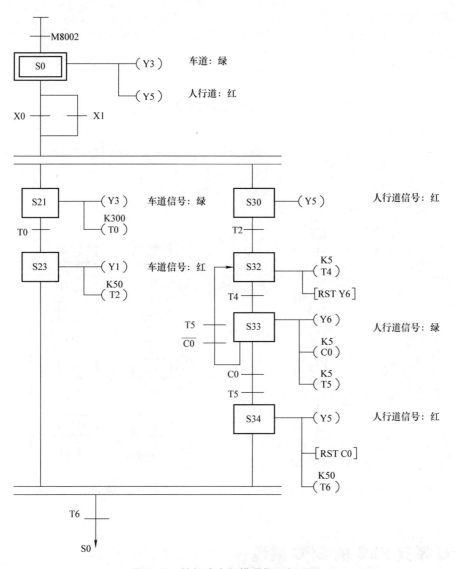

图 3-59　按钮式人行横道指示灯 SFC

图 3-60　多程序块的 SFC 编程

```
    M8002
 ────┤├──────────────────────────────────────────────[SET    S0    ]
    │                                                                │
    │                                                                │
    └─────────────────────────────────────────────────[SET    S1    ]
```

图 3-61　初始化程序

```
    X001
 ────┤├──────────────────────────────────────────[ZRST   S20    S21    ]
```

图 3-62　复位程序

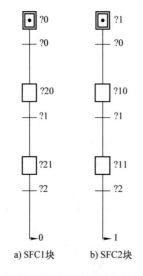

a) SFC1块　　b) SFC2块

图 3-63　SFC1 块和 SFC2 块示意

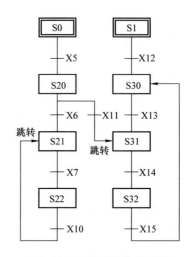

图 3-64　相互关联的 SFC 块

3.3　Q 系列 PLC 的 SFC 编程

3.3.1　Q 系列 SFC 编程

1. SFC 运行模式设置

SFC 运行模式设置用于指定 Q 系列 SFC 程序的 START 条件或用于指定双 START 时的处理方法，在 GX Works2 的参数文件中可以进行相关设置。表 3-7 所示是 SFC 运行模式设置项目。

2. START 模式

SFC 程序 START 格式可以根据特殊继电器 SM322 设置指定为初始化 START 或重新开始 START，具体参考表 3-8。

3. 块 0 START 条件

表 3-9 为 SM321 在"OFF→ON"时是否自动启动和激活块 0。

表 3-7 SFC 运行模式设置项目

项目	说明	设置范围	默认值	设置文件
SFC 程序 START 模式	· 指定起动 SFC 程序时的"初始化 START"或"重新开始 START"	初始化 START/重新开始 START	初始化 START	参数文件
块 0 START 条件	· 指定是否要自动启动块 0	自动 START ON/自动 START OFF	自动 START	
在块 STOP 时的输出模式	· 指定块 STOP 时的线圈输出模式	线圈输出 OFF/HOLD	OFF	
周期性执行块设置	· 指定周期性执行块的第一个块号	0～319	无设置	
	· 指定周期性执行块的执行时间间隔	1～65535ms		
在两次块 START 时的运行模式	· 指定当对已经有效的块发出 START 请求时发生的运行	暂停/等待 (可以为暂停设置指定的块范围)	等待	SFC 程序
在转换到有效步时的运行模式（两步 START）	· 指定当对已经有效的步执行转换（跟随）时或当启动有效步时发生的运行	暂停/等待/传送 (可以为暂停设置或"等待"设置指定的步范围)	传送	

表 3-8 START 模式

设置	SM322 状态	运行说明
初始化 START（默认）	ON/OFF	· 初始化 START
重新开始 START	OFF	· 当为块 0 指定"自动 START ON"时：从块 0 的初始步开始执行 · 当为块 0 指定"自动 START OFF"时：用 SFC 控制"块 START"指令启动的块从其初始步开始执行
	ON	· 重新开始 START 从先前的有效状态起执行重新开始 START

表 3-9 块 0 START 条件

设置	运行	
	在 SFC 程序 START 时	在块 END（块 0）时
自动 START ON（默认）	· 自动激活块 0，并从其初始步起执行	· 在块 END 时再次自动激活初始步
自动 START OFF	· 与其他块的方式相同，块 0 是通过 SFC 控制"块 START"指令或块 START 步引起的 START 请求激活的	· 在块 END 时块 0 失效并等待另一次 START 请求

4. 块 STOP 时的输出模式

表 3-10 为块 STOP 时的输出模式可以根据特殊继电器 SM325 设置的组合而定的运行。

表3-10 块STOP时的输出模式

设置	SM325状态	块STOP模式位状态	运行	
			除运行HOLD步之外的有效步	运行HOLD步
线圈输出OFF（默认）、线圈输出ON	OFF（线圈输出OFF）	"OFF"或无设置（立即STOP）	·运行输出的线圈输出在发出STOP指令时变为OFF，并停止运行	
		ON（转换后STOP）	·在STOP指令后，当满足转换条件时运行输出的线圈输出变为OFF并停止运行	·运行输出的线圈输出在发出STOP指令时变为OFF，并停止运行
线圈输出ON	ON（线圈输出HOLD）	"OFF"或无设置（立即STOP）	·在STOP指令下建立线圈输出HOLD状态并停止运行	
		ON（转换后STOP）	·在STOP指令后，当满足转换条件时建立线圈输出HOLD状态并停止运行	·在STOP指令下建立线圈输出HOLD状态并停止运行

5. SFC程序处理顺序

SFC程序的处理顺序如图3-65所示。

块执行顺序依次为

1）当块有效时，从初始步开始按顺序执行各步的运行输出程序。

2）在带有多个块的SFC程序上，从最低编号的块，即块0、块1、块2……开始按顺序执行块处理。

3）如果在SFC程序中通过并行转换激活多个步，则会在单次扫描中处理所有有效步的运行输出。

图3-66所示的SFC程序中，如果同时激活块0的第3步和第4步和块1的第4步和第5步，则块执行顺序如图3-67所示。

3.3.2 SFC编程实例

【例3-6】三种流程工艺的SFC编程

任务要求：用三菱Q12HCPU来控制三种流程工艺，要求采用SFC编程，具体要求如下：

1）待机状态灯H0亮，表示当前流程已经结束，允许通过按钮来触发任何一个流程。

2）按钮SB1触发A流程，即H0灯灭，KM1吸合，定时2s；2s后，KM1断开，KM2吸合，继续定时2s；2s后，KM2断开，当前流程结束，进入待机状态，H0灯亮。

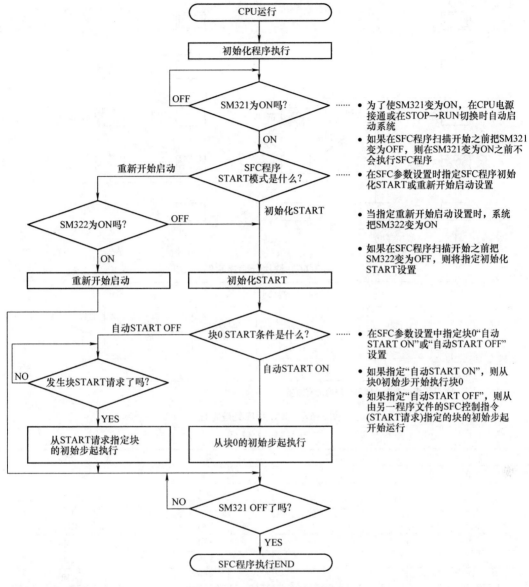

图 3-65　SFC 程序的处理顺序

3）按钮 SB2 触发 B 流程，即 H0 灯灭，KM3 吸合，定时 2s；2s 后，KM3 断开，KM4 吸合，继续定时 2s；2s 后，KM4 断开，KM5 吸合，继续定时 2s；2s 后，KM5 断开，当前流程结束，进入待机状态，H0 灯亮。

4）按钮 SB3 触发 C 流程，即 H0 灯灭，KM6 吸合，定时 2s；2s 后，KM6 断开，KM7 吸合，继续定时 2s；2s 后，KM7 断开，KM8 吸合，继续定时 2s；2s 后，KM8 断开，KM9 吸合，继续定时 2s；2s 后，KM9 断开，当前流程结束，进入待机状态，H0 灯亮。

实施步骤：

步骤 1：I/O 表见表 3-11。

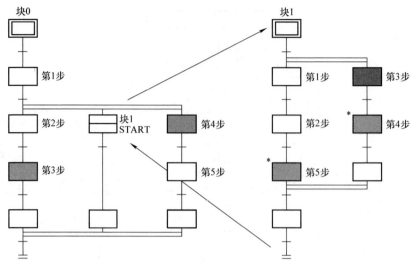

图 3-66　块执行顺序案例

*按从左到右顺序处理单个块内的有效步

图 3-67　SFC 程序处理框图

表 3-11　I/O 表

输入	功能	输出	功能
X20	SB1	Y30	H0
X21	SB2	Y31	KM1
X22	SB3	Y32	KM2
		Y33	KM3
		Y34	KM4
		Y35	KM5
		Y36	KM6
		Y37	KM7
		Y38	KM8
		Y39	KM9

步骤 2：程序编写。在图 3-68 所示的"新建工程"窗口中选择"SFC"。

在图 3-69 所示的 SFC 设置选择起动条件中，选择 SFC 程序起动模式为"初始启动"、起动条件为"自动起动块 0"、块停止时的输出模式为"变为 OFF"。

如图 3-70 所示，按照案例要求添加选择分支，分别是分支 A：S10→S11→JUMP S0、分支 B：S20→S21→S22→JUMP S0、分支 C：S30→S31→S32→S33→JUMP S0。

具体程序以选择分支 A 为例，如图 3-71 ~ 图 3-76 所示。

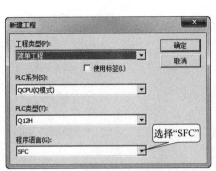

图 3-68　以 SFC 语言新建工程

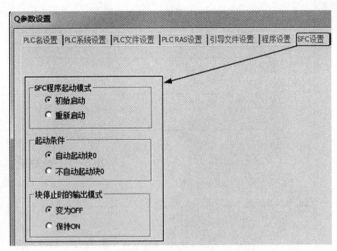

图 3-69　SFC 设置选择起动条件

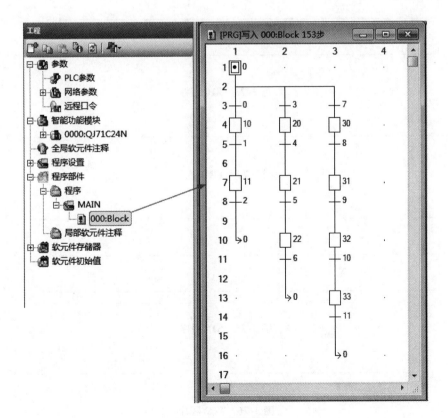

图 3-70　编辑 Block

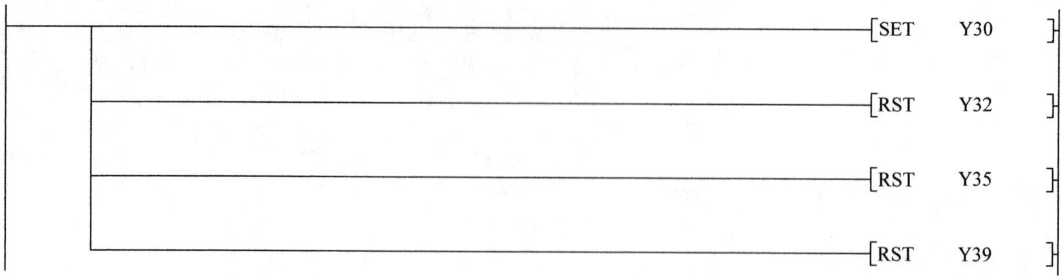

图 3-71　S0 程序

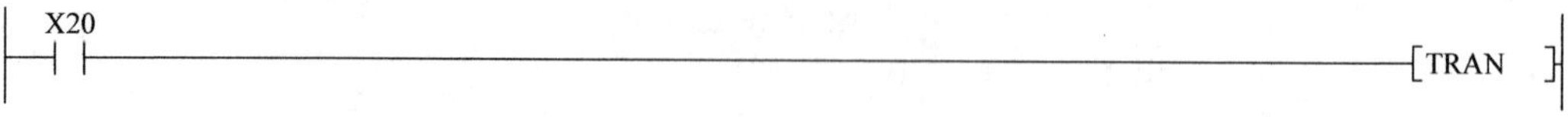

图 3-72　TR0 程序

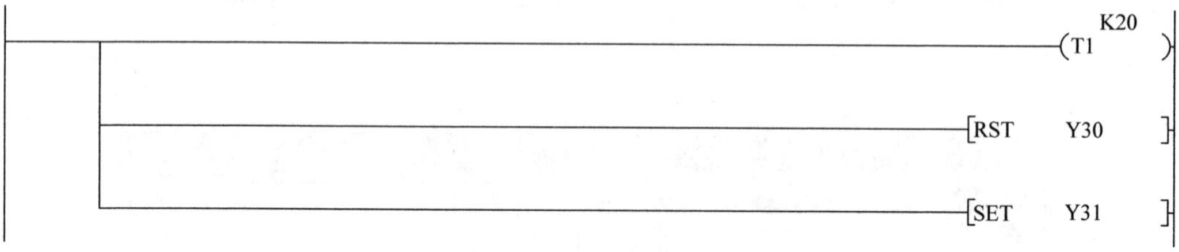

图 3-73　S10 程序

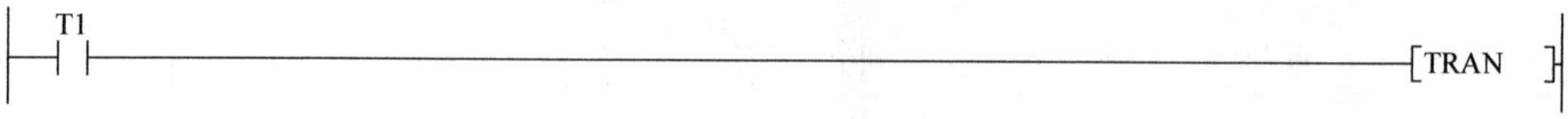

图 3-74　TR1 程序

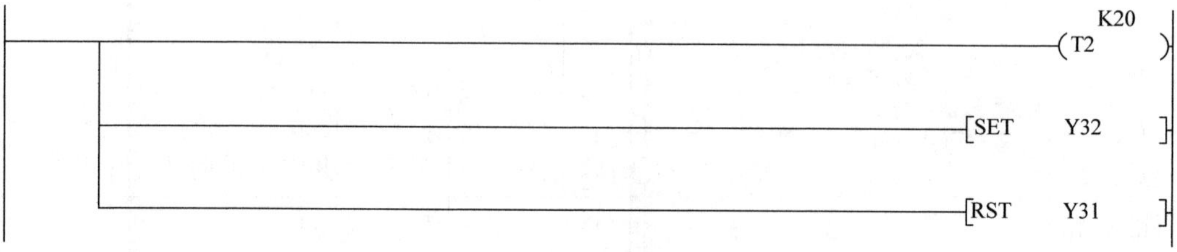

图 3-75　S11 程序

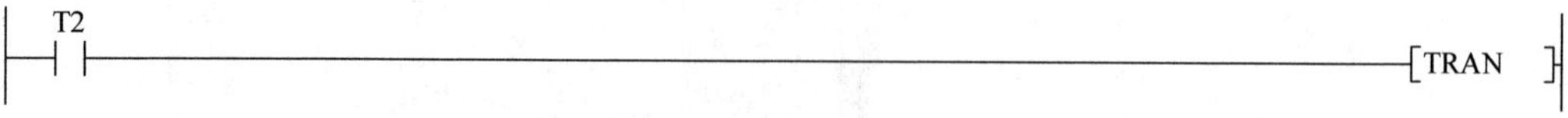

图 3-76　TR2 程序

第4章

PLC工程初步应用

Chapter 4

导读

PLC 的工程应用主要是逻辑控制与模拟量应用。前者通过复杂的逻辑控制来实现，通过对 PLC 程序添加注释、声明、注解可以大大增加可读性。后者是通过 A/D 或 D/A 模块，将模拟量值相对应的电压值（0～10V）或电流值（4～20mA）从外部输入到 PLC 中或从 PLC 输出到外部。PLC 工程应用中，需要处理更为复杂的工艺流程、硬件选型与配置、软件编程与调试。

4.1 FX3U 系列 PLC 的逻辑控制应用

4.1.1 软元件注释

对 PLC 程序添加注释、声明、注解是 PLC 编程者自己做的一个标记，对编程者本人来说，特别是在大型的程序中，能及时地找到问题进行维护、修改或者拓展；对程序阅读者或者交接给另外一个人时，这是一种解释，能让除编程者之外的人更快更透彻地了解程序和开发者的思路。

注释用来描述软元件的意义；声明用来描述梯形图的功能；注解用来描述应用指令。

编程软件 GX Works2 里有"注释""声明""注解"的快捷键，其符号如图 4-1 所示。

软元件注释　　　　　　　　　　　注解编辑

声明编辑

图 4-1　"注释""声明""注解"快捷键

1. 注释的操作步骤

1）如图 4-2 所示，选中注释快捷键，并单击。

2）在需要注释的软元件中双击。

3）如图4-3所示，进行软元件/标签注释后单击"确定"按钮完成。

图 4-2　注释快捷键

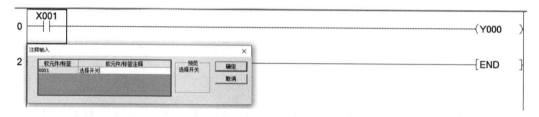

图 4-3　注释输入

对于已经完成注释的梯形图，如图4-4所示，可以通过选择菜单"视图→注释显示"来选择显示或不显示注释。图4-5所示为完成后的梯形图注释。

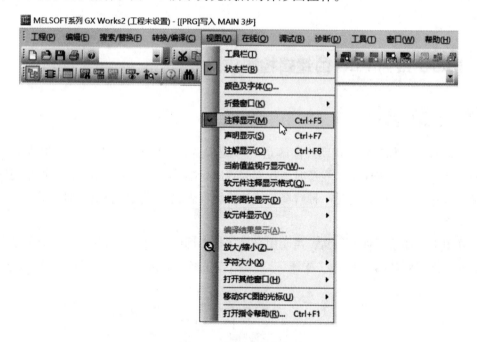

图 4-4　注释显示选项

完成后的注释也可以在图4-6所示的"全局软元件注释"中找到。

2. 声明的操作步骤

1）选中声明快捷键，并单击，如图4-7所示。

```
      X001
0 ──┤ ├─────────────────────────────────────────────────(Y000  )
    选择开关                                                      指示灯


2 ──────────────────────────────────────────────────────[END  ]
```

图4-5 完成后的梯形图注释

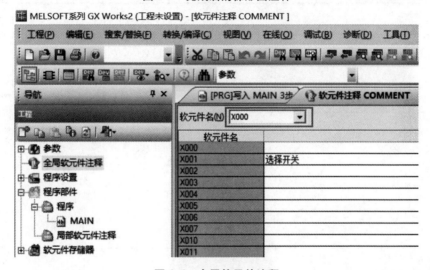

图4-6 全局软元件注释

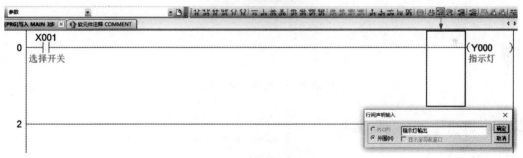

图4-7 声明快捷键

2）在需要添加行间声明的程序位置双击。

3）编辑声明后单击"确定"按钮完成，如图4-8所示。

```
*指示灯输出
          X001
    0 ──┤ ├───────────────────────────────────────────(Y000  )
        选择开关                                              指示灯


    2 ──────────────────────────────────────────────[END  ]
```

图4-8 完成后的声明

3. 注解的操作步骤

1）选中注解快捷键，并单击，如图4-9所示。

2）在需要添加注解的地方双击。

3）编辑注解后单击"确定"按钮完成，如图4-10所示。

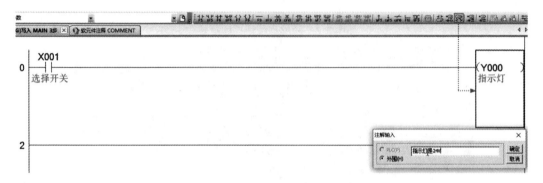

图4-9 注解快捷键

图4-10 完成后的注解

4.1.2 逻辑控制的工程应用

【例4-1】六工位小车控制

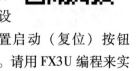

任务要求：如图4-11所示，某生产线上布置了六工位进行生产作业，小车通过限位或行程开关SQ1～SQ6来定位工位1～工位6，通过设置每个工位上的呼叫开关SB2～SB7来实现车辆定位服务，同时设置启动（复位）按钮SB0、急停按钮SB1。小车的正转和反转运行通过KM1和KM2来实现。请用FX3U编程来实现六工位小车控制。

实施步骤：

步骤1：输入/输出定义见表4-1。

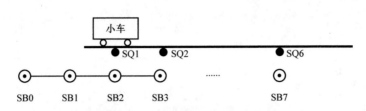

图 4-11　六工位小车控制示意图

表 4-1　六工位小车输入/输出定义

输入	含义	输出	含义
X000	启动（复位）按钮 SB0	Y000	右行，电动机正转 KM1
X001	急停按钮 SB1	Y001	左行，电动机反转 KM2
X002	1 号位呼叫开关 SB2		
X003	2 号位呼叫开关 SB3		
X004	3 号位呼叫开关 SB4		
X005	4 号位呼叫开关 SB5		
X006	5 号位呼叫开关 SB6		
X007	6 号位呼叫开关 SB7		
X010	1 号位限位开关 SQ1		
X011	2 号位行程开关 SQ2		
X012	3 号位行程开关 SQ3		
X013	4 号位行程开关 SQ4		
X014	5 号位行程开关 SQ5		
X015	6 号位限位开关 SQ6		

步骤 2：绘制 PLC 电气接线图，如图 4-12 所示。

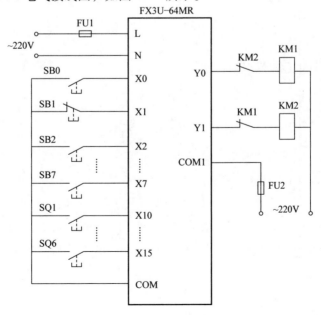

图 4-12　PLC 电气接线图

步骤3：梯形图编程如图4-13所示。

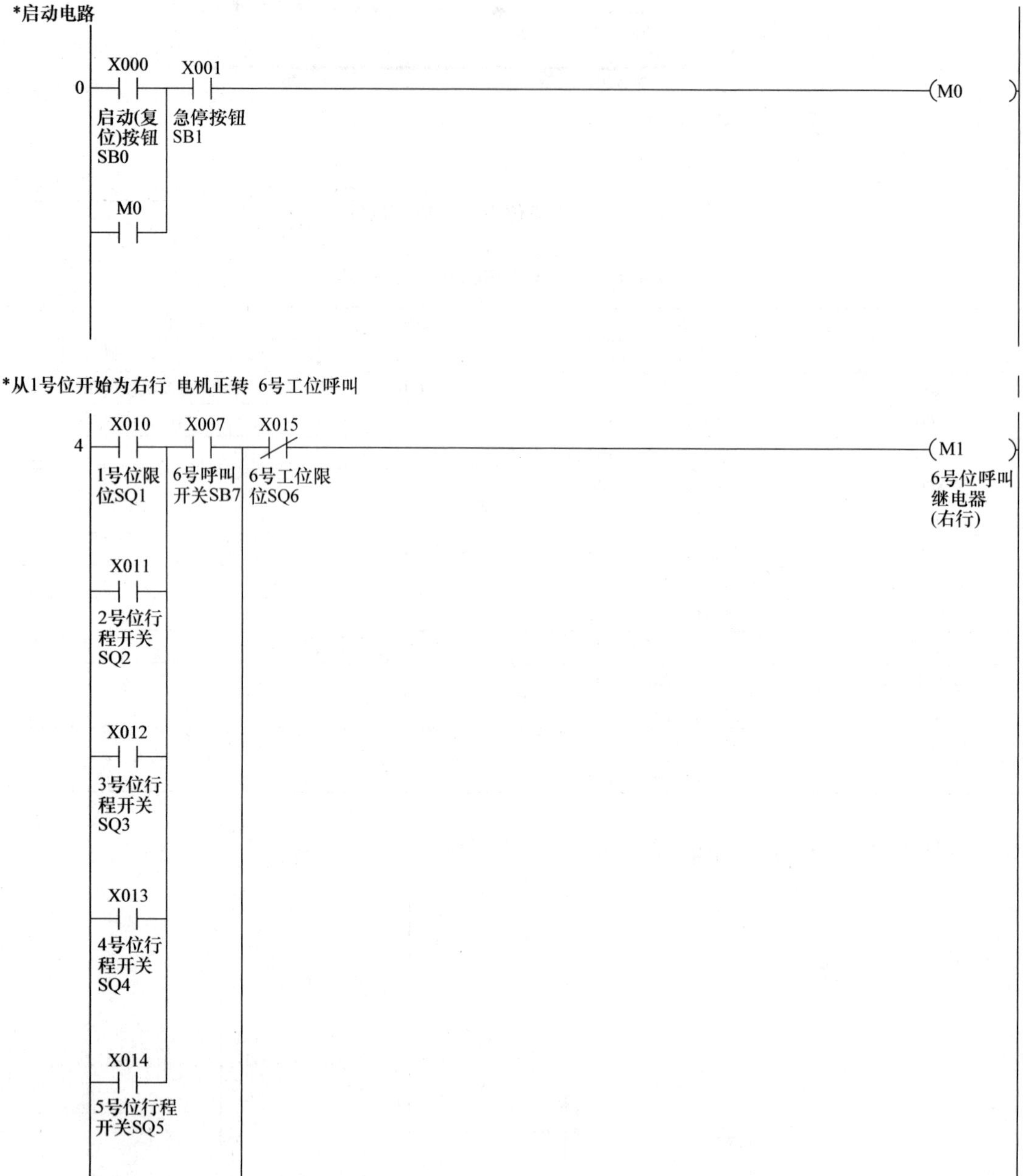

*启动电路

*从1号位开始为右行 电机正转 6号工位呼叫

图4-13　带注释、声

*5号工位呼叫

```
         X010      X006      X014                                          (M2  )
   13 ─┤├────────┤├──────┤/├─────────────────────────────────────────────
      1号位限    5号位呼   5号位行程                                     5号位呼叫
      位SQ1      叫开关    开关SQ5                                        继电器
                 SB6                                                     (右行)

         X011
      ─┤├──
      2号位行
      程开关
      SQ2

         X012
      ─┤├──
      3号位行
      程开关
      SQ3

         X013
      ─┤├──
      4号位行程
      开关SQ4

          M2
      ─┤├──
      5号位呼叫
      继电器
      (右行)
```

*4号位呼叫

```
         X010      X005      X013                                          (M3  )
   21 ─┤├────────┤├──────┤/├─────────────────────────────────────────────
      1号位限    4号位呼   4号位行程                                     4号位呼叫
      位SQ1      叫开关    开关SQ4                                        继电器(右行)
                 SB5

         X011
      ─┤├──
      2号位行
      程开关
      SQ2

         X012
      ─┤├──
      3号位行程
      开关SQ3

          M3
      ─┤├──
      4号位呼叫
      继电器(右行)
```

明和注解的梯形图

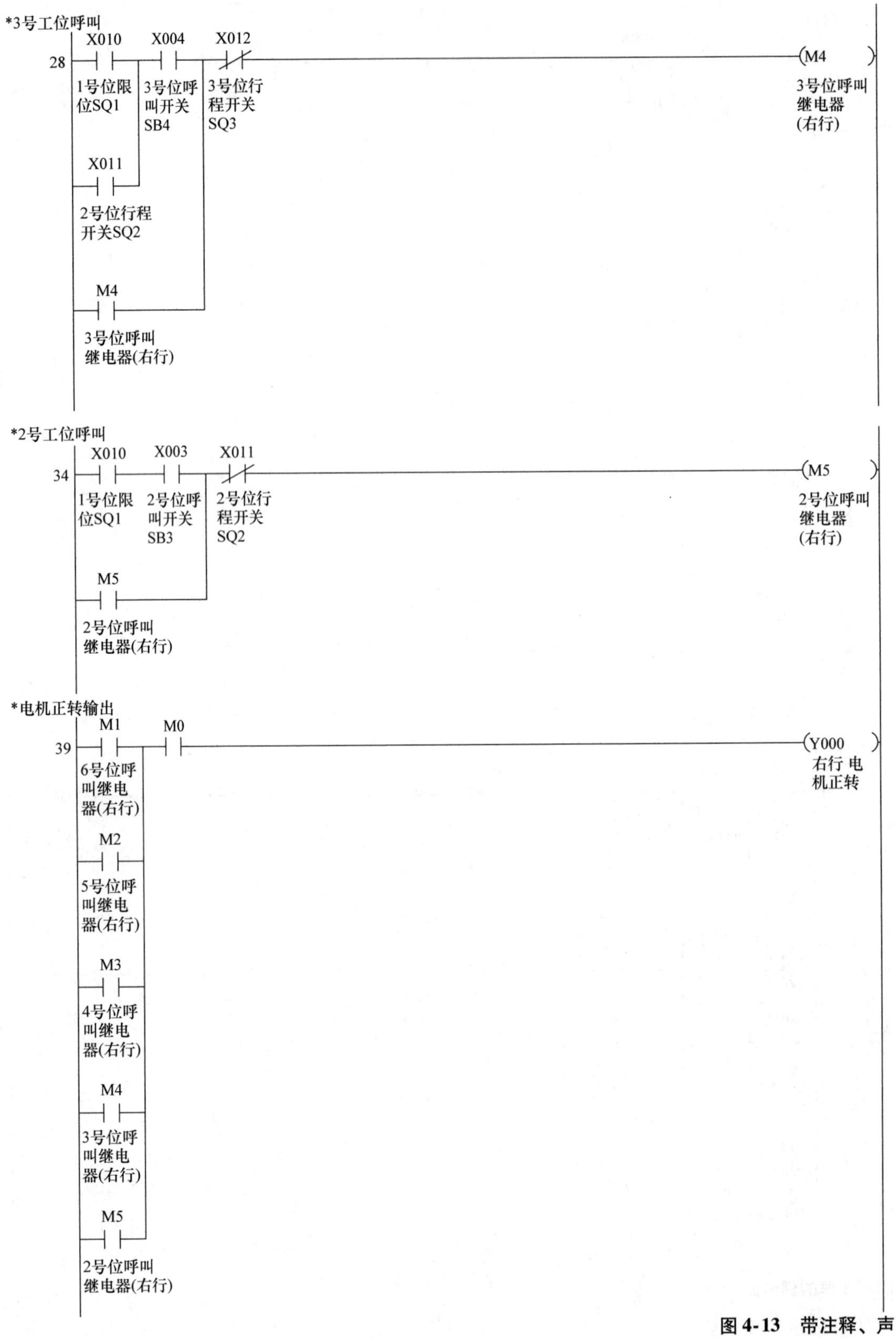

*3号工位呼叫

```
        X010      X004      X012                                              (M4  )
  28 ───┤├───────┤├───────┤/├─────────────────────────────────────────────────
       1号位限    3号位呼    3号位行                                            3号位呼叫
       位SQ1      叫开关     程开关                                             继电器
                  SB4        SQ3                                               (右行)

        X011
     ───┤├───────┤
       2号位行程
       开关SQ2

        M4
     ───┤├───────┤
       3号位呼叫
       继电器(右行)
```

*2号工位呼叫

```
        X010      X003      X011                                              (M5  )
  34 ───┤├───────┤├───────┤/├─────────────────────────────────────────────────
       1号位限    2号位呼    2号位行                                            2号位呼叫
       位SQ1      叫开关     程开关                                             继电器
                  SB3        SQ2                                               (右行)

        M5
     ───┤├───────┤
       2号位呼叫
       继电器(右行)
```

*电机正转输出

```
        M1        M0                                                          (Y000 )
  39 ───┤├───────┤├──────────────────────────────────────────────────────────
       6号位呼                                                                 右行 电
       叫继电                                                                  机正转
       器(右行)

        M2
     ───┤├───┤
       5号位呼
       叫继电
       器(右行)

        M3
     ───┤├───┤
       4号位呼
       叫继电
       器(右行)

        M4
     ───┤├───┤
       3号位呼
       叫继电
       器(右行)

        M5
     ───┤├───┤
       2号位呼叫
       继电器(右行)
```

图 4-13　带注释、声

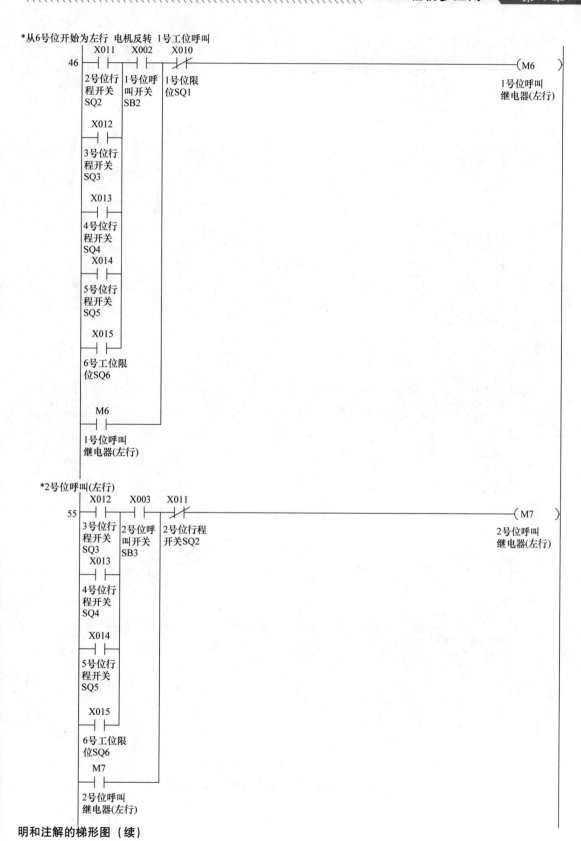

明和注解的梯形图 （续）

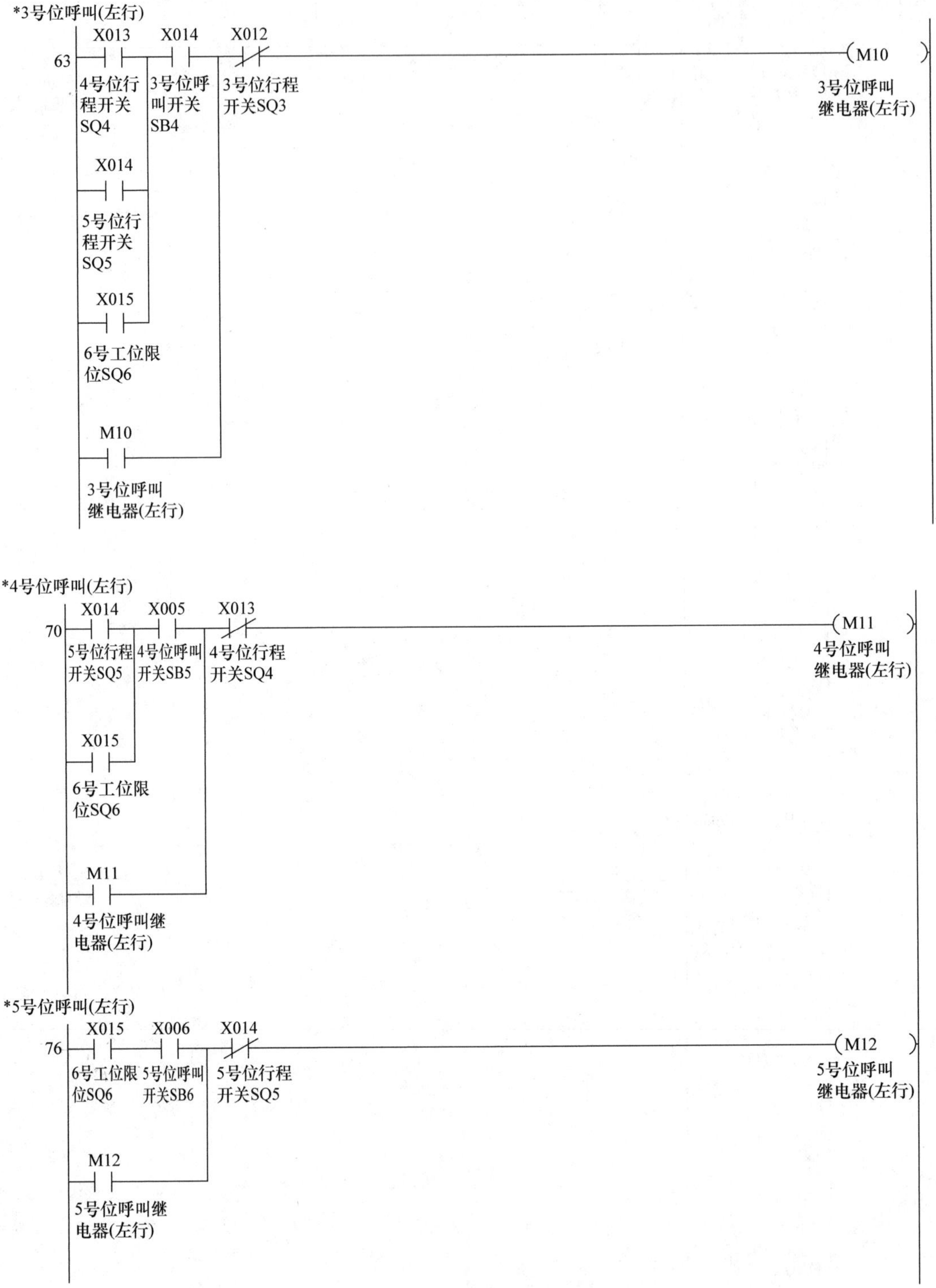

*3号位呼叫(左行)

```
        X013      X014      X012                                    (M10  )
63    ┤ ├      ┤ ├      ┤/├                                       
     4号位行    3号位呼    3号位行程                               3号位呼叫
     程开关     叫开关     开关SQ3                                 继电器(左行)
     SQ4        SB4
    
        X014
      ┤ ├
     5号位行
     程开关
     SQ5
    
        X015
      ┤ ├
     6号工位限
     位SQ6
    
        M10
      ┤ ├
     3号位呼叫
     继电器(左行)
```

*4号位呼叫(左行)

```
        X014      X005      X013                                    (M11  )
70    ┤ ├      ┤ ├      ┤/├                                       
     5号位行程   4号位呼   4号位行程                               4号位呼叫
     开关SQ5     叫开关SB5  开关SQ4                                继电器(左行)
    
        X015
      ┤ ├
     6号工位限
     位SQ6
    
        M11
      ┤ ├
     4号位呼叫继
     电器(左行)
```

*5号位呼叫(左行)

```
        X015      X006      X014                                    (M12  )
76    ┤ ├      ┤ ├      ┤/├                                       
     6号工位限   5号位呼   5号位行程                               5号位呼叫
     位SQ6       叫开关SB6  开关SQ5                                继电器(左行)
    
        M12
      ┤ ├
     5号位呼叫继
     电器(左行)
```

图 4-13　带注释、声明和注解的梯形图（续）

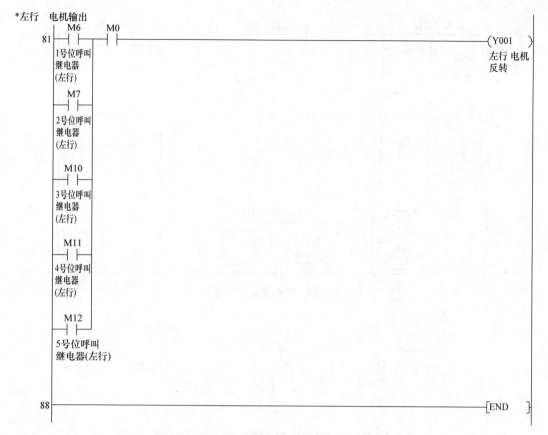

图 4-13 带注释、声明和注解的梯形图 （续）

4.2 FX3U 系列 PLC 的模拟量应用

4.2.1 PLC 处理模拟量的过程

在生产过程中，存在大量的物理量，如压力、温度、速度、旋转速度、pH 值、黏度等。为了实现自动控制，这些模拟信号都需要被 PLC 来处理。图 4-14 所示为 PLC 处理模拟量的过程。

由于 PLC 的 CPU 只能处理数字量信号，因此模拟输入模块中的 A/D 转换器就是用来实现转换功能。A/D 转换是顺序执行的，也就是说，每个模拟通道上的输入信号是轮流被转换的。A/D 转换的结果存在结果存储器中，并一直保持到被一个新的转换值所覆盖。

FX 系列的模拟量控制有电压/电流输入、电压/电流输出、温度传感器输入 3 种，分别对应图 4-15 所示的三种控制对象。

4.2.2 模拟量输入控制

FX3U 系列 PLC 的模拟量输入模块主要有 FX3U－4AD、FX3U－4AD－ADP、FX3U－3A－ADP 三种，其技术指标见表 4-2。

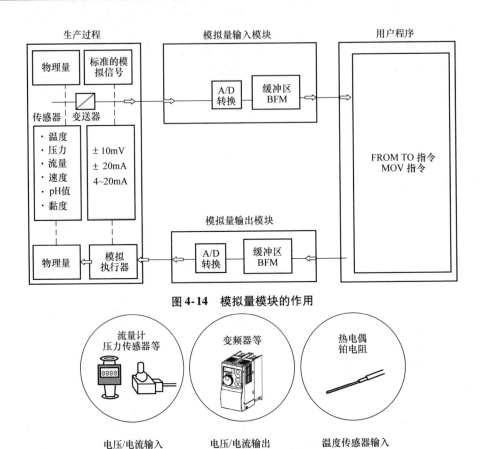

图 4-14 模拟量模块的作用

流量计
压力传感器等

变频器等

热电偶
铂电阻

电压/电流输入　　　　　　电压/电流输出　　　　　　温度传感器输入

图 4-15 模拟量对应的三种控制对象

表 4-2 模拟量输入模块技术指标

型号	通道数	范围	分辨率
FX3U-4AD-ADP	4 通道	电压：DC 0~10V	2.5mV（12 位）
		电流：DC 4~20mA	10μA（11 位）
FX3U-3A-ADP	输入 2 通道	电压：DC 0~10V	2.5mV（12 位）
		电流：DC 4~20mA	5μA（12 位）
FX3U-4AD	4 通道	电压：DC -10~+10V	0.32mV（带符号 16 位）
		电流：DC -20~+20mA	1.25μA（带符号 15 位）

图 4-16 所示是以 12 位分辨率与 16 位分辨率为例来进行表示的。

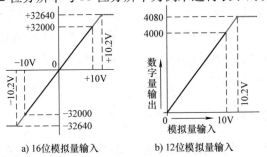

a) 16位模拟量输入　　　　　　b) 12位模拟量输入

图 4-16 模拟量输入分辨率

4.2.3 FX3U-4AD 模块的应用

1. 连接方式

FX3U-4AD 连接在 FX3U PLC 上，是获取 4 通道的电压/电流数据的模拟量特殊功能模块。如图 4-17 所示，最多可以连接 8 台（包括其他特殊功能模块的连接台数在内）。

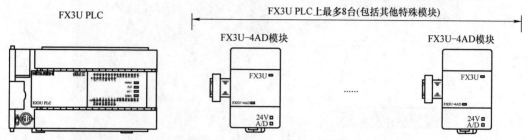

图 4-17　FX3U-4AD 模块的连接方式

FX3U-4AD 的技术指标如下：

1）可以对各通道指定电压输入、电流输入。

2）A/D 转换值保存在 4AD 的缓冲存储区（BFM）中。

3）通过数字滤波器的设定，可以读取稳定的 A/D 转换值。

4）各通道中，最多可以存储 1700 次 A/D 转换值的历史记录。

2. 模拟量模块与传感器的接线

模拟量输入的每个 ch（通道）可以使用电压输入、电流输入，其端子及信号说明如图 4-18 所示，在电流输入时和电压输入时的接线如图 4-19 所示。

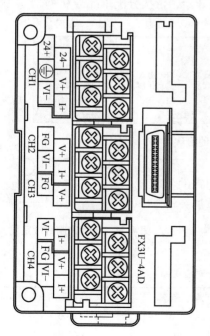

信号名称	用途
24+	DC 24V电源
24-	
⏚	接地端子
V+	通道1模拟量输入
VI-	
I+	
FG	通道2模拟量输入
V+	
VI-	
I+	
FG	通道3模拟量输入
V+	
VI-	
I+	
FG	通道4模拟量输入
V+	
VI-	
I+	

图 4-18　FX3U-4AD 的端子及其信号说明

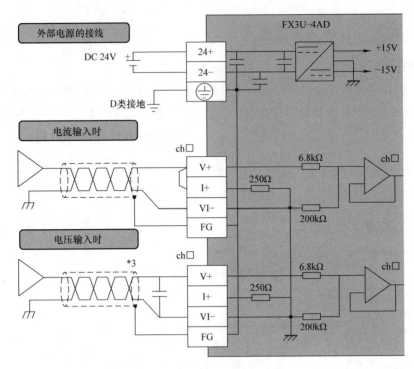

在ch□的□中输入通道号。

图4-19 FX3U–4AD在电流输入时和电压输入时的接线

3. 模拟量数据读出

步骤1：确认单元号

如图4-20所示，从左侧的特殊功能单元/模块开始，依次分配单元号0~7。

图4-20 单元号的确认

步骤2：决定输入模式（BFM #0）的内容

根据连接的模拟量发生器的规格，设定与之相符的各通道的输入模式（BFM #0）。如图4-21所示，用十六进制数设定输入模式。在使用通道的相应位中，选择表4-3所示的输入模式与对应关系，进行设定。

图4-21 十六进制数设定输入模式

表4-3 输入模式与对应关系

设定值	输入模式	模拟量输入范围	数字量输出范围
0	电压输入模式	−10 ~ +10V	−32000 ~ +32000
1	电压输入模式	−10 ~ +10V	−4000 ~ +4000

（续）

设定值	输入模式	模拟量输入范围	数字量输出范围
2	电压输入 模拟量值直接显示模式	– 10 ~ + 10V	– 10000 ~ + 10000
3	电流输入模式	4 ~ 20mA	0 ~ 16000
4	电流输入模式	4 ~ 20mA	0 ~ 4000
5	电流输入 模拟量值直接显示模式	4 ~ 20mA	4000 ~ 20000
6	电流输入模式	– 20 ~ + 20mA	– 16000 ~ + 16000
7	电流输入模式	– 20 ~ + 20mA	– 4000 ~ + 4000
8	电流输入 模拟量值直接显示模式	– 20 ~ + 20mA	– 20000 ~ + 20000
F	通道不使用		

步骤 3：编写 PLC 程序

编写读出模拟量数据的程序。在 H＊＊＊＊中，输入步骤 2 中决定的输入模式。在□中，输入步骤 1 中确认的单元号。

图 4-22 所示为读取模拟量的程序。

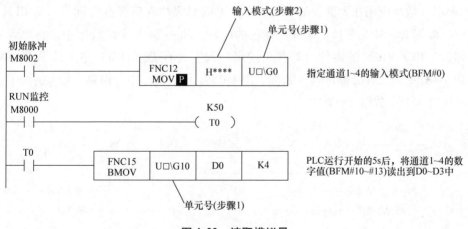

图 4-22 读取模拟量

传送程序，并确认数据寄存器的内容。

1）传送顺控程序，运行 PLC。

2）将 FX3U – 4AD 中输入的模拟量数据保存到 PLC 的数据寄存器（D0 ~ D3）中。

3）确认数据是否保存在 D0 ~ D3 中。

4. 缓冲存储区应用的两种指令

如图 4-23 所示，将 FX3U – 4AD 中输入的模拟量信号转换成数字值后，保存在缓冲存储区中。此外，通过从基本单元向 FX3U – 4AD 的缓冲存储区写入数值进行设定，来切换电压输入/电流输入或者调整偏置/增益。用 FROM/TO 指令或者应用指令的缓冲存储区直接指定来编写程序，执行对缓冲存储区的读出/写入。

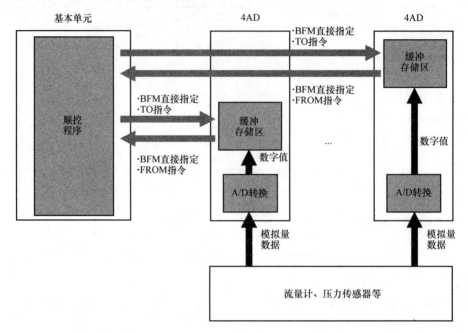

图 4-23　缓冲存储区的应用

　　FROM/TO 指令应用在大部分的 FX3U 中，可以对缓冲存储区进行读写。从 BFM→PLC 进行读取，即用 FROM 指令读出缓冲存储区的内容。图 4-24 所示的程序中，将单元号 1 的缓冲存储区（BFM #10）的内容（1 点）读出到数据寄存器（D10）中。从 PLC→BFM 写入，即用 TO 指令向缓冲存储区写入数据。图 4-25 所示的程序中，向单元号 1 的缓冲存储区（BFM #0）写入 1 个数据（H3300）。

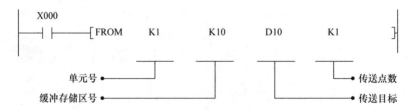

图 4-24　缓冲存储区的 FROM 指令

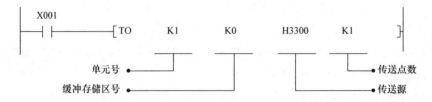

图 4-25　缓冲存储区的 TO 指令

　　除了 FROM/TO 指令外，对于 FX3U 来说，它还支持缓冲存储区的直接指定（U□\G□），可以在应用指令的源操作数或者目标操作数中直接指定缓冲存储区，通过 MOV 指令来进行读取，从而使程序高效化。如图 4-26 所示，缓冲存储区的直接指定方法是，将下列的设定软元件指定为直接应用指令的源操作数或者目标操作数。

图 4-26　缓冲存储区的直接指定方法

图 4-27 所示的程序是将单元号 1 的缓冲存储区（BFM #10）的内容乘以数据（K10），并将结果读出到数据寄存器（D10、D11）中。图 4-28 所示的程序是将数据寄存器（D20）加上数据（K10），并将结果写入单元号 1 的缓冲存储区（BFM #6）中。

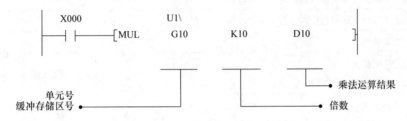

图 4-27　直接读取缓冲存储区的案例

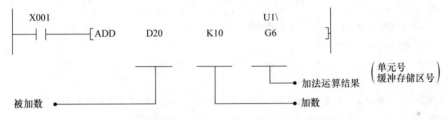

图 4-28　直接写入缓冲存储区的案例

5. FX3U–4AD 缓冲存储区的重要参数

表 4-4 是 FX3U–4AD 缓冲存储区一览表，这里只是参数示例，未列出全部，如需要全部参数，请参考本书的数字资源。其中 BFM #0、#19、#21、#22、#125 ～ #129 以及#198 中写入设定值，则是执行向 4AD 内的 EEPROM 写入数据。EEPROM 的允许写入次数在 1 万次以下，所以不能编写向每个运算周期或者高频率地向这些 BFM 写入数据这样的程序。

表 4-4　FX3U–4AD 缓冲存储区一览表

BFM 编号	内容	设定范围	初始值	数据的处理
#0	指定通道 1 ~ 4 的输入模式		出厂时 H0000	十六进制
#1	不可以使用	—	—	—
#2	通道 1 平均次数［单位：次］	1 ~ 4095	K1	十进制
#3	通道 2 平均次数［单位：次］	1 ~ 4095	K1	十进制
#4	通道 3 平均次数［单位：次］	1 ~ 4095	K1	十进制
#5	通道 4 平均次数［单位：次］	1 ~ 4095	K1	十进制

（续）

BFM 编号	内容	设定范围	初始值	数据的处理
#6	通道 1 数字滤波器设定	0 ~ 1600	K0	十进制
#7	通道 2 数字滤波器设定	0 ~ 1600	K0	十进制
#8	通道 3 数字滤波器设定	0 ~ 1600	K0	十进制
#9	通道 4 数字滤波器设定	0 ~ 1600	K0	十进制
#10	通道 1 数据（即时值数据或者平均值数据）	—	—	十进制
#11	通道 2 数据（即时值数据或者平均值数据）	—	—	十进制
#12	通道 3 数据（即时值数据或者平均值数据）	—	—	十进制
#13	通道 4 数据（即时值数据或者平均值数据）	—	—	十进制
#14 ~ #18	不可以使用	—	—	—
#19	设定变更禁止 禁止改变下列缓冲存储区的设定		出厂时 K2080	十进制
#20	功能初始化 用 K1 初始化。初始化结束后，自动变为 K0	K0 或者 K1	K0	十进制
#21	输入特性写入 偏置/增益值写入结束后，自动变为 H0000 （b0 ~ b3 全部为 OFF 状态）		H0000	十六进制
#22	便利功能设定 便利功能：自动发送功能、数据加法运算、上下限值检测、突变检测、峰值保持		出厂时 H0000	十六进制
#23 ~ #25	不可以使用	—	—	—
#26	上下限值错误状态（BFM #22 b1 ON 时有效）	—	H0000	十六进制
#27	突变检测状态（BFM #22 b2 ON 时有效）	—	H0000	十六进制
#28	量程溢出状态	—	H0000	十六进制
#29	错误状态	—	H0000	十六进制
#30	机型代码 K2080	—	K2080	十进制
#31 ~ #40	不可以使用	—	—	—

（1）［BFM #0］输入模式的指定

如图 4-29 所示，指定通道 1 ~ 通道 4 的输入模式。输入模式的指定采用 4 位数的 HEX 码，对各位分配各通道的编号。按表 4-5 所示，通过在各位中设定 0 ~ 8、F 的数值，可以改变输入模式；当设置值是 2、5、8 时为直接显示模式，将不能改变偏置/增益值。

图 4-29　通道 1 ~ 通道 4 的输入模式

表4-5　改变输入模式的设定值

设定值〔HEX〕	输入模式	模拟量输入范围	数字量输出范围
0	电压输入模式	−10～+10V	−32000～+32000
1	电压输入模式	−10～+10V	−4000～+4000
2	电压输入 模拟量值直接显示模式	−10～+10V	−10000～+10000
3	电流输入模式	4～20mA	0～16000
4	电流输入模式	4～20mA	0～4000
5	电流输入 模拟量值直接显示模式	4～20mA	4000～20000
6	电流输入模式	−20～+20mA	−16000～+16000
7	电流输入模式	−20～+20mA	−4000～+4000
8	电流输入 模拟量值直接显示模式	−20～+20mA	−20000～+20000
9～E	不可以设定	—	—
F	通道不使用	—	—

进行输入模式设定（变更）后，模拟量输入特性会自动变更。此外，通过改变偏置/增益值，可以用特有的值设定特性（分辨率不变）。输入模式的指定需要约5s，在改变输入模式时，需要设计经过5s以上的时间后，再执行各设定的写入。同时需要注意的是，不能设定所有的ch（通道）都不使用（HFFFF）。

（2）〔BFM #2～#5〕平均次数

在模拟量采集过程中，如果希望将通道数据（通道1～4：BFM #10～#13）从即时值变为平均值，可设定平均次数（通道1～4：BFM #2～5）。比如在测定信号中含有像电源频率那样比较缓慢的波动噪声时，可以通过平均化来获得稳定的数据。关于平均次数的设定值和动作，见表4-6。

表4-6　平均次数的设定值和动作

平均次数 （BFM #2～#5）	通道数据（BFM #10～#13）的种类	错误内容
0 以下	即时值数据 （每次A/D转换处理时更新通道数据）	设定值变为K0，发生平均次数设定不良（BFM #29 b10）的错误
1（初始值）	即时值数据 （每次A/D转换处理时更新通道数据）	—
2～400	平均值数据 （每次A/D转换处理时计算平均值，并更新通道数据）	—
401～4095	平均值数据 （每次达到平均次数，就计算A/D转换数据的平均值，并更新通道数据）	—
4096 以上	平均值数据 （每次达到平均次数，就计算A/D转换数据的平均值，并更新通道数据）	设定值变为4096，发生平均次数设定不良（BFM #29 b10）的错误

使用平均次数时，对于使用平均次数的通道，请务必设定其数字滤波器（通道1~4：BFM #6~#9）为0。同理，如果使用数字滤波器功能时，请务必将使用通道的平均次数（BFM #2~#5）设定为1。平均次数设定为1以外的值，而数字滤波器（通道1~4：BFM #6~#9）设定为0以外的值时，就会发生数字滤波器设定不良（BFM #29 b11）的错误。任何一个通道中使用了数字滤波器功能的话，所有通道的A/D转换时间都变为5ms。

（3）［BFM #6~#9］数字滤波器设定

测定信号中含有陡峭的尖峰噪声等时，与平均次数相比，使用数字滤波器即通道数据（ch1~4：BFM #10~#13）可以获得更稳定的数据。设定值与动作的关系见表4-7。

表4-7　数字滤波器设定值与动作的关系

设定值	动作
未满0	数字滤波器功能无效，设定错误（BFM #29 b11 ON）
0	数字滤波器功能无效
1~1600	数字滤波器功能有效
1601以上	数字滤波器功能无效，设定错误（BFM #29 b11 ON）

如果使用数字滤波器功能，那么模拟量输入值、数字滤波器的设定值以及数字量输出值（通道数据）的关系如图4-30所示。

1）数字滤波器值（通道1~4：BFM #6~9）>模拟量信号的波动（波动幅度未满10个采样）。

与数字滤波器设定值相比，模拟量信号（输入值）的波动较小时，转换为稳定的数字量输出值，并保存到通道数据（通道1~4：BFM #10~#13）中。

2）数字滤波器值（通道1~4：BFM #6~9）<模拟量信号的波动。

与数字滤波器设定值相比，模拟量信号（输入值）的波动较大时，将跟随模拟量信号而变化的数字量输出值保存到相应通道的通道数据（通道1~4：BFM #10~#13）中。

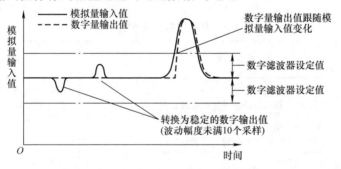

图4-30　模拟量输入值与通道数据

如果某一个通道中使用了数字滤波器功能，则所有通道的A/D转换时间都变为5ms。如果数字滤波器设定在0~1600范围外时，发生数字滤波器设定不良（BFM #29 b11）的错误。

（4）［BFM #10~#13］通道数据

［BFM #10~#13］通道数据用以保存A/D转换后的数字值。根据平均次数（通道1~4：

BFM #2 ~ #5）或者数字滤波器的设定（通道 1 ~ 4：BFM #6 ~ #9），通道数据（通道 1 ~ 4：BFM #10 ~ 13）以及数据的更新时序见表 4-8。

表 4-8　通道数据以及数据的更新时序

平均次数 （BFM #2 ~ #5）	数字量 滤波器功能 （BFM #6 ~ #9）	通道数据（BFM #10 ~ #13）的更新时序	
		通道数据的种类	更新时序
0 以下	0 （不使用）	即时值数据 设定值变为 0，发生平均次数设定不良（BFM #29 b10）的错误	每次 A/D 转换处理都更新数据 更新时序的时间如下所示： 　更新时间 = 500μs × 使用通道数
1	0 （不使用）	即时值数据	每次 A/D 转换处理都更新数据 更新时序的时间如下所示： 　更新时间 = 500μs × 使用通道数
	1 ~ 1600 （使用）	即时值数据 使用数字滤波器功能	每次 A/D 转换处理都更新数据 更新时序的时间如下所示： 　更新时间 = 5ms × 使用通道数
2 ~ 400	0 （不使用）	平均值数据	每次 A/D 转换处理都更新数据 更新时序的时间如下所示： 　更新时间 = 500μs × 使用通道数
401 ~ 4095		平均值数据	每次按平均次数处理 A/D 转换时更新数据 更新时序的时间如下所示： 　更新时间 = 500μs × 使用通道数 × 平均次数
4096 以上		平均值数据 设定值变为 4096，发生平均次数设定不良（BFM #29 b10）的错误	

需要注意的是，500μs 为 A/D 转换时间，但是，即使 1 个通道使用数字滤波器功能，所有通道的 A/D 转换时间都变为 5ms。

【例 4-2】使用平均次数读取模拟量

任务要求：如图 4-31 所示，FX3U PLC 上连接了 FX3U – 4AD（单元号：0），请按如下要求进行：

（1）输入模式

设定通道 1、通道 2 为模式 0（电压输入，– 10 ~ + 10V→ – 32000 ~ + 32000）。

设定通道 3、通道 4 为模式 3（电流输入，4 ~ 20mA→0 ~ 16000）。

（2）平均次数

设定通道 1、通道 2、通道 3、通道 4 为 10 次。

（3）数字滤波器设定

设定通道 1、通道 2、通道 3、通道 4 的数字滤波器功能无效（初始值）。

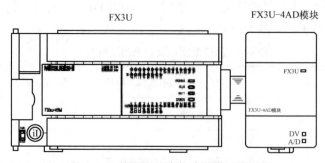

图 4-31　使用平均次数读取模拟量实例

实施步骤：

步骤 1：软元件的分配。表4-9 所示为本实例的软元件分配。

表 4-9　软元件分配

软元件	内容
D0	通道 1 的 A/D 转换数字值
D1	通道 2 的 A/D 转换数字值
D2	通道 3 的 A/D 转换数字值
D3	通道 4 的 A/D 转换数字值

步骤 2：梯形图编程。图 4-32 所示为本实例的梯形图，解释如下：

1）H3300 为指定通道 1~4 的输入模式。

2）输入模式设定后，经过5s 以上的时间再执行各设定的写入。但是，一旦指定了输入模式，是被停电保持的。此后如果使用相同的输入模式，则可以省略输入模式的指定以及 T0 K50 的等待时间。

3）数字滤波器的设定使用初始值时，不需要通过顺控程序设定。

4）U0 \ G2 中设定通道 1~通道 4 的平均次数为 10 次。

5）U0 \ G6 中设定通道 1~通道 4 的数字滤波器功能无效。

6）将通道 1~通道 4 的数字值 U0 \ G10 读出到 D0~D3 中。

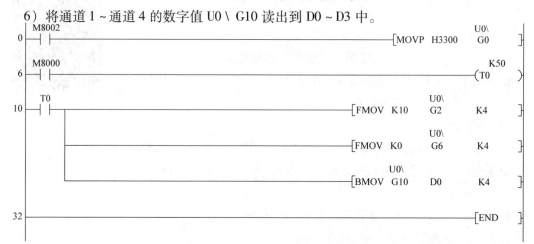

图 4-32　使用平均次数读取模拟量的梯形图

【例4-3】使用模拟量模块的数据历史记录功能

任务要求： FX3U PLC 上连接了 FX3U – 4AD（单元号：0），请使用数据历史记录功能：

（1）输入模式

设定通道1、通道2为模式0（电压输入，–10～+10V→–32000～+32000）。

设定通道3、通道4为模式3（电流输入，4～20mA→0～16000）。

（2）平均次数

设定所有通道为1次（初始值）。

（3）数字滤波器设定

设定所有通道的数字滤波器功能无效（初始值）。

（4）数据历史记录功能

设定所有通道的采样时间为100ms。采样周期时间为100ms×4（使用通道数）= 400ms。将所有通道的100次的数据历史记录读出到数据寄存器中。

实施步骤：

步骤1：软元件的分配见表4-10。

表4-10　软元件的分配

软元件		内容
输入	X000	数据历史记录清除
	X001	暂时停止数据历史记录
数据寄存器	D0	通道1的A/D转换数字值
	D1	通道2的A/D转换数字值
	D2	通道3的A/D转换数字值
	D3	通道4的A/D转换数字值
	D100～D199	通道1的100次数据历史记录
	D200～D299	通道2的100次数据历史记录
	D300～D399	通道3的100次数据历史记录
	D400～D499	通道4的100次数据历史记录

步骤2：梯形图编程。图4-33所示为使用数据历史记录功能的梯形图，具体解释如下：

1）在 U0 \ G198 中设定采样时间为100ms。

2）将通道1～通道4的数字值读出到 D0～D3 中。

3）X0 = ON 时，清除所有通道的数据历史记录；X1 = ON 时，暂停所有通道的数据历史记录；X1 = OFF 时，解除所有通道的数据历史记录的暂停。

4）将通道1的100次数据历史记录（U0 \ G200）读出到 D100～D199 中；将通道2的

100 次数据历史记录（U0 \ G1900）读出到 D200 ~ D299 中；将通道 3 的 100 次数据历史记录（U0 \ G3600）读出到 D300 ~ D399 中；将通道 4 的 100 次数据历史记录（U0 \ G5300）读出到 D400 ~ D499 中。

5）如果读出多个数据历史记录，则 PLC 的运算周期会变长。运算周期如果超过 200ms，CPU 错误灯会点亮，PLC 会停止，所以在 BMOV 指令间插入 WDT 指令（看门狗定时器的刷新）。

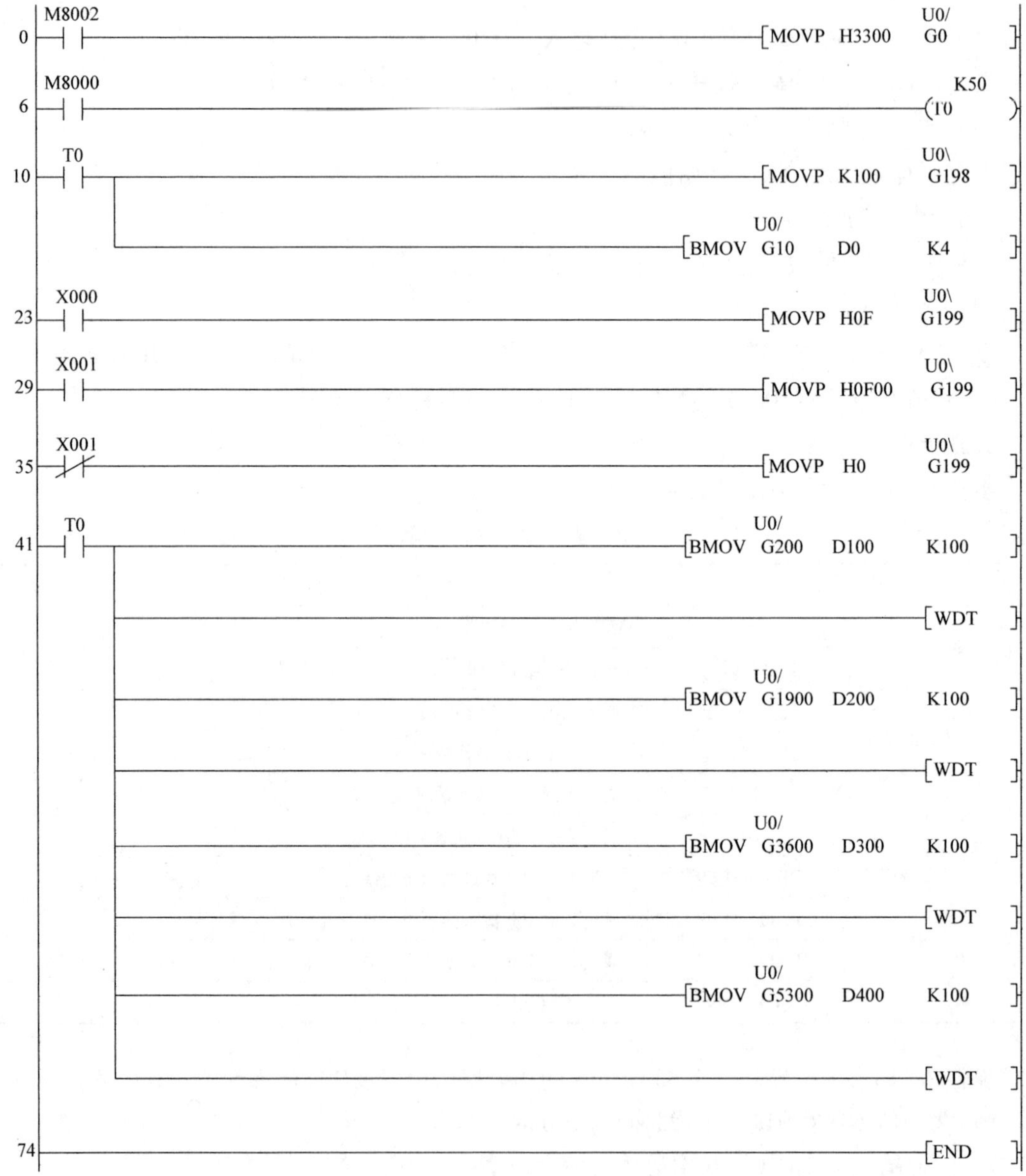

图 4-33　使用数据历史记录功能的梯形图

在 FX3U – 4AD 过程中，对 BFM 进行了比较多的设置，可以执行下面的程序

```
  X000                          U0\
───┤├────────[MOVP    K1       G20    ]
```

对 FX3U – 4AD 执行初始化，即清除 BFM#0 ~ #6999，这样一来输入模式（BFM #0）、偏置数据（BFM #41 ~ #44）以及增益数据（BFM #51 ~ #54）等回到工厂出厂时的状态。

从初始化执行开始到结束需要约 5s，在此期间不要执行对缓冲存储区的设定（写入）。初始化结束后，BFM #20 的值变为 K0。由于设定值变更禁止（BFM #19）的设定优先，因此执行初始化时，请将 BFM #19 设定为 K2080。

4.2.4 FX3U – 4AD – ADP 模拟量模块

1. 与 FX3U CPU 的连接方式

如图 4-34 所示，模拟量输入模块 FX3U – 4AD – ADP 连接在 FX3U PLC 的左侧，连接时，还需要功能扩展板；同时最多可以连接 4 台模拟量特殊适配器。如果使用高速输入/输出特殊适配器，则需要将模拟量特殊适配器连接在高速输入/输出特殊适配器的后面。

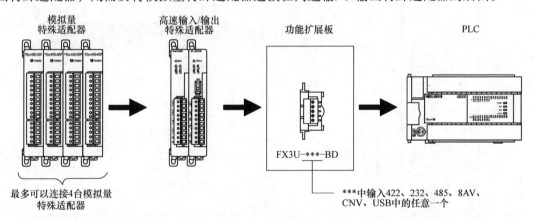

图 4-34　FX3U – 4AD – ADP 模拟量模块与 FX3U CPU 的连接方式

2. A/D 转换及特殊数据寄存器的更新时序

PLC 的每个运算周期都执行 A/D 转换。如图 4-35 所示，PLC 在 END 指令中指示执行 A/D 转换，读出 A/D 转换值，写入特殊数据寄存器中。

3. 接线方式与端子排列

图 4-36 和图 4-37 所示为 FX3U – 4AD – ADP 的端子排列和接线方式。模拟量输入在每个 ch（通道）中都可以使用电压输入、电流输入。电流输入时，请务必将"V□ +"端子和"I□ +"端子短接（□：通道号）。

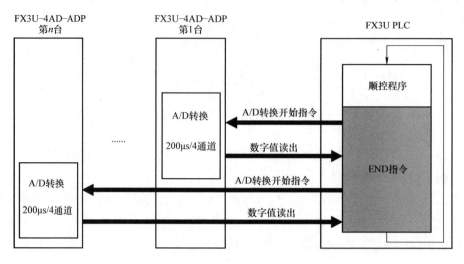

图 4-35   A/D 转换时序

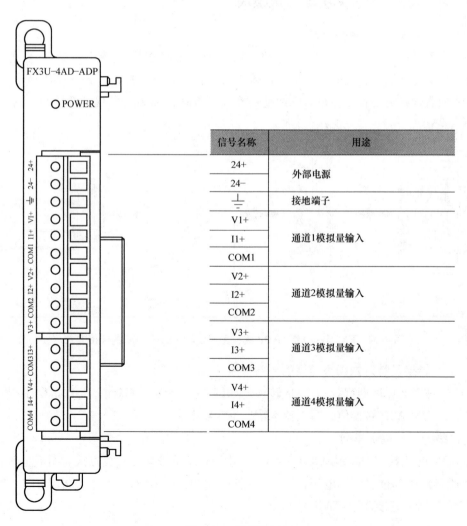

信号名称	用途
24+	外部电源
24-	
⏚	接地端子
V1+	
I1+	通道1模拟量输入
COM1	
V2+	
I2+	通道2模拟量输入
COM2	
V3+	
I3+	通道3模拟量输入
COM3	
V4+	
I4+	通道4模拟量输入
COM4	

图 4-36   端子排列

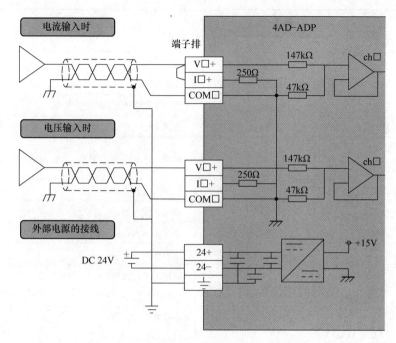

图 4-37 接线方式

4. 数据读取和程序编写

如图 4-38 所示，FX3U－4AD－ADP 输入的模拟量数据被转换成数字值，并被保存在 PLC 的特殊软元件中。通过向特殊软元件写入数值，可以设定平均次数或者指定输入模式。依照从基本单元开始的连接顺序分配特殊软元件（见表 4-11），每台分配特殊辅助继电器、特殊数据寄存器各 10 个。

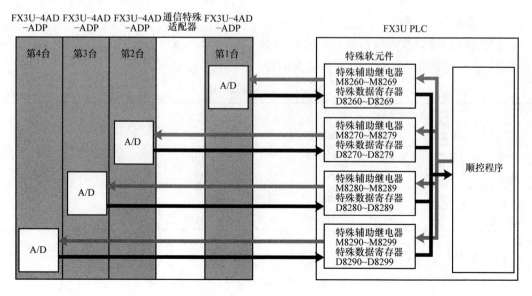

图 4-38 A/D 转换数据

表 4-11 特殊软元件

特殊软元件	软元件编号				内容	属性
	第1台	第2台	第3台	第4台		
特殊辅助 继电器	M8260	M8270	M8280	M8290	通道1输入模式切换	R/W
	M8261	M8271	M8281	M8291	通道2输入模式切换	R/W
	M8262	M8272	M8282	M8292	通道3输入模式切换	R/W
	M8263	M8273	M8283	M8293	通道4输入模式切换	R/W
	M8264 ~ M8269	M8274 ~ M8279	M8284 ~ M8289	M8294 ~ M8299	未使用（请不要使用）	—
特殊数据 寄存器	D8260	D8270	D8280	D8290	通道1输入数据	R
	D8261	D8271	D8281	D8291	通道2输入数据	R
	D8262	D8272	D8282	D8292	通道3输入数据	R
	D8263	D8273	D8283	D8293	通道4输入数据	R
	D8264	D8274	D8284	D8294	通道1平均次数 （设定范围：1~4095）	R/W
	D8265	D8275	D8285	D8295	通道2平均次数 （设定范围：1~4095）	R/W
	D8266	D8276	D8286	D8296	通道3平均次数 （设定范围：1~4095）	R/W
	D8267	D8277	D8287	D8297	通道4平均次数 （设定范围：1~4095）	R/W
	D8268	D8278	D8288	D8298	错误状态	R/W
	D8269	D8279	D8289	D8299	机型代码 = 1	R

（1）输入模式切换

通过将特殊辅助继电器置为 ON/OFF，可以设定 4AD – ADP 为电流输入/电压输入。输入模式切换中使用的特殊辅助继电器见表 4-12。

表 4-12 输入模式切换

特殊辅助继电器				内容	
第1台	第2台	第3台	第4台		
M8260	M8270	M8280	M8290	通道1输入模式切换	OFF：电压输入 ON：电流输入
M8261	M8271	M8281	M8291	通道2输入模式切换	
M8262	M8272	M8282	M8292	通道3输入模式切换	
M8263	M8273	M8283	M8293	通道4输入模式切换	

根据表 4-12，可以进行如下编程：

如第1台的通道1设定为电压输入，输入程序为

```
        M8001
    ─────┤├──────────────────────────( M8260 )─
```

如第 1 台的通道 2 设定为电流输入，输入程序为

```
        M8000
    ─────┤├──────────────────────────( M8261 )─
```

（2）输入数据读取

将 4AD – ADP 中转换的输入数据根据台数和通道不同保存在特殊数据寄存器 D8260 ~ D8263、D8270 ~ D8273、D8280 ~ D8283、D8290 ~ D8293 中。图 4-39 所示的程序表示将第 1 台的通道 1 的输入数据保存到 D100 中、将第 1 台的通道 2 的输入数据保存到 D101 中。即使不在 D100、D101 中保存输入数据，也可以在定时器、计数器的设定值或者 PID 指令等中直接使用 D8260、D8261。

```
     M8000
 ────┤├──────┬───[ MOV      D8260      D100 ]─
             │
             └───[ MOV      D8261      D101 ]─
```

图 4-39　读取模拟量数据

（3）平均次数设定

平均次数设定时需要注意以下几点：平均次数设定为 1 时，即时值被保存到特殊数据寄存器中；设定为 2 ~ 4095 时，设定次数的平均值被保存到特殊数据寄存器中。在 1 ~ 4095 的范围内设定平均次数。设定在范围外时，会发生错误。

图 4-40 所示的程序中，表示将第 1 台的通道 1 的平均次数设定为 1；将第 1 台的通道 2 的平均次数设定为 5。

```
     M8000
 ────┤├──────┬───[ MOV      K1      D8264 ]─
             │
             └───[ MOV      K5      D8265 ]─
```

图 4-40　平均次数设定程序

4.2.5　模拟量输出控制

FX3U 系列 PLC 的模拟量输出模块主要有 FX3U – 4DA、FX3U – 4DA – ADP、FX3U – 3A – ADP 等，其技术指标见表 4-13。

表 4-13   模拟量输出模块技术指标

型号	通道数	范围		分辨率
FX3U – 4DA – ADP	4 通道	电压：DC 0 ~ 10V		2.5mV（12 位）
		电流：DC 4 ~ 20mA		4μA（12 位）
FX3U – 3A – ADP	输出 1 通道	电压：DC 0 ~ 10V		2.5mV（12 位）
		电流：DC 4 ~ 20mA		4μA（12 位）
FX3U – 4DA	4 通道	电压：DC – 10 ~ + 10V		0.32mV（带符号 16 位）
		电流：DC 0 ~ 20mA		0.63μA（15 位）

12 位模拟量输出电压、输出电流的输出特性如图 4-41 所示。

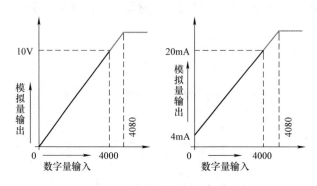

图 4-41   12 位模拟量输出特性

1. 程序与缓冲存储区的关系

FX3U – 4DA 模块与 FX3U – 4AD 模块类似，都是放在 FX3U 的右侧，对应的 BFM 一览表见表 4-14（这里只列出常见的 BFM，其余请参考本书的数字资源）。部分参数（如 BFM #0、BFM #5、BFM #10 ~ #17、BFM #19、BFM #32 ~ #35）通过 EEPROM 进行停电保持。在表中用十六进制数指定各通道的输出模式时用 0 ~ 4 以及 F 进行指定。

表 4-14   模拟量输出 BFM 一览表

BFM 编号	内容	设定范围	初始值	数据的处理
#0	指定通道 1 ~ 4 的输出模式		出厂时 H0000	十六进制
#1	通道 1 的输出数据		K0	十进制
#2	通道 2 的输出数据		K0	十进制
#3	通道 3 的输出数据	根据模式而定	K0	十进制
#4	通道 4 的输出数据		K0	十进制
#5	PLC STOP 时的输出设定		H0000	十六进制
#6	输出状态	—	H0000	十六进制
#7、#8	不可以使用		—	—
#9	通道 1 ~ 4 的偏置、增益设定值的写入指令		H0000	十六进制

（续）

BFM 编号	内容	设定范围	初始值	数据的处理
#10	通道1的偏置数据（单位：mV 或者 μA）	根据模式而定	根据模式而定	十进制
#11	通道2的偏置数据（单位：mV 或者 μA）			十进制
#12	通道3的偏置数据（单位：mV 或者 μA）			十进制
#13	通道4的偏置数据（单位：mV 或者 μA）			十进制
#14	通道1的增益数据（单位：mV 或者 μA）	根据模式而定	根据模式而定	十进制
#15	通道2的增益数据（单位：mV 或者 μA）			十进制
#16	通道3的增益数据（单位：mV 或者 μA）			十进制
#17	通道4的增益数据（单位：mV 或者 μA）			十进制
#18	不可以使用	—	—	—
#19	设定变更禁止	变更许可：K3030 变更禁止：K3030 以外	出厂时 K3030	十进制
#20	功能初始化 用 K1 初始化。初始化结束后，自动变为 K0	K0 或者 K1	K0	十进制
#21 ~ #27	不可以使用	—	—	—
#28	断线检测状态（仅在选择电流模式时有效）	—	H0000	十六进制
#29	错误状态	—	H0000	十六进制
#30	机型代码 K3030		K3030	十进制
#31	不可以使用	—	—	—
#32	可编程控制器 STOP 时，通道1的输出数据 （仅在 BFM #5 = H○○○2 时有效）	根据模式而定	K0	十进制
#33	可编程控制器 STOP 时，通道2的输出数据 （仅在 BFM #5 = H○○2○时有效）	根据模式而定	K0	十进制
#34	可编程控制器 STOP 时，通道3的输出数据 （仅在 BFM #5 = H○2○○时有效）	根据模式而定	K0	十进制
#35	可编程控制器 STOP 时，通道4的输出数据 （仅在 BFM #5 = H2○○○时有效）	根据模式而定	K0	十进制

2. BFM #0 参数设定

FX3U – 4DA 的输出特性分为电压（ – 10 ~ + 10V）和电流（0 ~ 20mA、4 ~ 20mA），可以用十六进制数设定输出模式，如图 4-42 所示，在使用通道（ch）的相应位中，选择表 4-15 的输出模式，进行设定。

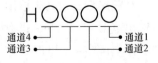

图 4-42　BFM #0 设定格式

表 4-15 输出模式与对应的技术指标

设定值	输出模式	模拟量输出范围	数字量输入范围
0	电压输出模式	−10 ~ +10V	−32000 ~ +32000
1	电压输出模拟量值 mV 指定模式	−10 ~ +10V	−10000 ~ +10000
2	电流输出模式	0 ~20mA	0 ~32000
3	电流输出模式	4 ~20mA	0 ~32000
4	电流输出模拟量值 mA 指定模式	0 ~20mA	0 ~20000
F	通道不使用		

根据输出模式设定（BFM #0），具体介绍如下：

（1）输出模式 0（见图 4-43）

其输出形式：电压输出；模拟量输出范围：−10 ~ +10V；数字量输入范围：−32000 ~ +32000；偏置、增益调整：可以。

（2）输出模式 1（见图 4-44）

其输出形式：电压输出（模拟量值 mV 指定）；模拟量输出范围：−10 ~ +10V；数字量输入范围：−10000 ~ +10000；偏置、增益调整：不可以。

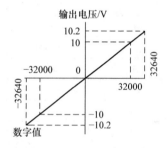

图 4-43 输出模式 0 时的数字量与输出电压特性　　图 4-44 输出模式 1 时的数字量与输出电压特性

（3）输出模式 2（见图 4-45）

其输出形式：电流输出；模拟量输出范围：0 ~ 20mA；数字量输入范围：0 ~ 32000；偏置、增益调整：可以。

（4）输出模式 3（见图 4-46）

其输出形式：电流输出；模拟量输出范围：4 ~ 20mA；数字量输入范围：0 ~ 32000；偏置、增益调整：可以。

（5）输出模式 4（见图 4-47）

其输出形式：电流输出（模拟量值 mA 指定）；模拟量输出范围：0 ~ 20mA；数字量输入范围：0 ~ 20000；偏置、增益调整：不可以。

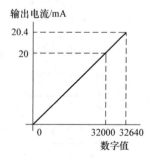

图 4-45 输出模式 2 时的数字量与输出电流特性

3. 模块接线

图 4-48 和图 4-49 所示为端子排列和接线。在模拟量输出模式中，各 ch（通道）中都

可以使用电压输出、电流输出。接线时，注意以下几点：

1）模拟量的输出线使用 2 芯的屏蔽双绞电缆，请与其他动力线或者易于受感应的线分开布线。

2）输出电压有噪声或者波动时，请在信号接收侧附近连接 0.1～0.47μF/25V 的电容。

3）将屏蔽线在信号接收侧进行单侧接地。

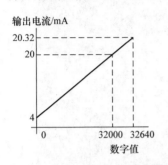

图 4-46　输出模式 3 时的数字量与输出电流特性　　图 4-47　输出模式 4 时的数字量与输出电流特性

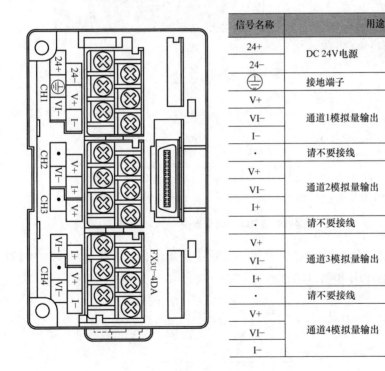

信号名称	用途
24+	DC 24V电源
24−	
⏚	接地端子
V+	
VI−	通道1模拟量输出
I−	
·	请不要接线
V+	
VI−	通道2模拟量输出
I+	
·	请不要接线
V+	
VI−	通道3模拟量输出
I+	
·	请不要接线
V+	
VI−	通道4模拟量输出
I−	

图 4-48　端子排列

4. 模拟量输出指令的两种方式

在 FX3U 中，FX3U－4DA 缓冲存储区的读出或者写入方法中，可以用 FROM/TO 指令或者缓冲存储区直接指定。

读出缓冲存储区的内容时，使用 FROM 指令，图 4-50 所示的程序为将单元号 1 的缓冲存储区（BFM #10）的内容（1 点）读出到数据寄存器（D10）中。

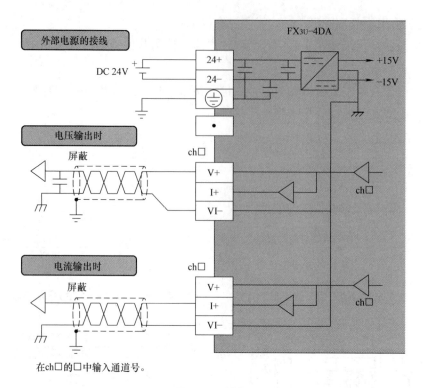

图 4-49　接线

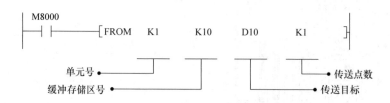

图 4-50　FROM 指令举例

向缓冲存储区写入数据时，使用 TO 指令。图 4-51 所示的程序为向单元号 1 的缓冲存储区（BFM #0）写入数据（H3300、1 点）。

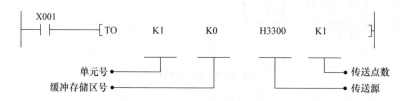

图 4-51　TO 指令举例

使用缓冲存储区直接指定时，图 4-52a 所示的程序是将单元号 1 的缓冲存储区（BFM #10）的内容乘以数据（K10），并将结果读出到数据寄存器（D10、D11）中。图 4-52b 所示的程序是将数据寄存器（D20）加上数据（K10），并将结果写入单元号 1 的缓冲存储区（BFM #6）中。

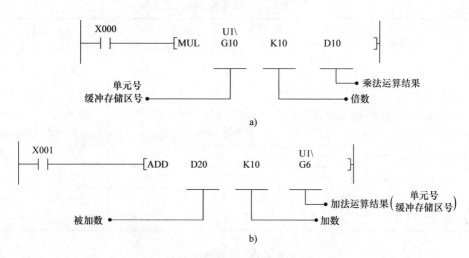

图 4-52　缓冲存储区直接指定编程

5. 偏置和增益的设定

（1）BFM #9 参数

表 4-16 所示为 BFM #9 的低 4 位被分别分配各通道的编号。各位为 ON 时，被分配的通道号的偏置数据（BFM #10 ～ #13）、增益数据（BFM #14 ～ #17）就被写入内置内存（EEP-ROM）且有效。可以对多个通道同时给出写入指令（用 H000F 对所有通道进行写入），写入结束后，自动变为 H0000（b0 ～ b3 全部为 OFF 状态）。

表 4-16　BFM #9 的位的分配

位编号	内容
b0	通道 1 偏置数据（BFM #10）、增益数据（BFM #14）的写入
b1	通道 2 偏置数据（BFM #11）、增益数据（BFM #15）的写入
b2	通道 3 偏置数据（BFM #12）、增益数据（BFM #16）的写入
b3	通道 4 偏置数据（BFM #13）、增益数据（BFM #17）的写入
b4 ～ b15	不可以使用

（2）［BFM #10 ～ #13］偏置数据、［BFM #14 ～ #17］增益数据

通过设定偏置数据、增益数据，可以改变输出特性，但即使改变输出特性，实际的输出有效范围仍为电压输出时 －10 ～ ＋10V，电流输出时 0 ～ 20mA。

表 4-17 所示为偏置数据、增益数据与 BFM #0 输出模式之间的关系。各模式中的偏置数据、增益数据的初始值如表所示，偏置数据：BFM #1 ～ #4 的输出数据为 0（偏置基准值）时的模拟量输出值；增益数据：BFM #1 ～ #4 的输出数据为增益基准值时的模拟量输出值。

各通道都可以设定偏置、增益数据；电压输出时以 mV 为单位写入，电流输出时以 μA 为单位写入。此外，改变偏置数据、增益数据时，需要将偏置、增益设定值写入指令（BFM #9）置 ON，其设定范围在表 4-18 所示的范围内执行。

表 4-17 偏置、增益与输出模式的关系

输出模式（BFM #0）		偏置（通道 1~4：BFM #10~13）		增益（通道 1~4：BFM #14~17）	
设定值	内容	基准值	初始值	基准值	初始值
0	电压输出（-10~+10V：-32000~+32000）	0	0mV	16000	500mV
1	电压输出模拟量值 mV 指定模式（-10~+10V：-10000~+10000）	0（不可以变更）	0mV（不可以变更）	5000（不可以变更）	5000mV（不可以变更）
2	电流输出（0~20mA：0~32000）	0	0μA	16000	10000μA
3	电流输出（4~20mA：0~32000）	0	4000μA	16000	12000μA
4	电流输出模拟量值 μA 指定模式（0~20mA：0~20000）	0（不可以变更）	0μA（不可以变更）	10000（不可以变更）	10000μA（不可以变更）

表 4-18 设定范围

类别	电压输出/mV	电流输出/μA
偏置数据	-10000~+9000	0~17000
增益数据	-9000~+10000	3000~30000

电压输出时，偏置、增益值必须满足关系：$1000 \leq$ 增益值 $-$ 偏置值 ≤ 10000。

电流输出时，偏置、增益值必须满足关系：$3000 \leq$ 增益值 $-$ 偏置值 ≤ 30000。

4.2.6 FX3U-4DA-ADP 模拟量输出适配器

1. 概述

FX3U-4DA-ADP 是输出 4 通道的电压/电流数据的模拟量特殊适配器，它通过功能扩展板连接在 FX3U 的左侧。如图 4-53 所示，PLC 在 END 指令中写入特殊数据寄存器中的输出设定数据值，执行 D/A 转换，更新模拟量输出值。

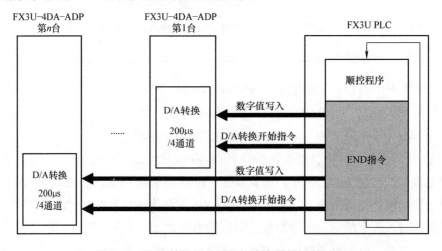

图 4-53 D/A 转换及特殊数据寄存器的更新时序

2. 接线端子与接线方式

图 4-54、图 4-55 为端子排列与接线，其模拟量输出在每个 ch（通道）中都可以使用电压输出、电流输出。

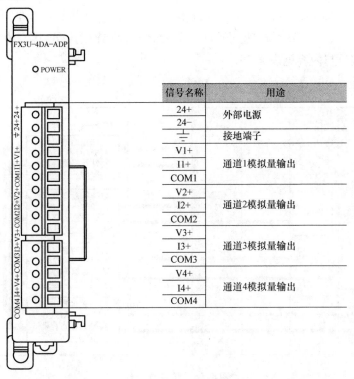

信号名称	用途
24+	外部电源
24−	
⏚	接地端子
V1+	通道1模拟量输出
I1+	
COM1	
V2+	通道2模拟量输出
I2+	
COM2	
V3+	通道3模拟量输出
I3+	
COM3	
V4+	通道4模拟量输出
I4+	
COM4	

图 4-54 端子排列

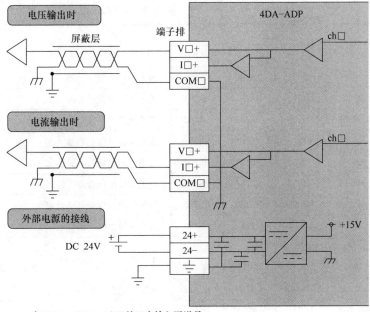

在 V□+、I□+、ch□ 的□中输入通道号。

图 4-55 接线

3. 程序编写

1）输入的数字值被转换成模拟量值，并输出。

2）通过向特殊软元件写入数值，可以设定输出保持。

3）如图4-56所示，依照从基本单元开始的连接顺序，从最靠近基本单元处开始，依次数第1台、第2台……。分配特殊软元件，每台分配特殊辅助继电器、特殊数据寄存器各10个，软元件编号与内容见表4-19。

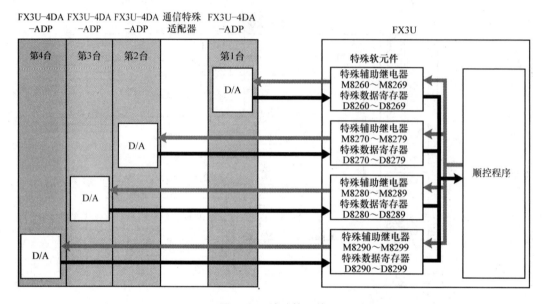

图4-56　特殊软元件

表4-19　软元件编号与内容

特殊软元件	软元件编号				内容	属性
	第1台	第2台	第3台	第4台		
特殊辅助继电器	M8260	M8270	M8280	M8290	通道1输出模式切换	R/W
	M8261	M8271	M8281	M8291	通道2输出模式切换	R/W
	M8262	M8272	M8282	M8292	通道3输出模式切换	R/W
	M8263	M8273	M8283	M8293	通道4输出模式切换	R/W
	M8264	M8274	M8284	M8294	通道1输出保持解除设定	R/W
	M8265	M8275	M8285	M8295	通道2输出保持解除设定	R/W
	M8266	M8276	M8286	M8296	通道3输出保持解除设定	R/W
	M8267	M8277	M8287	M8297	通道4输出保持解除设定	R/W
	M8268 ~ M8269	M8278 ~ M8279	M8288 ~ M8289	M8298 ~ M8299	未使用（请不要使用）	—
特殊数据寄存器	D8260	D8270	D8280	D8290	通道1输出设定数据	R/W
	D8261	D8271	D8281	D8291	通道2输出设定数据	R/W
	D8262	D8272	D8282	D8292	通道3输出设定数据	R/W

特殊软元件	软元件编号				内容	属性
	第1台	第2台	第3台	第4台		
特殊数据寄存器	D8263	D8273	D8283	D8293	通道4输出设定数据	R/W
	D8264 ~ D8267	D8274 ~ D8277	D8284 ~ D8287	D8294 ~ D8297	未使用（请不要使用）	—
	D8268	D8278	D8288	D8298	错误状态	R/W
	D8269	D8279	D8289	D8299	机型代码＝2	R

其中，对于输出模式切换设置时，OFF 为电压输出、ON 为电流输出。对输出保持解除设定时，OFF：PLC RUN → STOP 时，保持之前的模拟量输出；ON：PLC STOP 时，输出偏置值。

用 D100 中保存的数字值，进行第 1 台的通道 1 的 D/A 转换，其编程为

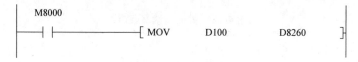

4.2.7　FX3U－3A－ADP 模拟量输入/输出模块

1. 概述

FX3U－3A－ADP 模拟量输入/输出模块是 2 通道输入和 1 通道输出模块，其数字量输入/输出为 12 位。其输入/输出特性如图 4-57 所示。

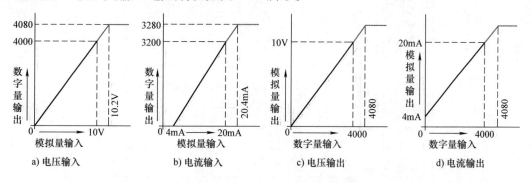

图 4-57　输入/输出特性

如图 4-58 所示，PLC 在 END 指令中指示执行 A/D 转换，读出 A/D 转换值，写入特殊数据寄存器中。并且写入特殊数据寄存器中的输出设定数据值，执行 D/A 转换，更新模拟量输出值。

2. 端子排列与接线

FX3U－3A－ADP 模拟量输入/输出模块的端子排列与接线如图 4-59、图 4-60 所示。

3. 程序编写

A/D 转换数据的获取：

1）输入的模拟量数据被转换成数字值，并被保存在 PLC 的特殊软元件中。

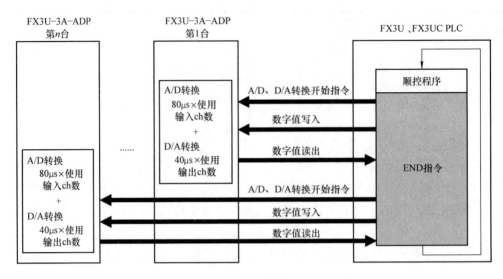

图 4-58　模拟量读写顺序

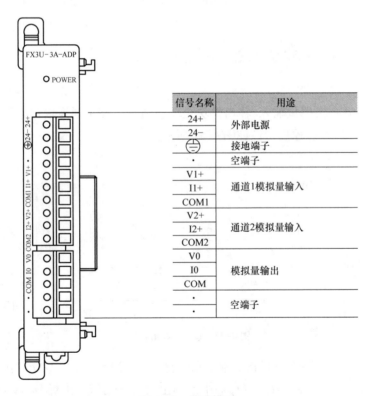

图 4-59　端子排列

2）通过向特殊软元件写入数值，可以设定平均次数或者指定输入模式。

3）依照从基本单元开始的连接顺序，分配特殊软元件，每台分配特殊辅助继电器、特殊数据寄存器各10个（见图4-61和表4-20）。

D/A 转换数据的写入：

1）输入的数字值被转换成模拟量值，并输出。

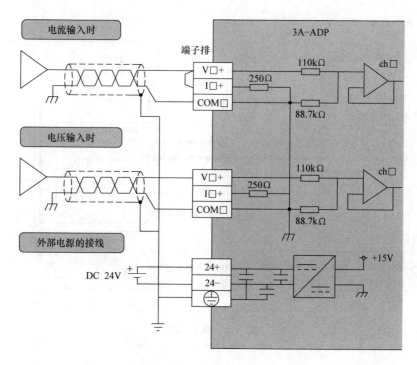

在V□+、I□+、ch□的□中输入通道编号。

a) 2通道输入部分

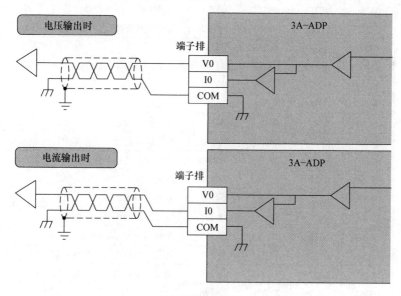

b) 1通道输出部分

图4-60　接线

2）通过向特殊软元件写入数值，可以设定输出保持。

3）依照从基本单元开始的连接顺序，分配特殊软元件，每台分配特殊辅助继电器、特殊数据寄存器各10个。

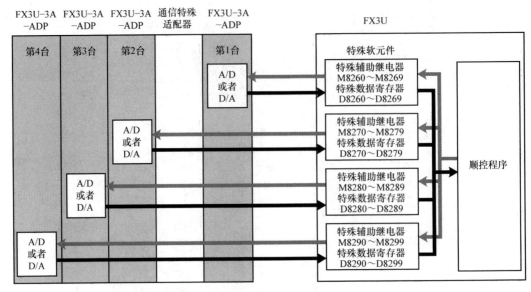

图 4-61　A/D 转换数据和 D/A 转换数据对应的特殊辅助继电器

表 4-20　特殊软元件

特殊软元件	软元件编号				内容	属性
	第1台	第2台	第3台	第4台		
特殊辅助继电器	M8260	M8270	M8280	M8290	通道 1 输入模式切换	R/W
	M8261	M8271	M8281	M8291	通道 2 输入模式切换	R/W
	M8262	M8272	M8282	M8292	输出模式切换	R/W
	M8263	M8273	M8283	M8293	未使用（请不要使用）	—
	M8264	M8274	M8284	M8294		
	M8265	M8275	M8285	M8295		
	M8266	M8276	M8286	M8296	输出保持解除设定	R/W
	M8267	M8277	M8287	M8297	设定输入通道 1 是否使用	R/W
	M8268	M8278	M8288	M8298	设定输入通道 2 是否使用	R/W
	M8269	M8279	M8289	M8299	设定输出通道是否使用	R/W
特殊数据寄存器	D8260	D8270	D8280	D8290	通道 1 输入数据	R
	D8261	D8271	D8281	D8291	通道 2 输入数据	R
	D8262	D8272	D8282	D8292	输出设定数据	R/W
	D8263	D8273	D8283	D8293	未使用（请不要使用）	—
	D8264	D8274	D8284	D8294	通道 1 平均次数（设定范围：1~4095）	R/W
	D8265	D8275	D8285	D8295	通道 2 平均次数（设定范围：1~4095）	R/W
	D8266	D8276	D8286	D8296	未使用（请不要使用）	—
	D8267	D8277	D8287	D8297		
	D8268	D8278	D8288	D8298	错误状态	R/W
	D8269	D8279	D8289	D8299	机型代码 = 50	R

　　在输入模式的切换中，通过将特殊辅助继电器 M8260 等置为 ON/OFF，可以设定 3A - ADP 为电流输入/电压输入，其中 OFF：电压输入/ON：电流输入。

在输出模式的切换中，通过将特殊辅助继电器 M8262 等置为 ON/OFF，可以设定 3A –
ADP 为电流输出/电压输出，其中 OFF：电压输出/ON：电流输出。

在 PLC RUN→STOP 时，可以保持模拟量输出值，或者选择输出偏置值（电压输出模
式：0V/电流输出模式：4mA）。输出保持解除设定中使用的辅助继电器为 M8266 等。其中，
OFF：PLC RUN→STOP 时，保持之前的模拟量输出；ON：PLC STOP 时，输出偏置值。

通过将特殊辅助继电器 M8267 等置为 ON/OFF，可以分别设定 3A – ADP 各通道是否使
用。其中，OFF：使用通道；ON：不使用通道。

具体编程示例如下：

第 1 台输入通道 1 的输入数据保存在 D100 中，可写为

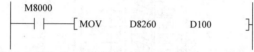

```
     M8000
─────┤ ├────[ MOV    D8260    D100 ]──┤
```

第 1 台输入通道 2 的输入数据保存在 D101 中，可写为

```
     M8000
─────┤ ├────[ MOV    D8261    D101 ]──┤
```

利用 D102 中保存的数字值进行第 1 台的 D/A 转换，可写为

```
     M8000
─────┤ ├────[ MOV    D102    D8262 ]──┤
```

设定第 1 台输入通道 2 的平均次数为 5，可写为

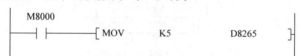

```
     M8000
─────┤ ├────[ MOV    K5    D8265 ]──┤
```

4.3　Q 系列 PLC 模拟量应用

4.3.1　A/D 转换模块 Q64ADH

1. 模块概述

图 4-62 所示为 A/D 转换模块 Q64ADH 的外观，其端子排布与 Q64DAH 相一致。
表 4-21 主要列出了常见的技术指标：模拟输入点数 4 点（4 通道）；模拟输入可以选择电压
DC – 10 ~ 10V（输入电阻值 1MΩ）或电流 DC 0 ~ 20mA（输入电阻值 250Ω）；数字输出
– 20480 ~ 20479，其中使用定标功能时为 – 32768 ~ 32767。

2. 模块添加及其属性设置

如图 4-63 所示，在"工程"窗口"智能功能模块"中鼠标右键单击"添加新模块"进
行。其中"模块选择"中的"模块类型"设置"模拟模块"，"模块型号"设置安装的模块
型号，如图 4-64 所示的 Q64ADH；"安装位置"中的"基板号"是指定安装对象模块的基
板号，"安装插槽号"为设置安装对象模块的插槽号，"指定起始 XY 地址"即设置基于安
装插槽号的对象模块的起始输入/输出编号（十六进制数），可任意设置。

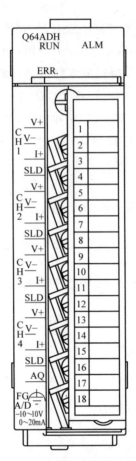

图 4-62　Q64ADH 的外观

表 4-21　Q64ADH 的技术指标

模拟输入点数			4 点（4 通道）		
模拟输入	电压		DC −10 ~ 10V（输入电阻值 1MΩ）		
	电流		DC 0 ~ 20mA（输入电阻值 250Ω）		
数字输出			−20480 ~ 20479		
使用标度 功能时			−32768 ~ 32767		
输入输出特性、 最大分辨率		模拟输入范围		数字输出值	最大分辨率
	电压	0 ~ 10V		0 ~ 20000	500μV
		0 ~ 5V			250μV
		1 ~ 5V			200μV
		−10 ~ 10V		−20000 ~ 20000	500μV
		1 ~ 5V（扩展模式）		−5000 ~ 22500	200μV
		用户范围设置		−20000 ~ 20000	219μV
	电流	0 ~ 20mA		0 ~ 20000	1000nA
		4 ~ 20mA			800nA
		4 ~ 20mA（扩展模式）		−5000 ~ 22500	800nA
		用户范围设置		−20000 ~ 20000	878nA

图 4-63 模块添加

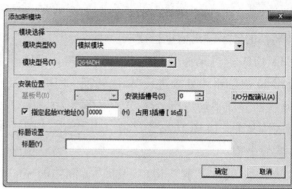

图 4-64 添加 Q64ADH

图 4-65 所示为开关设置,包括输入范围、运行模式设置。

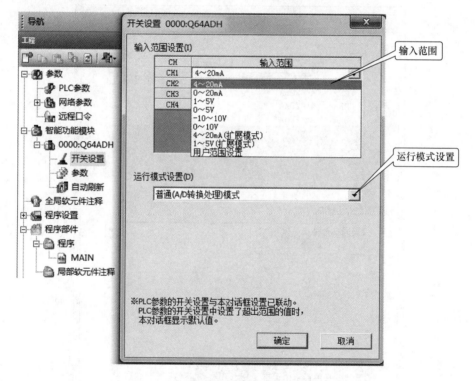

图 4-65 开关设置

【例 4-4】 Q64ADH 模块的配置与编程

任务说明:在图 4-66 所示的 Q00U CPU 系统中,需要用 Q64ADH 对三个 4~20mA 模拟量输入信号进行处理,其要求如下:

1)数字量输入 QX10 和数字量输出 QY10 的地址为 X10~X1F、X20~X2F,分别用于读取指令信号、输入信号异常检测复位信号、出错复位信号和出错代码表示(BCD4)。

2）Q64ADH 的 CH1～CH3 中被设置为允许 A/D 转换的数字输出值进行读取。

3）CH1 通过采样处理进行 A/D 转换，CH2 通过每 50 次的平均处理进行 A/D 转换，CH3 通过 10 次的移动平均进行 A/D 转换，模块中发生出错的情况下，以 BCD 格式显示出错代码。

实施步骤：

步骤 1：在"工程"窗口选择"智能功能模块"→"Q64ADH"→"开关设置"，如图 4-67 所示，对输入范围以及运行模式进行设置。

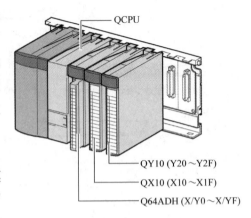

图 4-66　**Q64ADH 模块的配置实例**

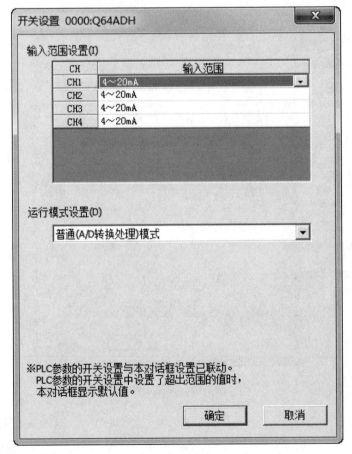

图 4-67　开关设置

步骤 2：进行"参数→通道设置"。根据要求进行图 4-68 所示的通道设置，在设置中如果出现红色背景，表明参数错误。

步骤 3：软元件定义（见表 4-22）。

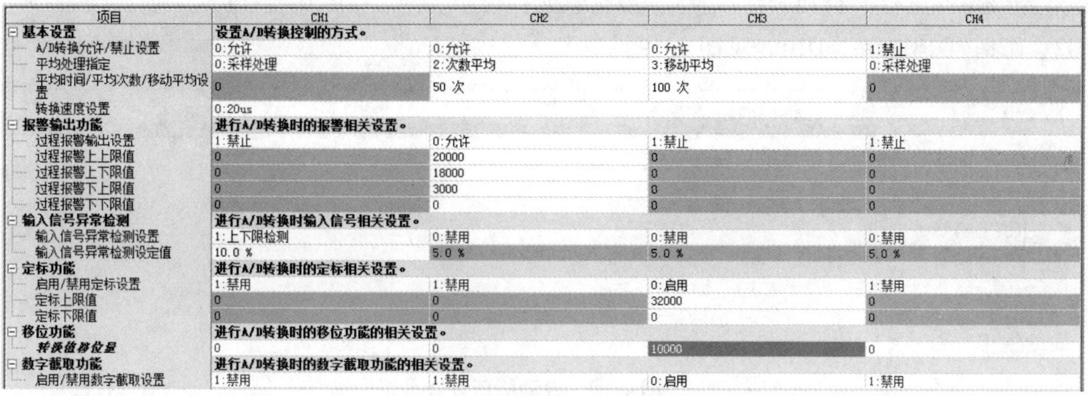

项目	CH1	CH2	CH3	CH4
基本设置	设置A/D转换控制的方式。			
A/D转换允许/禁止设置	0:允许	0:允许	0:允许	1:禁止
平均处理指定	0:采样处理	2:次数平均	3:移动平均	0:采样处理
平均时间/平均次数/移动平均设置	0	50 次	100 次	0
转换速度设置	0:20us			
报警输出功能	进行A/D转换时的报警相关设置。			
过程报警输出设置	1:禁止	0:允许	1:禁止	1:禁止
过程报警上上限值	0	20000	0	0
过程报警上下限值	0	18000	0	0
过程报警下上限值	0	3000	0	0
过程报警下下限值	0	0	0	0
输入信号异常检测	进行A/D转换时输入信号相关设置。			
输入信号异常检测设置	0:上下限检测	0:禁用	0:禁用	0:禁用
输入信号异常检测设定值	10.0 %	5.0 %	5.0 %	5.0 %
定标功能	进行A/D转换时的定标相关设置。			
启用/禁用定标设置	1:禁用	1:禁用	0:启用	1:禁用
定标上限值	0	0	32000	0
定标下限值	0	0	0	0
移位功能	进行A/D转换时的移位功能的相关设置。			
转换值移位值	0	0	10000	0
数字截取功能	进行A/D转换时的数字截取功能的相关设置。			
启用/禁用数字截取设置	1:禁用	1:禁用	0:启用	1:禁用

图4-68　通道设置

表4-22　软元件定义

软元件	内容	备注
D1（D11）	CH1 数字输出值	
D2（D12）	CH2 数字输出值	
D8	输入信号异常检测标志	
D10	出错代码	
D18	报警输出标志（过程报警）	
D28（D13）	CH3 数字运算值	
M0	CH1 A/D 转换完成标志	
M1	CH2 A/D 转换完成标志	
M2	CH3 A/D 转换完成标志	
M20～M27	报警输出标志（过程报警）	
M50～M53	输入信号异常检测标志	
M100	模块 READY 确认标志	
X0	模块 READY	Q64ADH（X/Y0～X/YF）
X9	动作条件设置完成标志	
XC	输入信号异常检测信号	
XE	A/D 转换完成标志	
XF	出错发生标志	
Y9	动作条件设置请求	
YF	出错清除请求	
X10	数字输出值读取指令输入信号	QX10（X10～X1F）
X13	输入信号异常检测复位信号	
X14	出错复位信号	
Y20～Y2F	出错代码表示（BCD4 位）	QY10（Y20～Y2F）

步骤4：进行"自动刷新设置"。根据软元件清单，对"自动刷新设置"依次设置 D1、D2、D28、D18、D8、D10（见图4-69）。

图 4-69　自动刷新设置

步骤5：智能功能模块的参数写入。将设置的参数写入到 CPU 模块中，对 CPU 模块进行复位或将 PLC 的电源置为 OFF→ON（见图4-70）。

步骤6：程序编写。图 4-71 所示为相关程序，具体解释如下：

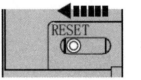

或电源OFF→ON

图 4-70　复位

```
0    X10    X0    X0E    Y9                              U0\
     ─┤├──┤├──┤├──┤/├─────────────────────[MOV  G10   K1M0]
                        M0
                        ─┤├──────────────────[MOV  D1    D11]
                        M1
                        ─┤├──────────────────[MOV  D2    D12]
                        M2
                        ─┤├──────────────────[MOV  D28   D13]

20   SM400
     ─┤├──────────────────────────────────[MOV  D18   K2M20]

24   M22
     ─┤↑├─────────────────────────────────────[SET   M103]

26   M23
     ─┤↑├─────────────────────────────────────[SET   M101]

28   SM400
     ─┤├──────────────────────────────────[MOV  D8    K1M50]

32   M50
     ─┤↑├─────────────────────────────────────[SET   M102]

34   X13    X0C
     ─┤↑├──┤├────────────────────────────────[SET   Y0F]

37   X0F
     ─┤├────────┬─────────────────────────[BCD  D10   K4Y20]
              X14
              ─┤↑├────────────────────────────[SET   Y0F]

42   Y0F    X0C    X0F
     ─┤├──┤/├──┤/├────────────────────────────[RST   Y0F]

46   ──────────────────────────────────────────[END]
```

图 4-71　Q64ADH 模块读取梯形图

（1）数字输出值的读取

当读取信号 X10 动作时，读取 A/D 转换完成标志（M0～M3），并依次读取 CH1、CH2 的数字输出值和 CH3 数字运算值。

（2）过程报警发生状态及发生报警时的处理

报警输出标志从 D18 送至 M20～M27，当 M22 上升沿触发时，进行 CH2 过程报警（即上限值报警发生时），置位 M103，并进入相关处理；当 M23 上升沿触发时，进行 CH2 过程报警（即下限值报警发生时），置位 M101，并进入相关处理。

（3）输入信号异常检测状态及检测出异常时的处理

输入信号异常检测标志从 D8 送至 M50～M53，当 M50 上升沿触发时，进行 CH1 输入信号异常，置位 M102，并转入相关处理。

（4）出错代码显示及复位处理

出错代码送从 D10 送至 Y20～Y2F，并进行 BCD 显示，同时进行复位处理。

4.3.2　D/A 转换模块 Q64DAH

1. 模块概述

图 4-72 所示为模拟量输出模块 Q64DAH 的外观与接线端子，其中：

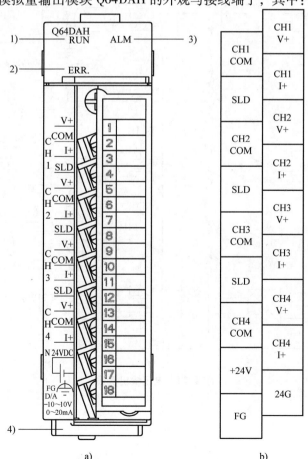

图 4-72　Q64DAH 的外观与接线端子

1）RUN LED（绿色）用来显示 D/A 转换模块的动作状态，具体为：亮灯表示正常动作中；闪烁表示偏置/增益设置模式中；熄灯表示 5V 电源断开、发生看门狗定时器出错时、在线模块更换中的模块可更换状态时。

2）ERR. LED（红色）用来显示 D/A 转换模块的出错以及状态，具体为：亮灯表示发生出错代码（112 以外的出错时）；闪烁表示出错代码 112 发生中；熄灯表示正常动作中。

3）ALM LED（红色）用来显示 D/A 转换模块的报警状态，具体为：亮灯表示报警输出发生中；熄灯表示正常动作中。

4）序列号显示板显示额定铭牌的序列号。

图 4-73 所示为电压输出接线，图 4-74 所示为电流输出接线。

表 4-23 所示为 Q64DAH 的技术指标，包括：模拟输出点数 4 点（4 通道）；数字输入为 −20480 ~ 20479，其中使用定标功能时为 −32768 ~ 32767；模拟输出分为电压 DC −10 ~ 10V（外部负载电阻值 1kΩ ~ 1MΩ）或电流 DC 0 ~ 20mA（外部负载电阻值 0 ~ 600Ω）。

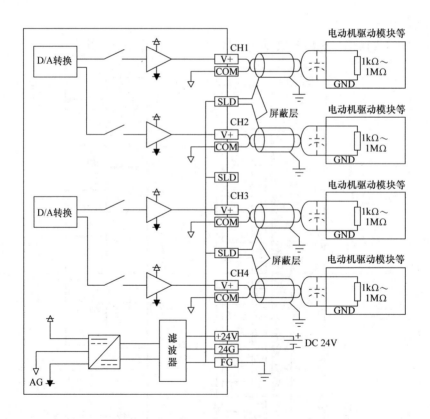

图 4-73　电压输出接线

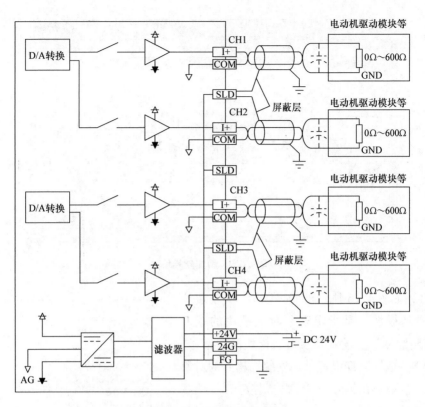

图4-74　电流输出接线

表4-23　技术指标

模拟输出点数		4点（4通道）	
数字输入		−20480 ~ 20479	
	使用标度功能时	−32768 ~ 32767	
模拟输出	电压	DC −10 ~ 10V（外部负载电阻值1kΩ ~ 1MΩ）	
	电流	DC 0 ~ 20mA（外部负载电阻值0 ~ 600Ω）	

		模拟输出范围	数字值	最大分辨率
输入输出特性、最大分辨率	电压	0 ~ 5V	0 ~ 20000	250μV
		1 ~ 5V		200μV
		−10 ~ 10V	−20000 ~ 20000	500μV
		用户范围设置		333μV
	电流	0 ~ 20mA	0 ~ 20000	1000nA
		4 ~ 20mA		800nA
		用户范围设置	−20000 ~ 20000	700nA

2. Q64DAH 模块的添加

1）如图4-75所示，在"工程"窗口"智能功能模块"中鼠标右键单击"添加新模块"进行。其中"模块选择"中的"模块类型"设置"模拟模块"，"模块型号"设置安装

图 4-75 添加新模块

的模块型号，如图 4-76 所示的 Q64DAH；"安装位置"中的"基板号"是指定安装对象模块的基板号，"安装插槽号"为设置安装对象模块的插槽号，"指定起始 XY 地址"即设置基于安装插槽号的对象模块的起始输入/输出编号（十六进制数），可任意设置。

2）如图 4-77 所示，在"工程"窗口→"智能功能模块"→模块型号（即本例中的 0000：Q64DAH）→"开关设置"中选择相应的功能：

※ 输出范围设置：对各通道中使用的输出范围进行设置，如 4～20mA（默认值）、0～20mA、1～5V、0～5V、−10～10V、用户范围设置；HOLD/CLEAR 功能，即在各通道中设置 CPU 模块变为STOP 状态时或发生出错时，是保持还是清除输出的模拟值，CLEAR 为默认值。

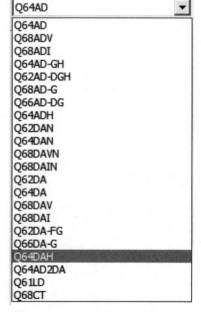

图 4-76 模块型号选择

※ 运行模式设置：D/A 转换模块的运行模式，共分两种，即普通（D/A 转换处理）模式（默认值）和偏置/增益设置模式。

※ 输出模式设置：D/A 转换模块的输出模式，共分三种，即普通输出模式（转换速度：20μs/CH）（默认值）、波形输出模式（转换速度：50μs/CH）、波形输出模式（转换速度：80μs/CH）。

3）对各通道进行参数设置。如图 4-78 所示，在"工程"窗口→"智能功能模块"→模块型号（即本例中的 0000：Q64DAH）→"参数"中设置相关参数。表 4-24 所示为CH1～CH4 通道的设置范围。

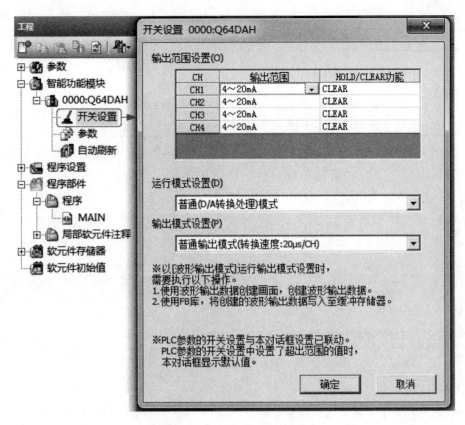

图 4-77　Q64DAH 开关设置

图 4-78　CH1 ~ CH4 设置相关参数

表 4-24　CH1 ~ CH4 通道的设置范围

项目		设置值
基本设置	D/A 转换允许/禁止设置	0：允许 1：禁止（默认值）
报警输出功能	报警输出设置	0：允许 1：禁止（默认值）
	报警输出上限值	-32768 ~ 32767（默认值：0）
	报警输出下限值	-32768 ~ 32767（默认值：0）

（续）

项目		设置值
定标功能	定标有效/无效设置	0：有效 1：无效（默认值）
	定标上限值	−32000～32000（默认值：0）
	定标下限值	−32000～32000（默认值：0）

4）如图4-79所示，在"工程"窗口→"智能功能模块"→模块型号（即本例中的0000：Q64DAH）→"自动刷新"中打开，可使用的软元件为X、Y、M、L、B、T、C、ST、D、W、R、ZR。使用位软元件X、Y、M、L、B的情况下，应设置可被16点整除的编号（如X10、Y120、M16等）。此外，缓冲存储器的数据将被存储到从设置的软元件No. 开始的16点中。举例如下：如果设置了X10，则数据将被存储到X10 ～ X1F中。

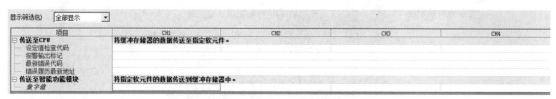

图 4-79　自动刷新

3. Q64DAH 的缓冲存储器

表4-25主要列出了常见的缓冲存储器，其余的请参见本书的数字资源，该存储区共分两部分：第一部分为 Un \ G0 ～ Un \ G1799（参数设置与模拟量数据），第二部分为 Un \ G1800 ～ Un \ G4999（出错履历）。在缓冲存储器中，请勿对系统区域及禁止通过顺控程序写入数据的区域进行数据写入。如果对这些区域进行数据写入，有可能导致误动作。

表 4-25　常见的缓冲存储器

地址（十进制）	地址（十六进制）	名称	默认值	读取/写入
0	0_H	D/A 转换允许/禁止设置	$000F_H$	R/W
1	1_H	CH1 数字值	0	R/W
2	2_H	CH2 数字值	0	R/W
3	3_H	CH3 数字值	0	R/W
4	4_H	CH4 数字值	0	R/W
9	9_H	输出模式	0000_H	R
10	A_H	系统区域	—	—
11	B_H	CH1 设置值检查代码	0000_H	R
12	C_H	CH2 设置值检查代码	0000_H	R
13	D_H	CH3 设置值检查代码	0000_H	R
14	E_H	CH4 设置值检查代码	0000_H	R
19	13_H	最新出错代码	0	R
20	14_H	设置范围	0000_H	R

（续）

地址（十进制）	地址（十六进制）	名称	默认值	读取/写入
21	15_H	系统区域	—	—
22	16_H	偏置·增益设置模式 偏置指定	0000_H	R/W
23	17_H	偏置·增益设置模式 增益指定	0000_H	R/W
24	18_H	偏置·增益调整值指定	0	R/W
25	19_H	系统区域	—	—
26	1A_H	HOLD/CLEAR 功能设置	0000_H	R
47	2F_H	报警输出设置	000F_H	R/W
48	30_H	报警输出标志	0000_H	R
53	35_H	定标有效/无效设置	000F_H	R/W
54	36_H	CH1 定标下限值	0	R/W
55	37_H	CH1 定标上限值	0	R/W
56	38_H	CH2 定标下限值	0	R/W
57	39_H	CH2 定标上限值	0	R/W
58	3A_H	CH3 定标下限值	0	R/W
59	3B_H	CH3 定标上限值	0	R/W
60	3C_H	CH4 定标下限值	0	R/W
61	3D_H	CH4 定标上限值	0	R/W
158	9E_H	模式切换设置	0	R/W
159	9F_H		0	R/W

【例4-5】Q64DAH 模拟量输出的编程

任务说明：如图4-80所示，用三菱 Q00U PLC 来控制 2 个模拟量的输出，其中模拟量输出模块采用 Q64DAH，具体要求如下：

1）将 D/A 转换模块的 CH1 以及 CH2 设置为允许 D/A 转换，进行数字值写入。

2）数字值写入发生出错的情况下，对出错代码进行 BCD 显示。

3）对 CH1 仅进行定标设置，对 CH2 仅进行报警输出设置。

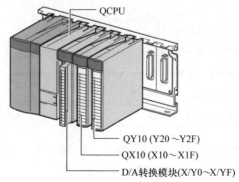

图 4-80 模拟量输出

实施步骤：

步骤1：根据要求进行 Q00U PLC 的 I/O 分配，如图 4-81 所示。

No.	插槽	类型	型号	点数	起始XY
0	CPU	CPU ▼		▼	
1	0(*-0)	智能 ▼	Q64DAH	16点 ▼	0000
2	1(*-1)	输入 ▼	QX10	16点 ▼	0010
3	2(*-2)	输出 ▼	QY10	16点 ▼	0020
4	3(*-3)	▼		▼	
5	4(*-4)	▼		▼	
6	5(*-5)	▼		▼	
7	6(*-6)	▼		▼	

I/O分配(*1)

图 4-81　Q00U PLC 的 I/O 分配

步骤2：使用的软元件见表 4-26。

表 4-26　使用的软元件

软元件	内　容	
D1	CH1 数字值	
D2	CH2 数字值	
D8	报警输出标志	
D10	出错代码	
M20 ~ M27	报警输出标志	
X0	模块 READY	D/A 转换模块（X/Y0 ~ X/YF）
X7	外部供应电源 READY 标志	
XE	报警输出信号	
XF	出错发生标志	
Y1	CH1 输出允许/禁止标志	
Y2	CH2 输出允许/禁止标志	
YE	报警输出清除请求	
YF	出错清除请求	
X11	批量输出允许信号	QX10（X10 ~ X1F）
X12	数字值写入指令输入信号	
X14	报警输出复位信号	
X15	出错复位信号	
Y20 ~ Y2F	出错代码显示（BCD4 位）	QY10（Y20 ~ Y2F）

步骤3：对 QD64DAH 智能模块进行参数设置，包括输出范围、HOLD/CLEAR 功能、运行模式以及输出模式等。同时进行通道设置，见表 4-27。

表 4-27　通道设置

设置项目	CH1	CH2	CH3	CH4
D/A 转换允许/禁止设置	允许	允许	禁止	禁止
报警输出设置	禁止	允许	禁止	禁止
报警输出下限值	—	3000	—	—
报警输出上限值	—	10000	—	—
定标有效/无效设置	有效	无效	无效	无效
定标上限值	32000	—	—	—
定标下限值	0	—	—	—

完成后的参数界面为图 4-82 所示，完成后的自动刷新设置如图 4-83 所示。

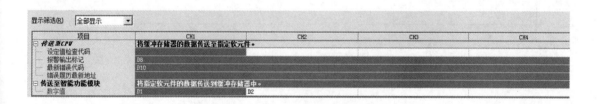

图 4-82　参数设置

图 4-83　自动刷新设置

然后进行智能功能模块的参数写入，即将设置的参数写入 CPU 模块，对 CPU 模块进行复位或将 PLC 的电源置为 OFF→ON。

步骤 4：程序编写。图 4-84 所示为具体程序，解释如下：

1）数字值的写入，通过定义的 D1 和 D2 变量，将相关数据写入。

2）设置运行模拟输出，即将 Y1 和 Y2 输出。

3）报警输出标志的读取，即从 D8 输出到 M20 ~ M27，其中 CH2 的上限报警处理为 SET M100、CH2 的下限报警处理为 SET M101。报警输出清除为 Y0E。

4）出错代码显示及复位处理，前者显示为 Y20 ~ Y2F，后者清除为 Y0F。

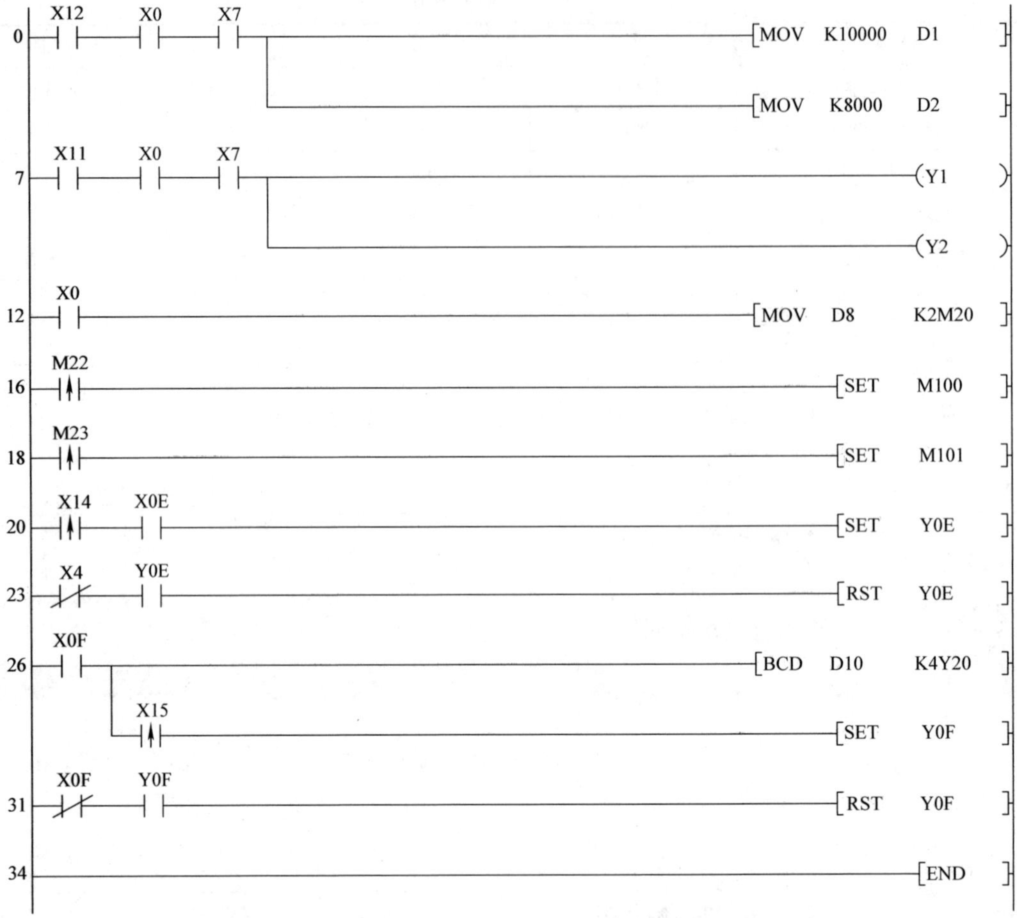

图 4-84 　Q64DAH 模拟量输出程序

第 5 章

Chapter **5**

PLC的定位控制

导读

　　PLC 作为一种典型的定位控制核心主要归因于它具有高速脉冲输入、高速脉冲输出和定位控制模块等软硬件功能。一般而言，用于控制步进电动机或伺服电动机的脉冲通过 PLC 输出，并生成送到相应的电动机驱动器（或放大器）后转化为轴向运动，以最终进行定位、定长等位置动作。三菱 FX3U/Q 系列 PLC 实现定位控制的方式主要包括晶体管输出、定位模块等。本章通过多个工程实例，介绍了如何通过对 PLC 进行硬件方式选择、程序指令调用来实现对工作台电动机等负载对象的定位控制。

5.1 定位控制架构与途径

5.1.1 概述

　　步进与伺服统称为定位控制，它是电气控制的一个分支，使用步进电动机或伺服电动机来控制设备的位置，目前被广泛应用在包装、印刷、纺织和装配工业中。

　　一个定位控制系统的基本架构组成（见图 5-1）包括：

　　1）一个定位控制器（如 PLC）用以生成轨迹点（期望输出）和闭合位置反馈环。许多控制器也可以在内部闭合一个速度环。

　　2）一个驱动器或放大器用以将来自定位控制器的控制信号（通常是速度或转矩信号）转换为更高功率的电流或电压信号。更为先进的智能化驱动可以自身闭合位置环和速度环，以获得更精确的控制。

　　3）一个执行器如液压泵、气缸、线性执行机或电动机用以输出运动状态。

　　4）一个反馈传感器如光电编码器、旋转变压器或霍尔效应设备等用以反馈执行器的位置到位置控制器，以实现和位置控制环的闭合。

　　众多机械部件用以将执行器的运动形式转换为期望的运动形式，它包括齿轮箱、轴、滚

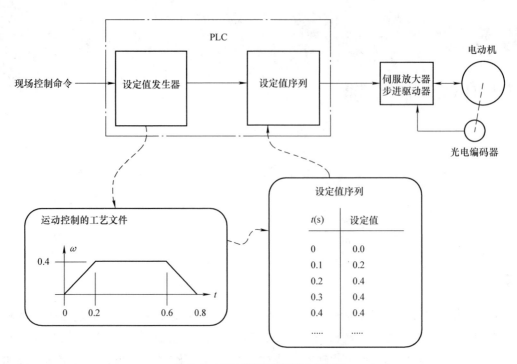

图 5-1　定位控制系统的基本架构

珠丝杠、齿形带、联轴器以及线性和旋转轴承。

通常，一个定位控制功能主要包括：①速度控制。②点位控制（点到点）。有很多方法可以计算出一个运动轨迹，它们通常基于一个运动的速度曲线，如三角形速度曲线、梯形速度曲线或者 S 形速度曲线。③电子齿轮（或电子凸轮）。也就是从动轴的位置在机械上跟随一个主动轴的位置变化。一个简单的例子是，一个系统包含两个转盘，它们按照一个给定的相对角度关系转动。电子凸轮较之电子齿轮更复杂一些，它使得主动轴和从动轴之间的随动关系曲线是一个函数。这个曲线可以是非线性的，但必须是一个函数关系。

从定位控制的基本架构可以看到，PLC 作为一种典型的定位控制核心起到了非常重要的作用，这主要归因于 PLC 具有高速脉冲输入、高速脉冲输出和定位控制模块等软硬件功能。

5.1.2　步进电动机概述

步进电动机是利用电磁铁原理，将脉冲信号转换成线位移或角位移的电动机，即每来一个电平脉冲，电动机就转动一个角度，最终带动机械移动一小段距离（见图 5-2）。

图 5-2　步进电动机工作原理

通常按励磁方式可以将步进电动机分为三大类：

1）反应式：转子无绕组，定转子开小齿、步距角小，其应用最广。

2）永磁式：转子的极数等于每相定子极数，不开小齿，步距角较大，转矩较大。

3）感应式（混合式）：开小齿，比永磁式转矩更大、动态性能更好、步距角更小。

图5-3所示的步进电动机主要由两部分构成，即定子和转子，它们均由磁性材料构成。定、转子铁心由软磁材料或硅钢片叠成凸极结构。步进电动机的定子、转子磁极上均有小齿，其齿数相等。

图5-4所示的步进电动机为三相绕组，其定子有六个磁极，定子磁极上套有星形联结的三相控制绕组，每两个相对的磁极为一相并组成一相控制绕组。

图5-3 步进电动机拆解后的定子和转子

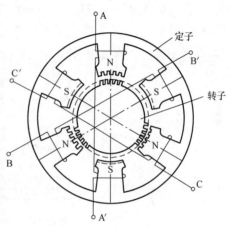

图5-4 三相步进电动机

1. 步进电动机的步距角

步进电动机的步距角表示控制系统每发送一个脉冲信号时电动机所转动的角度，也可以说，每输入一个脉冲信号电动机转子转过的角度称为步距角，用 θ_s 表示。图5-5所示为某两相步进电动机步距角 $\theta_s = 1.8°$ 的示意。

步进电动机的特点是来一个脉冲，转一个步距角，其角位移量或线位移量与电脉冲数成正比，即步进电动机的转动距离正比于施加到驱动器上的脉冲信号数（脉冲数）。步进电动机转动（电动机出力轴转动角度）和脉冲数的关系如下所示：

$$\theta = \theta_s A$$

式中，θ 为电动机出力轴转动角度（°），θ_s 为步距角（°），A 为脉冲数。

根据这个公式，可以得出图5-6所示的脉冲数与转动角度的关系。

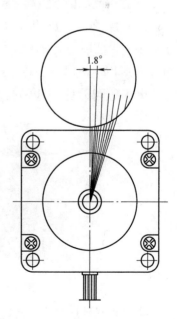

图5-5 步距角1.8°（两相电动机）

2. 步进电动机的频率

控制脉冲频率亦可控制步进电动机的转速，因为步进电动机的转速与施加到步进电动机驱动器上的脉冲信号频率成比例关系。

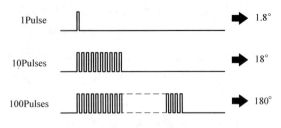

图5-6 脉冲数与转动角度的关系

电动机的转速与脉冲频率的关系如下（整步模式）：

$$N = \frac{\theta_s}{360} f \times 60$$

式中，N 为电动机出力轴转速（r/min），θ_s 为步距角（°），f 为脉冲频率（每秒输入脉冲数）（Hz）。

根据这个公式，可以得出图5-7所示的脉冲频率与转速的关系。

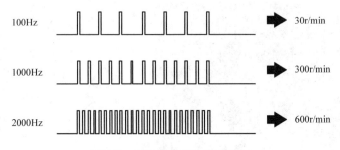

图5-7 脉冲频率与转速的关系

3. 步进电动机的选型与应用特点

一般而言，步进电动机的步距角、静转矩及电流三大要素确定之后，其电动机型号便确定下来了。目前市场上流行的步进电动机是以机座号（电动机外径）来划分的。根据机座号可分为42BYG（BYG为感应式步进电动机代号）、57BYG、86BYG、110BYG等国际标准，而像70BYG、90BYG、130BYG等均为国内标准。图5-8所示为57BYG步进电动机外观及其接线端子。

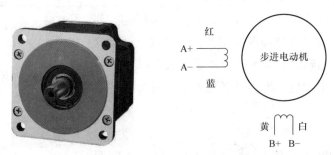

图5-8 57BYG步进电动机外观及其接线端子

步进电动机转速越高，转矩越大，则要求电动机的电流越大，驱动电源的电压越高。电压对转矩影响如图5-9所示。

步进电动机的重要特征之一是高转矩、小体积。这些特征使得电动机具有优秀的加速和响应，使得这些电动机非常适合那些需要频繁启动和停止的应用（见图 5-10）。

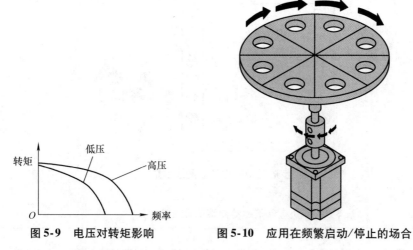

图 5-9   电压对转矩影响   图 5-10   应用在频繁启动/停止的场合

绕组通电时步进电动机具有全部的保持转矩，这就意味着步进电动机可以在不使用机械制动的情况下保持在停止位置（见图 5-11）。

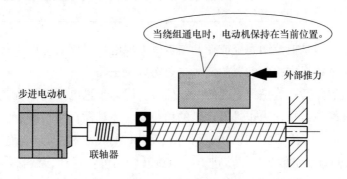

图 5-11   保持在停止位置

一旦电源被切断，步进电动机自身的保持转矩丢失，电动机不能在垂直操作中或施加外力作用下保持在停止位置，此时在提升和其他相似应用中需要使用带电磁制动的步进电动机（见图 5-12）。

4. 步进电动机驱动器的使用方法

步进电动机控制属于"开环"控制的范围，使用在定位精度一般的场合，比如机床的进刀、丝杠的定位等，这里简单介绍一下步进驱动器的使用方法。

图 5-13 所示为步进电动机驱动器的接线示

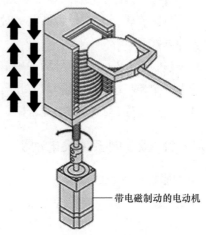

图 5-12   带电磁制动的步进电动机

意，其含义见表5-1。

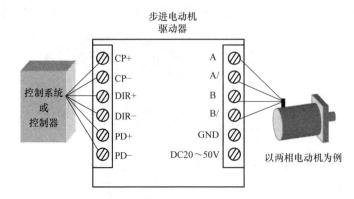

图5-13 步进电动机驱动器接线示意

表5-1 步进电动机驱动器端子号及其含义

端子号	含义	端子号	含义
CP +	脉冲正输入端	DIR –	方向电平的负输入端
CP –	脉冲负输入端	PD +	脱机信号正输入端
DIR +	方向电平的正输入端	PD –	脱机信号负输入端

步进电动机驱动器是把控制系统或控制器提供的弱电信号放大为步进电动机能够接受的强电流信号，控制系统提供给驱动器的信号主要有以下三路：

1）步进脉冲信号CP：这是最重要的一路信号，因为步进电动机驱动器的原理就是要把控制系统发出的脉冲信号转化为步进电动机的角位移。驱动器每接收一个步进脉冲信号CP，就驱动步进电动机旋转一个步距角，步进脉冲信号CP的频率和步进电动机的转速成正比，步进脉冲信号CP的脉冲个数决定了步进电动机旋转的角度。这样，控制系统通过脉冲信号CP就可以达到电动机调速和定位的目的。

2）方向电平信号DIR：此信号决定电动机的旋转方向。比如说，此信号为高电平时电动机为顺时针旋转，此信号为低电平时电动机则为反方向逆时针旋转。此种换向方式又称之为单脉冲方式。

3）脱机信号PD：此信号为选用信号，并不是必须要用的，只在一些特殊情况下使用，此端输入一个5V电平时，电动机处于无转矩状态；此端为高电平或悬空不接时，此功能无效，电动机可正常运行，此功能若用户不采用，只需将此端悬空即可。

5.1.3 伺服控制系统及电动机

1. 伺服控制系统的原理

伺服系统专指被控制量（系统的输出量）是机械位移或位移速度、加速度的反馈控制系统，其作用是使输出的机械位移（或转角）准确地跟踪输入的位移（或转角）。伺服系统的结构组成和其他形式的反馈控制系统没有原则上的区别。

图 5-14 所示为伺服控制系统组成原理图，它包括控制器、伺服驱动器、伺服电动机和位置检测反馈元件。伺服驱动器通过执行控制器的指令来控制伺服电动机，进而驱动机械装备的运动部件（这里指的是丝杠工作台），实现对装备的速度、转矩和位置控制。

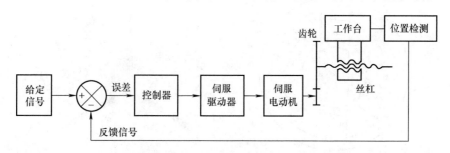

图 5-14　伺服控制系统组成原理图

从自动控制理论的角度来分析，伺服控制系统一般包括控制器、被控对象、执行环节、检测环节、比较环节等五部分。

（1）比较环节

比较环节的作用是将输入的指令信号与系统的反馈信号进行比较，以获得输出与输入间的偏差信号，通常由专门的电路或计算机来实现。

（2）控制器

控制器通常是 PLC、计算机或 PID 控制电路，其主要任务是对比较元件输出的偏差信号进行变换处理，以控制执行元件按要求动作。

（3）执行环节

执行环节的作用是按控制信号的要求，将输入的各种形式的能量转化成机械能，驱动被控对象工作，这里一般是指各种电动机、液压、气动伺服机构等。

（4）被控对象

机械参数量包括位移、速度、加速度、力、力矩等被控对象。

（5）检测环节

检测环节是指能够对输出进行测量并转换成比较环节所需要的量纲的装置，一般包括传感器和转换电路。

2. 伺服电动机的原理与结构

伺服电动机与步进电动机不同的是，伺服电动机是将输入的电压信号变换成转轴的角位移或角速度输出，其控制速度和位置精度非常准确。

按使用的电源性质不同可以分为直流伺服电动机和交流伺服电动机两种。直流伺服电动机存在如下缺点：电枢绕组在转子上不利于散热；绕组在转子上，转子惯量较大，不利于高速响应；电刷和换向器易磨损，需要经常维护，限制电动机速度，换向时会产生电火花等。因此，直流伺服电动机慢慢地被交流伺服电动机所替代。

交流伺服电动机一般是指永磁同步型电动机，它主要由定子、转子及测量转子位置的传感器构成。定子和一般的三相感应电机类似，采用三相对称绕组结构，它们的轴线在空间彼此相差120°，如图5-15所示；转子上贴有磁性体，一般有两对以上的磁极；位置传感器一般为光电编码器或旋转变压器。

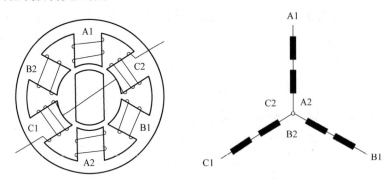

图 5-15   永磁同步型交流伺服电动机的定子结构

在实际应用中，伺服电动机的结构通常会采用图5-16所示的方式，它包括电动机定子、转子、轴承、编码器、编码器连接线、伺服电动机连接线、轴和绕组等。

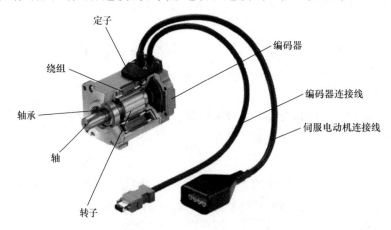

图 5-16   伺服电动机的通用结构

3. 伺服驱动器的结构

伺服驱动器又称为功率放大器，其作用是将工频交流电源转换成幅度和频率均可变的交流电源，提供给伺服电动机，其内部结构如图5-17所示，主要包括主电路和控制电路。

伺服驱动器的主电路包括整流电路、充电保护电路、滤波电路、再生制动电路（能耗制动电路）、逆变电路和动态制动电路，可见比变频器的主电路增加了动态制动电路，即在逆变电路基极断路时，在伺服电动机和端子间加上适当的电阻器进行制动。电流检测器用于检测伺服驱动器输出电流的大小，并通过电流检测电路反馈给 DSP 控制电路。有些伺服电动机除了编码器之外，还带有电磁制动器，在制动线圈未通电时，伺服电动机被抱闸，线圈通电后抱闸松开，电动机方可正常运行。

控制电路有单独的控制电路电源，除了为 DSP 以及检测保护等电路提供电源外，对于大功率伺服驱动器来说，还提供散热风机电源。

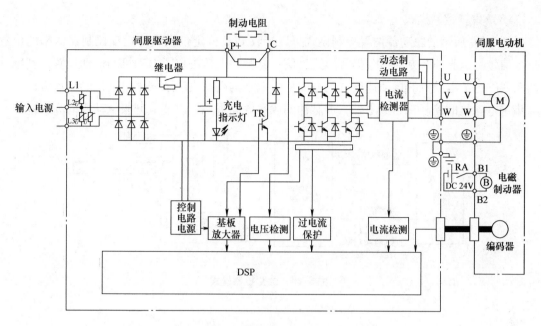

图 5-17　伺服驱动器内部结构

4. 伺服驱动器的控制模式

交流伺服驱动器中一般都包含有位置回路、速度回路和转矩回路，但使用时可将驱动器、电动机和运动控制器结合起来组合成不同的工作模式，以满足不同的应用要求。伺服驱动器主要有速度控制、转矩控制和位置控制等三种模式。

（1）速度控制模式

图 5-18 所示的伺服驱动器的速度控制采取与变频调速一致的方式进行，即通过控制输出电源的频率对电动机进行调速。此时，伺服电动机工作在速度控制闭环，编码器会将速度信号检测反馈到伺服驱动器，与设定信号（如多段速、电位器设定等）进行比较，然后进行速度 PID 控制。

（2）转矩控制模式

图 5-19 所示的伺服驱动器转矩控制模式是通过外部模拟量输入控制伺服电动机的输出转矩。

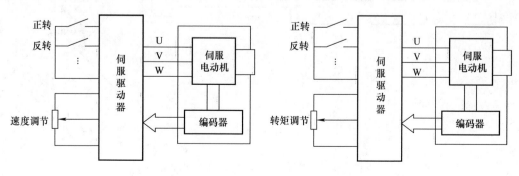

图 5-18　速度控制模式　　　　　　　　图 5-19　转矩控制模式

（3）位置控制模式

图 5-20 所示的驱动器位置控制模式可以接收 PLC 或定位模块等运动控制器送来的位置指令信号。以脉冲及方向指令信号形式为例，其脉冲个数决定了电动机的运动位置，其脉冲的频率决定了电动机的运动速度，而方向信号电平的高低决定了伺服电动机的运动方向。这与步进电动机的控制有相似之处，但脉冲的频率要高很多，以适应伺服电动机的高转速。

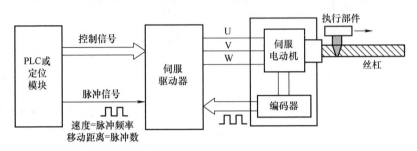

图 5-20　位置控制模式

5.2　FX3U 系列 PLC 步进控制与指令应用

5.2.1　FX3U 系列 PLC 实现定位控制的基础

FX3U 系列 PLC 可以实现定位控制的基础在于集成了高速计数口、高速脉冲输出口等硬件和相应的软件功能。如图 5-21 所示，PLC 输出脉冲和方向到驱动器（步进电动机或电动机伺服），驱动器再将从 CPU 输入的给定值进行处理后通过图 5-22 所示的三种方式输出到步进电动机或伺服电动机（包括晶体管输出、FX3U – 2HSY – ADP、特殊功能模块），控制电动机加速、减速和移动到指定位置。

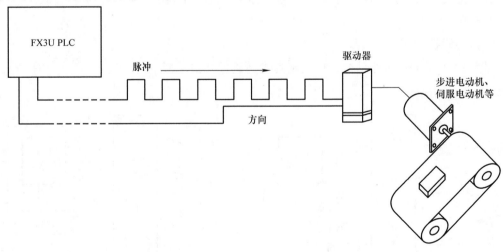

图 5-21　FX3U 系列 PLC 定位控制应用

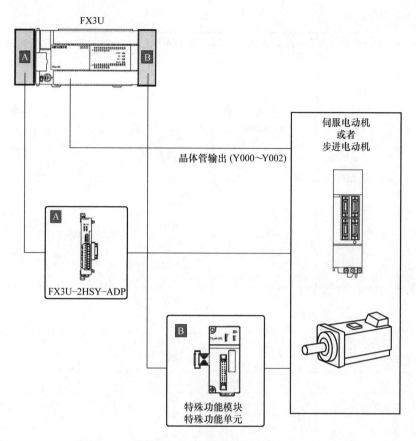

A、B 表示安装位置

图 5-22　FX3U 系列 PLC 定位控制的三种方式

其中 FX3U 晶体管输出和 FX3U – 2HSY – ADP 的技术指标见表 5-2，特殊功能模块/单元的技术指标见表 5-3。

表 5-2　晶体管输出和 FX3U – 2HSY – ADP 的技术指标

型号名称	轴数	频率/Hz	控制单位	输出方式	输出形式	参考
FX3U 基本单元 （晶体管输出）	3 轴 （独立）	10 ~ 100000	脉冲	晶体管	脉冲 + 方向	B. 内置定位功能
特殊适配器 FX3U – 2HSY – ADP	2 轴 （独立）	10 ~ 200000	脉冲	差动线性驱动	脉冲 + 方向 或者 正转·反转脉冲	B. 内置定位功能

表 5-3　特殊功能模块/单元的技术指标

型号名称	轴数	频率/Hz	控制单位	输出方式	输出形式
特殊功能模块					
FU3U – 1PG	1 轴	1 ~ 200000	脉冲 μm 10^{-4} in mdeg	晶体管	脉冲 + 方向 或者 正转·反转脉冲

（续）

型号名称	轴数	频率/Hz	控制单位	输出方式	输出形式
特殊功能模块					
FX2N – 1PG（ – E）	1 轴	10 ~ 100000	脉冲 μm 10^{-4} in mdeg	晶体管	脉冲 + 方向 或者 正转·反转脉冲
FX2N – 10PG	1 轴	1 ~ 1000000	脉冲 μm 10^{-4} in mdeg	差动线性驱动	脉冲 + 方向 或者 正转·反转脉冲
FX3U – 20SSC – H	2 轴 （独立/插补）	1 ~ 50000000	脉冲 μm 10^{-4} in mdeg	SSCNET Ⅲ	
特殊功能单元					
FX2N – 10GM	1 轴	1 ~ 200000	脉冲 μm 10^{-4} in mdeg	晶体管	脉冲 + 方向 或者 正转·反转脉冲
FX2N – 20GM	2 轴 （独立/插补）	1 ~ 200000	脉冲 μm 10^{-4} in mdeg	晶体管	脉冲 + 方向 或者 正转·反转脉冲

5.2.2 定位应用指令解析

图 5-23 所示为步进电动机与 PLC 的接线，其中开关电源的选择与步进驱动器有关，如果步进驱动器是 5V，而开关电源为 DC 24V，建议在 Y0、Y1 输出端串接 2kΩ 电阻 R；FX3U 系列 PLC 选择晶体管输出，如 FX3U – 32MT；步进驱动器的接线注意与 PLC 对应端子，这里采用共阳接线方式；步进驱动器与步进电动机采用两相或三相方式。图 5-24 和图 5-25 所示为本章案例中用到的实验装置及控制示意。

表 5-4 所示为 I/O 表，正反转方向如果输出反了，可以直接交换步进电动机的相序即可。

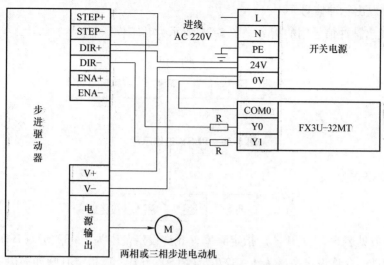

图 5-23   步进电动机与 PLC 的接线

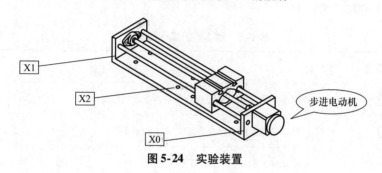

图 5-24   实验装置

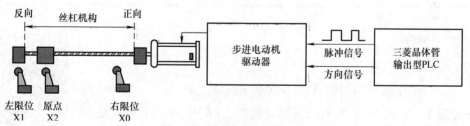

图 5-25   实验装置控制示意

表 5-4   I/O 表

输入	含义	输出	含义
X0	右限位（位于原点右侧）	Y0	输出脉冲
X1	左限位（位于原点左侧）		
X2	原点限位		
X10	按钮 1	Y1	输出方向
X11	按钮 2		
X12	按钮 3		
X13	按钮 4		

1. PLSY/发出脉冲信号

PLSY 是发出脉冲信号用的指令，图 5-26 所示为其工作示意。

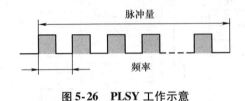

图 5-26　PLSY 工作示意

PLSY 指令格式为

其中操作数见表 5-5，（S1·）指定频率，允许设定范围为 1~32767（Hz）；（S2·）指定发出的脉冲量，允许设定范围为 1~32767（PLS）；（D·）指定有脉冲输出的 Y 编号，允许设定范围为 Y000、Y001。

表 5-5　PLSY 的操作数说明

操作数种类	内　　容
(S1·)	频率数据（Hz）或是保存数据的字软元件编号
(S2·)	脉冲量数据或是保存数据的字软元件编号
(D·)	输出脉冲的位软元件（Y）编号

【例 5-1】PLSY 指令实现正反转应用

任务要求：在图 5-24 所示的实验装置中，FX3U - 32MT PLC 输出 Y0、Y1 为滑台电动机的脉冲和方向，输入 X10 为启动按钮、X11 为停止按钮、X12 为正反转切换按钮。请使用 PLSY 指令实现正反转控制。

实施步骤：

步骤 1：硬件接线。包括图 5-25 所示的 PLC 与步进电动机、PLC 与限位开关、PLC 与按钮之间的接线，需要注意的是，由于限位开关有 NPN、PNP 两种，需要注意 S/S 接线。图 5-27 所示为 NPN 限位开关与 PLC 之间的接线。

步骤 2：根据要求，用图 5-28 所示的梯形图实现正反转功能。程序解释如下：M0 继电器是受启动按钮 X10、停止按钮 X11 来控制；当 M0 = ON 时，通过［PLSY K1000 K1000 Y0］指令进行脉冲输出控制，其中每次动作为 1000 个脉冲、频率为 1000Hz；按钮 X12 用来切换输出方向 Y1，指令为 ALT。

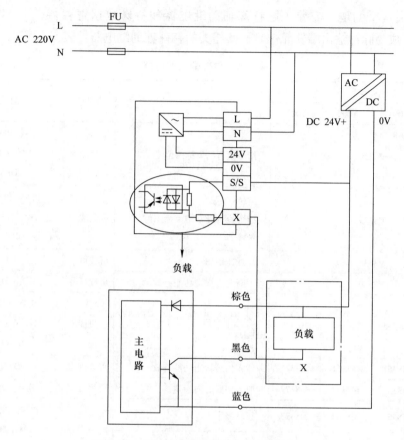

图 5-27　NPN 限位开关与 PLC 之间的接线

```
  X010
──┤├───────────────────────────────────────[SET    M0   ]

  X011
──┤├───────────────────────────────────────[RST    M0   ]

  M0
──┤├──────────────────────────[PLSY   K1000   K1000   Y000 ]

  X012
──┤↑├───────────────────────────────────────[ALT    Y001 ]

────────────────────────────────────────────[END        ]
```

图 5-28　PLSY 指令实现正反转应用梯形图

　　在本实例中发现一个问题，即当 1000 个脉冲发送完之后，无法进行第二次发送，必须重新将 M0 复位。

为了解决这个问题，需要了解特殊辅助继电器和特殊数据寄存器。当Y000、Y001、Y002、Y003成为脉冲输出端软元件时，其相关的特殊辅助继电器见表5-6。

表5-6　特殊辅助继电器

软元件编号				名称	属性	对象指令
Y000	Y001	Y002	Y003			
M8029				指令执行结束标志位	只读	PLSY/PLSR/DSZR/ DVIT/ZRN/DRVI/ DRVA 等
M8329				指令执行异常结束标志位	只读	PLSY/PLSR/DSZR/ DVIT/ZRN/PLSV/ DRVI/DRVA
M8338				加减速动作	可读可写	PLSV
M8336				中断输入指定功能有效	可读可写	DVIT
M8340	M8350	M8360	M8370	脉冲输出中监控（BUSY/ READY）	只读	PLSY/PLSR/DSZR/ DVIT/ZRN/PLSV/ DRVI/DRVA
M3341	M8351	M8361	M8371	清零信号输出功能有效	可读可写	DSZR/ZRN
M8342	M8352	M8362	M8372	原点回归方向指定	可读可写	DSZR
M8343	M8353	M8363	M8373	正转极限	可读可写	PLSY/PLSR/DSZR/ DVIT/ZRN/PLSV/ DRVI/DRVA
M8344	M8354	M8364	M8374	反转极限	可读可写	
M8345	M8355	M8365	M8375	近点信号逻辑反转	可读可写	DSZR
M8346	M8356	M8366	M8376	零点信号逻辑反转	可读可写	DSZR
M8347	M8357	M8367	M8377	中断信号逻辑反转	可读可写	DVIT
M8348	M8358	M8368	M8378	定位指令驱动中	只读	PLSY/PWM/PLSR/ DSZR/DVIT/ZRN/ PLSV/DRVI/DRVA
M8349	M8359	M8369	M8379	脉冲停止指令	可读可写	PLSY/PLSR/DSZR/ DVIT/ZRN/PLSV/ DRVI/DRVA
M8460	M8461	M8462	M8463	用户中断输入指令	可读可写	DVIT
M8464	M8465	M8466	M8467	清零信号软元件指定功能有效	可读可写	DSZR/ZRN

当Y000、Y001、Y002、Y003为脉冲输出端软元件时，其相关的特殊数据寄存器见表5-7。

表5-7　特殊数据寄存器

软元件编号								名称	数据长	初始值	对象指令
Y000		Y001		Y002		Y003					
D8336								中断输入指定	16位	—	DVIT
D8340	低位	D8350	低位	D8360	低位	D8370	低位	当前值寄存器〔PLS〕	32位	0	DSZR/DVIT/ZRN/PLSV/DRVI/DRVA
D8341	高位	D8351	高位	D8361	高位	D8371	高位				
D8342		D8352		D8362		D8372		基底速度〔Hz〕	16位	0	DSZR/DVIT/ZRN/PLSV/DRVI/DRVA
D8343	低位	D8353	低位	D8363	低位	D8373	低位	最高速度〔Hz〕	32位	100000	DSZR/DVIT/ZRN/PLSV/DRVI/DRVA
D8344	高位	D8354	高位	D8364	高位	D8374	高位				
D8345		D8355		D8365		D8375		爬行速度〔Hz〕	16位	1000	DSZR
D8346	低位	D8356	低位	D8366	低位	D8376	低位	原点回归速度〔Hz〕	32位	50000	DSZR
D8347	高位	D8357	高位	D8367	高位	D8377	高位				
D8348		D8358		D8368		D8378		加速时间〔ms〕	16位	100	DSZR/DVIT/ZRN/PLSV/DRVI/DRVA
D8349		D8359		D8369		D8379		减速时间〔ms〕	16位	100	DSZR/DVIT/ZRN/PLSV/DRVI/DRVA
D8464		D8465		D8466		D8467		清零信号软元件指定	16位	—	DSZR/ZRN

本例可以再增加一行，观察 M8029 的变化情况。

通过在线实验可以看到，当 M0 为 ON 时进行脉冲输出，输出结束后 M8029 置位、Y10 输出为 ON；然后当 M0 为 OFF 时，M8029 复位、Y10 输出为 OFF。

2. PLSR/带加减速的脉冲输出

PLSR 是带加减速功能的脉冲输出指令，图 5-29 所示为其工作示意。

PLSR 指令格式为

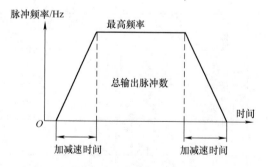

图 5-29　PLSR 工作示意

其中操作数见表 5-8，（S1·）为最高频率，允许设定范围为 10～32767（Hz）；（S2·）为总输出脉冲数（PLS），允许设定范围为 1～32767（PLS）；（S3·）为加减速时间（ms），允许设定范围为 50～5000（ms）；（D·）为脉冲输出信号，允许设定范围为 Y000、Y001。

表 5-8　PLSR 的操作数说明

操作数种类	内容	数据类型
(S1•)	保存最高频率（Hz）数据，或是数据的字软元件编号	BIN16/32 位
(S2•)	保存总的脉冲数（PLS）数据，或是数据的字软元件编号	BIN16/32 位
(S3•)	保存加减速时间（ms）数据，或是数据的字软元件编号	BIN16/32 位
(D•)	输出脉冲的位软元件（Y）编号	位

【例5-2】PLSR 指令实现带加减速的脉冲输出应用

任务要求：在实验装置中，FX3U – 32MT PLC 中输出 Y0/Y1 为滑台电动机的脉冲和方向，输入 X10 为启动按钮、X11 为停止按钮、X12 为正反转切换按钮，请使用 PLSR 指令实现带加减速的脉冲输出。

实施步骤：

步骤 1：硬件接线同例 5-1。

步骤 2：根据要求，用图 5-30 所示的梯形图来实现带加减速的脉冲输出应用。程序与例 5-1 唯一的区别就是指令不同，即用［PLSR K3000 K5000 K1000 Y000］替代原来的 PLSY 指令。在运行中可以听到加速和减速的声音。

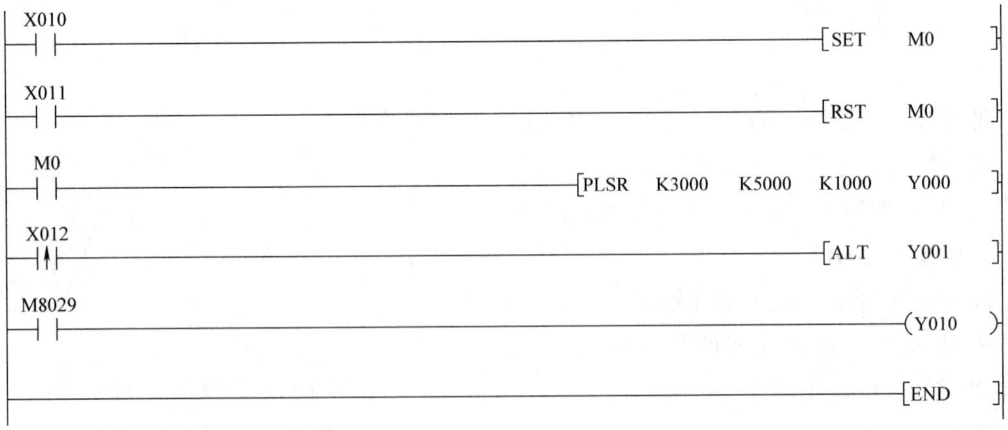

```
  X010
───┤├──────────────────────────────────────[SET    M0 ]

  X011
───┤├──────────────────────────────────────[RST    M0 ]

  M0
───┤├──────────────[PLSR   K3000   K5000   K1000   Y000]

  X012
───┤↑├─────────────────────────────────────[ALT    Y001]

  M8029
───┤├──────────────────────────────────────(Y010)

────────────────────────────────────────────[END ]
```

图 5-30　PLSR 指令实现带加减速的脉冲输出应用

3. PLSV/可变速脉冲输出

PLSV 是输出带旋转方向的可变速脉冲的指令。如图 5-31 所示，通过驱动 PLSV 指令，以指定的运行速度动作。如果运行速度变化，则变为以指定的速度运行。如果 PLSV 指令为 OFF，则脉冲输出停止。有加减速动作的情况下，在速度变更时，执行加减速。

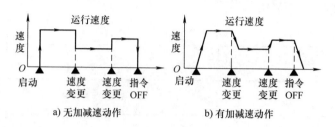

图 5-31　工作示意

PLSV 的指令格式为

其中操作数见表 5-9，（D1·）需要指定基本单元的晶体管输出 Y000、Y001、Y002，或是高速输出特殊适配器 Y000、Y001、Y002、Y003。

表 5-9　PLSV 操作数说明

操作数种类	内容	数据类型
(S₁•)	指定输出脉冲频率的软元件编号	BIN16/32 位
(D₁•)	指定输出脉冲的输出编号	位
(D₂•)	指定旋转方向信号的输出对象编号	

【例 5-3】PLSV 指令实现输出频率的变化

任务要求：在实验装置中，当正转时，工作台位于原点左侧位置，按下正转启动按钮，此时工作台以 500Hz 运行，当达到原点后，速度加到 2000Hz，直至按下停止按钮；当反转时，工作台位于原点右侧位置，按下反转启动按钮，此时工作台以 2000Hz 运行，当达到原点后，速度减到 500Hz，直至按下停止按钮。

实施步骤：

步骤 1：硬件接线同例 5-1。

步骤 2：程序如图 5-32 所示，解释如下：

步 0～4：实现正转、反转按钮对中间变量 M0 和 M1 的控制，其中 M0 为正转、M1 为反转。

步 7：当限位 X2 触发时，置位 M2。

步9～36：实现4种情况的变速运行，需要注意的是，Y1方向的输出是受速度方向控制的，其中速度为正时Y1输出ON，这个需要特别留意。

步45：当停机时，复位M2。

```
        X010
0    ─┤ ├────────────────────────────────────[SET    M0 ]

        X012
2    ─┤ ├────────────────────────────────────[SET    M1 ]

        X011
4    ─┤ ├──┬─────────────────────────────────[RST    M0 ]
          │
          └─────────────────────────────────[RST    M1 ]

        X002
7    ─┤ ├────────────────────────────────────[SET    M2 ]

        M0     M2
9    ─┤ ├───┤/├──────────────────[PLSV   K-500    Y000   Y001 ]

        M0     M2
18   ─┤ ├───┤/├──────────────────[PLSV   K-2000   Y000   Y001 ]

        M1     M2
27   ─┤ ├───┤/├──────────────────[PLSV   K2000    Y000   Y001 ]

        M1     M2
36   ─┤ ├───┤/├──────────────────[PLSV   K500     Y000   Y001 ]

        M0     M1
45   ─┤/├───┤/├──────────────────────────────[RST    M2 ]

48   ────────────────────────────────────────────────[END ]
```

图 5-32　变速输出梯形图

4. DRVI/相对定位

DRVI是以相对驱动方式执行单速定位的指令。用带正/负的符号指定从当前位置开始移动距离的方式，称为增量（相对）驱动方式，如图5-33所示。

DRVI的指令格式为

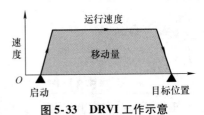

图 5-33　DRVI 工作示意

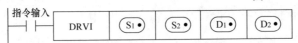

其中操作数见表5-10，（S1·）指定输出脉冲数（相对地址），设定范围为16位运算时为 –32768 ～ +32767（0除外）、32位运算时为 –999999 ～ +999999（0除外）；（S2·）指定输出脉冲频率，设定范围为16位运算时为 10～32767（Hz）、32位运算时为 10～200000（Hz）；（D1·）指定输出脉冲的输出编号，指定基本单元的晶体管输出 Y000、Y001、Y002，或是高速输出特殊适配器 Y000、Y001、Y002、Y003；（D2·）指定旋转方向信号的输出对象编号。

表5-10　DRVI 的操作数说明

操作数种类	内　　容	数据类型
(S1•)	指定输出脉冲数（相对地址）	BIN16/32 位
(S2•)	指定输出脉冲频率	
(D1•)	指定输出脉冲的输出编号	位
(D2•)	指定旋转方向信号的输出对象编号	

需要特别留意的是，（S1·）和（S2·）的位置与指令类型有关，比如 DRVI 和 PLSY 位置刚好相反；另外，当 32 位运算时，采用 DDRVI 指令。

【例5-4】DRVI 指令实现相对定位控制

任务要求：在实验装置中，正反转时，各输出频率为 1000Hz 的脉冲 5000 个。

实施步骤：

步骤 1：硬件接线同例 5-1。

步骤 2：程序如图 5-34 所示，解释如下：

步 0 ~ 8：实现按钮正反转控制中间变量 M0 和 M1。

步 10、20：正转、反转控制脉冲和方向输出，只需要改变脉冲的正负值即可，方向 Y1 就会自动改变。

步 30：将实时位置情况显示出来，包括 D8340（低位）、D8341（高位）两个字。

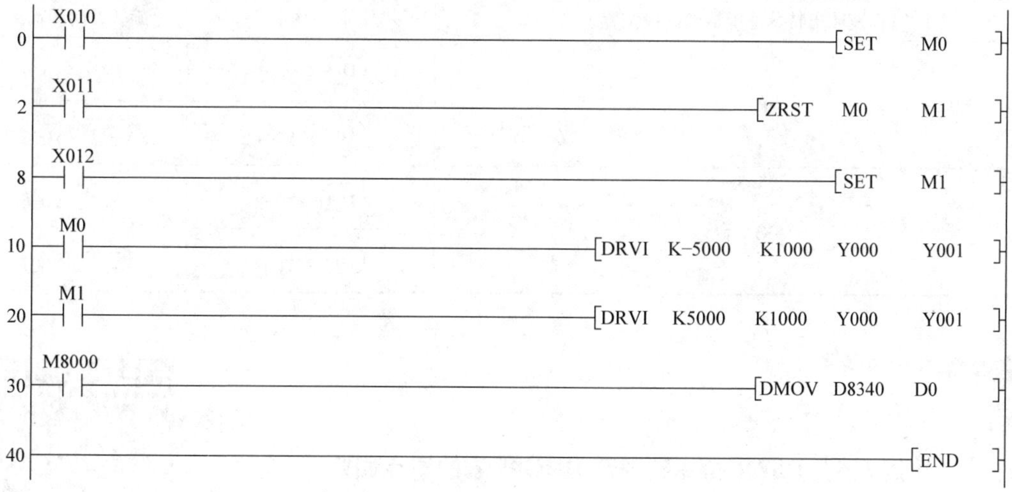

```
        X010
0 ──┤├──────────────────────────────────────[SET    M0 ]

        X011
2 ──┤├──────────────────────────────────[ZRST  M0   M1 ]

        X012
8 ──┤├──────────────────────────────────────[SET    M1 ]

        M0
10 ─┤├──────────────────[DRVI  K-5000  K1000  Y000   Y001]

        M1
20 ─┤├──────────────────[DRVI  K5000   K1000  Y000   Y001]

       M8000
30 ─┤├──────────────────────────────[DMOV   D8340   D0 ]

40 ─────────────────────────────────────────────[END ]
```

图 5-34　DRVI 指令实现相对定位控制梯形图

5. DSZR/带 DOG 搜索的原点回归

DSZR 是执行原点回归，使机械位置与 PLC 内的当前值寄存器一致的指令。如图 5-35 所示，通过驱动 DSZR 指令，开始机械原点回归，以指定的原点回归速度动作。如果 DOG 的传感器为 ON，则减速为爬行速度。有零点信号输入时停止，完成原点回归。

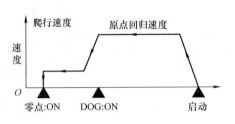

图 5-35 DSZR 动作示意

DSZR 指令格式为

其中操作数见表 5-11，（S2·）需要指定 X000 ~ X007；（D1·）为基本单元的晶体管输出的 Y000、Y001、Y002 或是高速输出特殊适配器的 Y000、Y001、Y002、Y003；（D2·）使用 FX3U PLC 的脉冲输出对象地址中高速输出特殊适配器时，旋转方向信号请使用表 5-12 中的输出，使用 FX3U PLC 的脉冲输出对象地址中内置的晶体管输出时，旋转方向信号请使用晶体管输出。

表 5-11 DSZR 操作数说明

操作数种类	内　　容
(S1·)	指定输入近点信号（DOG）的软元件编号
(S2·)	指定输入零点信号的输入编号
(D1·)	指定输出脉冲的输出编号
(D2·)	指定旋转方向信号的输出对象编号

表 5-12 高速输出特殊适配器

高速输出特殊适配器的连接位置	脉冲输出	旋转方向的输出
第 1 台	(D1·) = Y000	(D2·) = Y004
	(D1·) = Y001	(D2·) = Y005
第 2 台	(D1·) = Y002	(D2·) = Y006
	(D1·) = Y003	(D2·) = Y007

【例 5-5】DSZR 指令实现带 DOG 搜索的原点回归

任务要求：在实验装置中，输出 Y0、Y1 为滑台电动机的脉冲和方向，输入 X0 调整为左侧靠近原点 X2 的 DOG 点，输入 X10 为正转启动按钮、X11 为停止按钮、X12 为反转启动按钮、X13 为原点回归按钮，通过 DSZR 指令实现带 DOG 搜索的原点回归。

实施步骤：

步骤1：硬件接线同例5-1，其中 X0 位置左移，调整为左侧靠近原点 X2 的 DOG 点。

步骤2：程序如图5-36所示，是在例5-4的基础上进行修改的，具体解释如下：

步 0～8：实现按钮正反转控制中间变量 M0 和 M1，其中停止指令同时将相对位置左移、右移和原点回归中间变量 M0、M1、M2 都复位。

步 10～30：实现相对位置左移、右移及实时显示位置 D8340、D8341。

步 40：按下原点回归按钮后，置位中间变量 M2。

步 42：在原点回归动作中，要依次确定原点回归速度（D8346、D8347）、爬行速度（D8345），这里设定为 3000Hz、500Hz，确定原点回归方向（M8342），执行［DSZR X000 X002 Y000 Y001］，执行完毕后由完成信号 M8029 复位 M2。

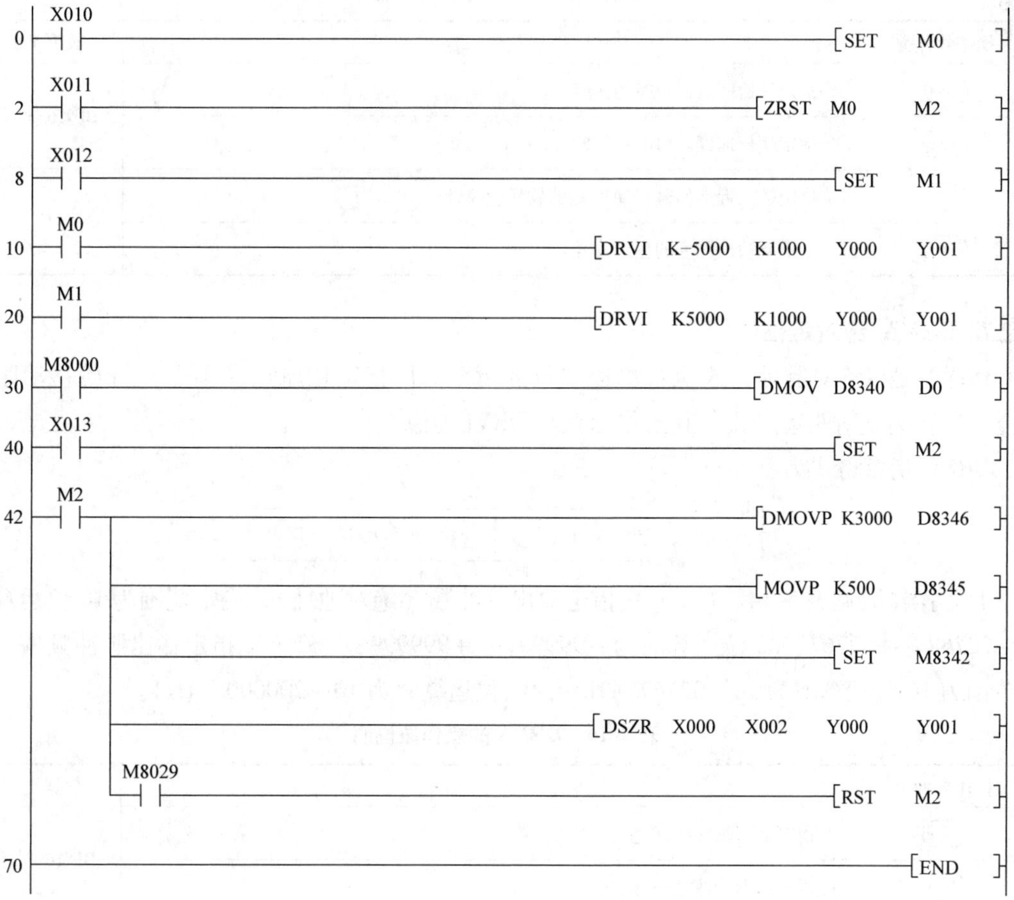

图 5-36　DSZR 指令实现带 DOG 搜索的原点回归

本例中，原点回归速度、爬行速度、原点回归方向需要正确设定，具体寄存器的值参考表5-7，否则将会出现无法回归的情况。当全部执行完毕后，当前位置D8340、D8341显示为0。

6. ZRN/原点回归

ZRN是执行原点回归，使机械位置与PLC内的当前值寄存器一致的指令。ZRN的动作示意与DSZR相同，在DOG传感器为OFF时停止。

ZRN指令格式为

其中操作数见表5-13，(S1·)指定开始原点回归时的速度，16位运算时为10～32767（Hz）、32位运算时为10～200000（Hz）。如果使用32位时，请使用指令DZRN。

表5-13　ZRN操作数说明

操作数种类	内　　容	数据类型
(S1·)	指定开始原点回归时的速度	BIN16/32位
(S2·)	指定爬行速度。[10～32767（Hz）]	
(S3·)	指定输入近点信号（DOG）的软元件编号	位
(D·)	指定要输出脉冲的输出编号	

7. DRVA/绝对定位

DRVA是以绝对驱动方式执行单速定位的指令。用指定从原点（零点）开始移动距离的方式，称为绝对驱动方式。其工作示意与DRVI类似。

DRVA指令格式为

其中操作数见表5-14，(S1·)指定输出脉冲数（绝对地址），设定范围为16位运算时为-32768～+32767、32位运算时为-999999～+999999；(S2·)指定输出脉冲频率，设定范围为16位运算时为10～32767（Hz）、32位运算时为10～200000（Hz）。

表5-14　DRVA的操作数说明

操作数种类	内　　容	数据类型
(S1·)	指定输出脉冲数（绝对地址）	BIN16/32位
(S2·)	指定输出脉冲频率	
(D1·)	指定输出脉冲的输出编号	位
(D2·)	指定旋转方向信号的输出对象编号	

【例 5-6】 DRVA 指令实现绝对位置定位

任务要求：在实验装置中，输出 Y0、Y1 为滑台电动机的脉冲和方向，输入 X0 调整为左侧靠近原点 X2 的 DOG 点，输入 X10 为启动按钮、X11 为绝对位置"＋"按钮、X12 为绝对位置"－"按钮、X13 为原点回归按钮。初始状态时，绝对位置为 10000 个脉冲，通过 X11 和 X12 可以对当前的绝对位置加减 1000 个脉冲；运行频率为 1000Hz；当按下 X10 按钮后，滑台电动机移动到设定的绝对位置。

实施步骤：

步骤 1：硬件接线同例 5-1，其中 X0 位置左移，调整为左侧靠近原点 X2 的 DOG 点。

步骤 2：程序如图 5-37 所示，是在 DSZR 的基础上进行修改的，具体解释如下：

```
M8002
0 ─┤├──────────────────────────────────[DMOVP K10000 D10 ]
   X011
10 ─┤├─────────────────────────────────[DADDP D10   K1000  D10 ]
   X012
24 ─┤├─────────────────────────────────[DSUBP D10   K1000  D10 ]
   X010
38 ─┤├────────────────────────────────────────────[SET  M0 ]
   M0
40 ─┤├─────────────────────────────────[DDRVA D10   K1000  Y000  Y001 ]
   M8029
58 ─┤├────────────────────────────────────────────[RST  M0 ]
   M8000
60 ─┤├────────────────────────────────[DMOV D8340  D0 ]
   X013
70 ─┤├────────────────────────────────────────────[SET  M2 ]
   M2
72 ─┤├────────────────────────────────[DMOVP K3000  D8346 ]
     │
     │                                 [MOVP  K500   D8345 ]
     │
     │                                 [SET   M8342 ]
     │
     │              [DSZR  X000  X002  Y000  Y001 ]
     │ M8029
     └─┤├───────────────────────────────────────[RST  M2 ]
100 ──────────────────────────────────────────────[END ]
```

图 5-37　DRVA 指令实现绝对位置定位梯形图

231

步0：上电初始化，将绝对位置设定值 D10、D11 设定为 10000，注意是 32 位数据。

步10、24：通过 X11 为绝对位置"＋"按钮、X12 为绝对位置"－"按钮进行加减绝对位置值。

步38、40：按下 X10 启动按钮，进行〔DDRVA D10 K1000 Y000 Y001〕绝对位置定位。

步58：当定位完成后，复位 M0，运行下一次定位。

步60 ~ 72：执行 DSZR 指令相关程序，确保原点位置为正确值。由于步进电动机存在失步风险，务必进行正确原点定位。

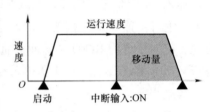

图 5-38　DVIT 工作示意

8. DVIT/中断定位

DVIT 是执行单速中断定长进给的指令。如图 5-38 所示，通过驱动 DVIT 指令，以运行速度动作；如果中断输入为 ON，则运行指定的移动量后，减速停止。

DVIT 指令格式为

```
指令输入
───┤├───[ DVIT ]  (S1·)  (S2·)  (D1·)  (D2·)
```

其中操作数见表 5-15，（S1·）需要指定设定范围为 16 位运算时为 −32768 ~ +32767（0 除外）、32 位运算时为 −999999 ~ +999999（0 除外）；（S2·）设定范围为 16 位运算时为 10 ~ 32767（Hz）、32 位运算时见表 5-16；（D1·）需要指定基本单元的晶体管输出 Y000、Y001、Y002，或是高速输出特殊适配器的 Y000、Y001、Y002、Y003；（D2·）如采用内置的晶体管输出时旋转方向信号也要使用晶体管输出。

表 5-15　DVIT 操作数说明

操作数种类	内　　容	数据类型
(S1·)	指定中断后的输出脉冲数（相对地址）	BIN16/32 位
(S2·)	指定输出脉冲频率	
(D1·)	指定输出脉冲的输出编号	位
(D2·)	指定旋转方向信号的输出对象编号	

表 5-16　（S2·）32 位运算时设定范围

脉冲输出对象		设定范围
FX3UPLC	高速输出特殊适配器	10 ~ 200000（Hz）
FX3U・FX3UCPLC	基本单元（晶体管输出）	10 ~ 100000（Hz）

9. TBL/表格设定定位

TBL 是预先将数据表格中被设定的指令动作，变为指定的 1 个表格的动作。见表 5-17，先用参数设定定位点，通过驱动 TBL 指令，向指定点移动。

表5-17　位置、速度和指令表

编号	位置	速度	指令
1	1000	2000	DRVI
2	20000	5000	DRVA
3	50	1000	DVIT
4	800	10000	DRVA
…	…	…	…

TBL 指令格式为

其中操作数见表 5-18 所示，（D·）为指定输出脉冲的输出编号，基本单元的晶体管输出 Y000、Y001、Y002，或是高速输出特殊适配器 Y000、Y001、Y002、Y003；（n）为执行的表格编号［1～100］。

表5-18　TBL 的操作数说明

操作数种类	内　容	数据类型
（D·）	指定输出脉冲的输出编号	位
n	执行的表格编号［1～100］	BIN32 位

【例5-7】使用 TBL 指令实现多个定位控制

任务要求：在实验装置中，输出 Y0、Y10 为滑台电动机的脉冲和方向（这里修改 Y1→Y10 为输出方向），输入 X0 调整为左侧靠近原点 X2 的 DOG 点，输入 X10 为启动按钮、X13 为原点回归按钮。共设定 4 个定位控制：①以 1000Hz 速度定位到绝对位置 -3000 脉冲数；②以 2000Hz 速度定位到绝对位置 -5000 脉冲数；③以速度 500Hz 运行 10s；④进行中断定位，运行速度为 1500Hz，中断输入 X7，中断后运行 -3000脉冲数。

实施步骤：

步骤 1：硬件接线同例 5-1，其中 X0 位置左移，调整为靠近原点 X2 的 DOG 点；新增 X7 为中断定位的输入信号（如选择开关，不能是按钮信号）。

步骤 2：在 GX Work2 的导航中，选择"参数→PLC 参数→存储器容量设置"，并勾选"内置定位设置（18 块）"如图 5-39 所示。

步骤 3：在"FX 参数设置"窗口中，如图 5-40 所示，选择"内置定位设置"，针对本

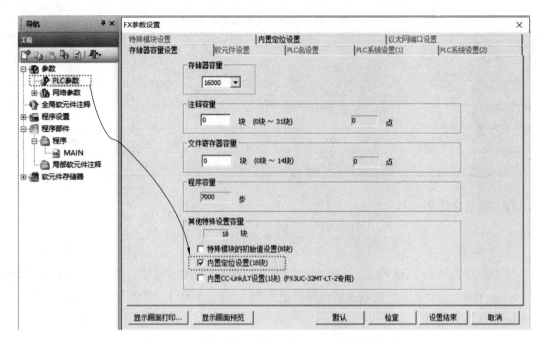

图 5-39 设置 PLC 参数

次定位控制的 Y0 进行相关参数设置，具体包括：偏置速度为 0Hz，最高速度为 5000Hz，爬行速度为 500Hz，原点回归速度为 1000Hz，加速时间为 100ms，减速时间为 100ms，DVIT 指令的中断输入 X7。

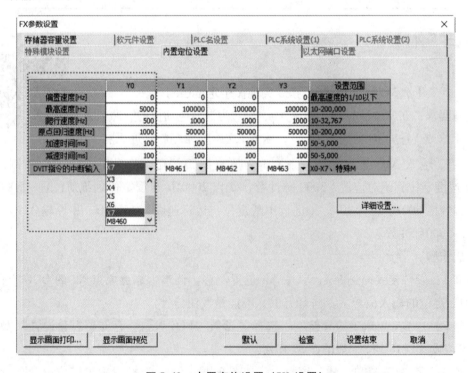

图 5-40 内置定位设置（Y0 设置）

步骤4：单击"详细设置"，出现图5-41所示的窗口，里面设置Y0的旋转方向信号为Y010，起始软元件为R0，并将4个定位控制在"定位表"中进行选择并输入，共有DDRVA（绝对定位）、DDVIT（中断定位）、DPLSV（可变速脉冲输出）、DDRVI（相对定位）4种定位类型，最终定位表如图5-42所示。如果有Y1、Y2、Y3等脉冲输出，在相应定位表中进行设置。

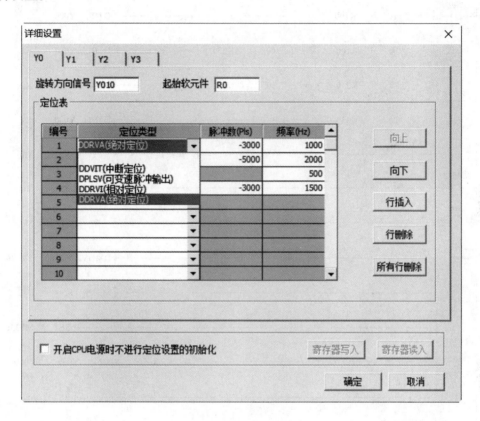

图5-41   详细设置

步骤5：程序如图5-43所示，具体解释如下：

步0、2：启动按钮X10按下后置位M0并定时60s。

步6：在定时60s内，按照分段依次控制定位表中的1~4，指令非常简洁，即［DTBL Y000 K1］，其中常数K1为定位表的编号，当定时结束后，复位M0。

步112：显示实时定位值。

步122、124：DSZR指令相关程序，确保原点位置为正确值。

编号	定位类型	脉冲数(Pls)	频率(Hz)
1	DDRVA（绝对定位）	-3000	1000
2	DDRVA（绝对定位）	-5000	2000
3	DPLSV（可变速脉冲输出）		500
4	DDVIT（中断定位）	-3000	1500

图5-42   最终定位表

```
   X010
0 ──┤├────────────────────────────────────────────[SET    M0  ]
   M0                                                        K600
2 ──┤├───────────────────────────────────────────────────( T0   )
   M0
6 ──┤├──┬─[<= T0    K100 ]────────────────────────[DTBL  Y000  K1 ]
        │
        ├─[>  T0    K100 ]─[<= T0    K250 ]────────[DTBL  Y000  K2 ]
        │
        ├─[>  T0    K250 ]─[<= T0    K350 ]────────[DTBL  Y000  K3 ]
        │
        ├─[>  T0    K350 ]────────────────────────[DTBL  Y000  K4 ]
        │  T0
        └──┤├─────────────────────────────────────────[RST    M0  ]
    M8000
112 ──┤├──────────────────────────────────────────[DMOV  D8340  D0 ]
    X013
122 ──┤├─────────────────────────────────────────────[SET    M2  ]
    M2
124 ──┤├──┬───────────────────────────────────────[DMOVP K3000  D8346]
         │
         ├───────────────────────────────────────[MOVP  K500   D8345]
         │
         ├─────────────────────────────────────────[SET    M8342]
         │
         ├───────────────────────[DSZR  X000   X002   Y000   Y010]
         │ M8029
         └──┤├────────────────────────────────────────[RST    M2  ]
152 ──────────────────────────────────────────────────[END  ]
```

图 5-43 使用 TBL 指令实现多个定位控制

5.2.3 FX3U 系列 PLC 控制步进电动机应用实例

【例 5-8】使用 SFC 指令实现步进电动机定位控制

任务要求：FX3U - 32MT 控制两相步进电动机，输出 Y0、Y1 为脉冲和方向，假设电动机一周需要 1000 个脉冲，使编制程序满足如下要求：

1）按下启动按钮 X10 后，电动机运转速度为 1r/s，电动机先正转 5 周，停止 5s。

2）再反转5周，停止5s。

3）再正转、反转，如此循环。

4）按下停止按钮X11，步进电动机完成一个正反转周期后停机。

实施步骤：

步骤1：硬件接线如图5-44所示，其中开关电源的选择与步进驱动器有关，如果步进驱动器是5V，而开关电源为DC 24V，建议在Y0、Y1输出端串接2kΩ电阻；FX3U系列PLC选择晶体管输出，如本例中的FX3U–32MT；应注意步进驱动器的接线端与PLC对应的端子，本例采用共阳极接线方式；步进驱动器与步进电动机采用两相方式。

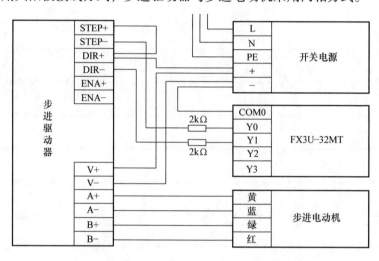

图5-44 步进电动机与PLC的接线

表5-19所示为I/O表。

表5-19 I/O表

输入	含义	输出	含义
X1	左侧DOG点限位	Y0	输出脉冲
X2	原点	Y1	输出方向
X10	启动按钮		
X11	停止按钮		
X13	原点定位按钮		

步骤2：程序编制。电动机的运行频率为$1r/s = 1000pul/s$，频率为K1000。为了降低步进电动机的失步和过冲，采用PLSR指令输出脉冲。指令的各个操作数设置为：输出脉冲的最高频率为K1000，输出脉冲个数为$K1000 \times 5 = K5000$，加减速时间为200ms。程序共包括梯形图编程、SFC编程两部分，如图5-45所示。

图5-45 程序结构

（1）梯形图编程

如图5-46所示，采用梯形图编程。具体解释如下：

步0、4：由 X10 和 X11 构成自锁回路，输出 M0，由 M0 的上升沿脉冲激活状态 S0。

步8：由于 PLSR 无法通过 D8340/D8341 显示脉冲绝对值的当前值，因此采用 D8140 来显示实际脉冲累计数。

步14、17：进行 DSZR 原点定位控制。

步45：当 M1 或 M2 满足时使用，通过 PLSR 指令和相应的 Y1 信号，进行正反转步进控制。

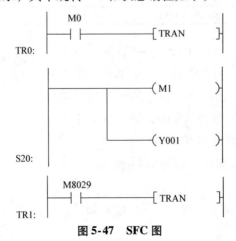

图 5-46　梯形图程序

（2）SFC 编程

SFC 具体如图 5-47 所示，其中跳转 TR 和状态编程如下：

图 5-47　SFC 图

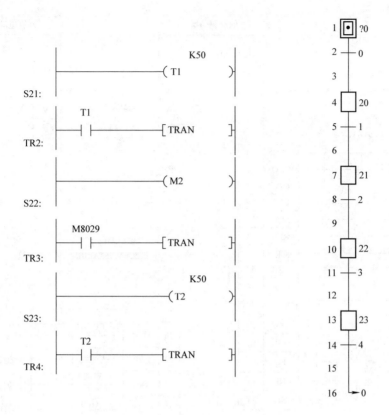

图 5-47   SFC 图（续）

5.3 FX3U 系列 PLC 伺服控制

5.3.1 MR－JE 伺服定位控制模式接线

图 5-48 所示为三菱 MR－JE 伺服定位控制模式接线图，需要接收脉冲信号进行定位。指令脉冲串能够以集电极漏型、集电极源型和差动线驱动等 3 种形态输入，同时可以选择正逻辑或者负逻辑。其中指令脉冲串形态在［Pr. PA13"］中进行设置。

1. 集电极开路方式

图 5-49 所示为进行集电极开路方式连接。

将［Pr. PA13"］设置为"＿＿1 0"，将输入波形设置为负逻辑，正转脉冲串以及反转脉冲串时的说明如图 5-50 所示。

2. 差动线驱动方式

图 5-51 所示为进行差动线驱动方式连接。

该方式下，将［Pr. PA13"］设置为"＿＿1 0"，正转脉冲串和反转脉冲串示意如图 5-52 所示。

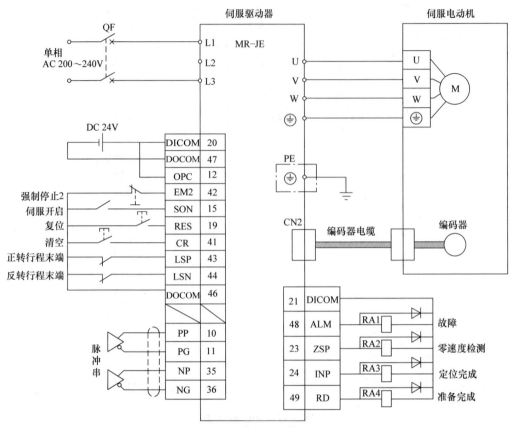

图 5-48 位置控制接线图

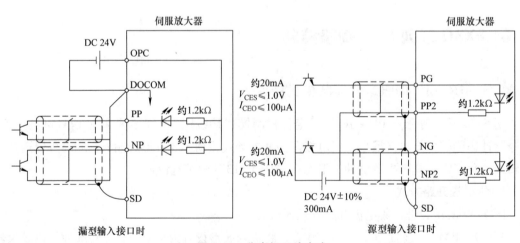

图 5-49 集电极开路方式

图 5-50 负逻辑时的正转脉冲串和反转脉冲串

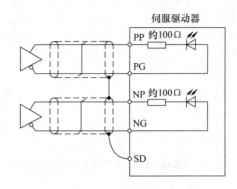

图 5-51   差动线驱动方式

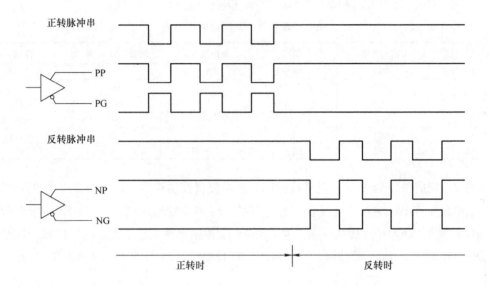

图 5-52   负逻辑时差动线驱动方式下的正转脉冲串和反转脉冲串

5.3.2   丝杠机构的位置控制

Example

【例 5-9】 FX3U 系列 PLC 控制滑台运行

任务要求：图 5-53 所示为 FX3U 系列 PLC 控制 MR – JE 伺服驱动丝杠滑台运行，旋转 1 周为 10000 个脉冲。在手动情况下，按下按钮 SB1，以 2000Hz 输出正向运行 1 周；按下按钮 SB2，以 2000Hz 输出反向运行 1 周。在自动情况下，按下按钮 SB1，伺服电动机带动滑台以 5000Hz 反向运行 5 周，然后以 3000Hz 正向运行 3 周，接着停止 5s，最后以 2000Hz 正向运行 2 周后停机。

实施步骤：

步骤 1：选择合理的实操设备。如 FX3U – 32MT PLC 一台、三菱 MR – JE – 20A 伺服驱

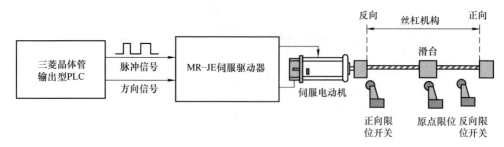

图 5-53　FX3U 系列 PLC 控制滑台运行示意

动器一台、相对应的伺服电动机 HG－JN23J－S100 一台。三菱 FX3U－32MT PLC 进行 I/O 分配，见表 5-20。其中方向控制 Y2＝0，表示正向；Y2＝1，表示反向。

表 5-20　I/O 分配

输入继电器	输入元件	作用	输出继电器	伺服 CN1 引脚	作用
X0	SW1	选择开关	Y0	PP	脉冲信号
X1	SQ0	原点限位	Y2	NP	方向控制
X2	SQ2	正向限位	Y3	SON	伺服开启
X3	SQ3	反向限位	Y4	LSP	正向限位
X4	SB1	按钮1	Y5	LSN	反向限位
X5	SB2	按钮2	—	—	—

步骤 2：完成图 5-54 所示的电气线路图。其中位置控制模式下需要将 24V 电源的正极和 OPC（集电极开路电源输入）连接在一起。为了节约 PLC 的输入点数，将 RES 复位引脚通过按钮 SB3 直接与 DOCOM 连接在一起，为了保证伺服电动机能正常工作，急停 EM2 引脚必须连接至 DOCOM（0V），PP（脉冲输入）和 NP（方向控制）分别接在 PLC 的 Y0 和 Y2 上。

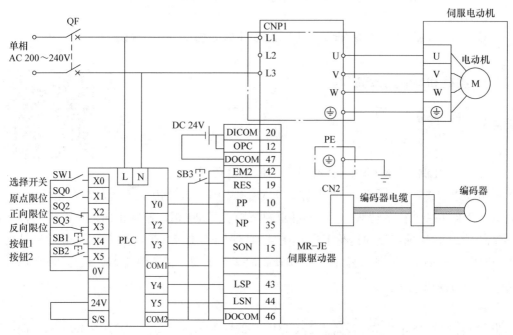

图 5-54　FX3U 系列 PLC 控制滑台运行接线图

步骤 3：伺服驱动器参数设置见表 5-21。

表 5-21　丝杠机构的位置控制伺服驱动器参数

编号	简称	名称	初始值	设定值	说明
PA01	STY	运行模式	1000h	1000h	选择位置控制模式
PA05	FBP	每转指令输入脉冲数	10000	10000	根据设定的指令输入脉冲，伺服电动机旋转 1 转（即 10000 个脉冲）
PA13	PLSS	指令脉冲输入形态	0100h	0001h	用于选择脉冲串输入信号，具体为正逻辑，脉冲列 + 方向信号
PA21	AOP3	功能选择 A–3	0001h	1000h	1 转的指令输入脉冲数
PD03	DI1L	输入软元件选择 1L	0202h	_ _ 0 2	在位置模式将 CN1–15 引脚改为 SON
PD11	DI5L	输入软元件选择 5L	0703h	_ _ 0 3	在位置模式将 CN1–19 引脚改为 RES
PD17	DI8L	输入软元件选择 8L	0A0Ah	_ _ 0 A	在位置模式将 CN1–43 引脚改为 LSP
PD19	DI9L	输入软元件选择 9L	0B0Bh	_ _ 0 B	在位置模式将 CN1–44 引脚改为 LSN

步骤 4：三菱 PLC 梯形图程序设计。

丝杠机构的位置控制梯形图如图 5-55 所示，共有手动、自动两部分。手动开关 SW1 闭合时，即手动状态时，执行该程序中第 6、17 步的程序；手动开关 SW1 不闭合，即自动状态时，执行第 38～87 步的程序。具体解释如下：

步 0：始终输出 SON 为 ON，保证 MR–JE 能随时接收脉冲信号。

步 2、4：将正向限位 SQ2 和 SQ3 输出到 LSP 和 LSN。

步 6、17：在手动情况下，DRVI 相对定位指令，以 2000Hz 输出 10000 个脉冲（即 1 周）。

步 28：显示目前的滑台实时位置信号。

步 38：自动情况下，按下按钮 SB1，置位 M0。

步 41：在 M0 为 ON 的情况下，反向运行 5 周，等 DDRVI 指令结束后复位 M0，并置位 M1。

步 65：在 M1 为 ON 的情况下，正向运行 3 周，等 DDRVI 指令结束后复位 M1，并置位 M2。

步 87：在 M2 为 ON 的情况下，等待 5s，然后正向运行 2 周，等 DDRVI 指令结束后复位 M2，然后停机。

为了保证精确定位，即在原点时 D8340/D8341 显示为 0，可以在近原点位置增加限位 SQ1 为 DOG 点，然后采取 DSZR 指令进行找原点，具体参考例 5-5。

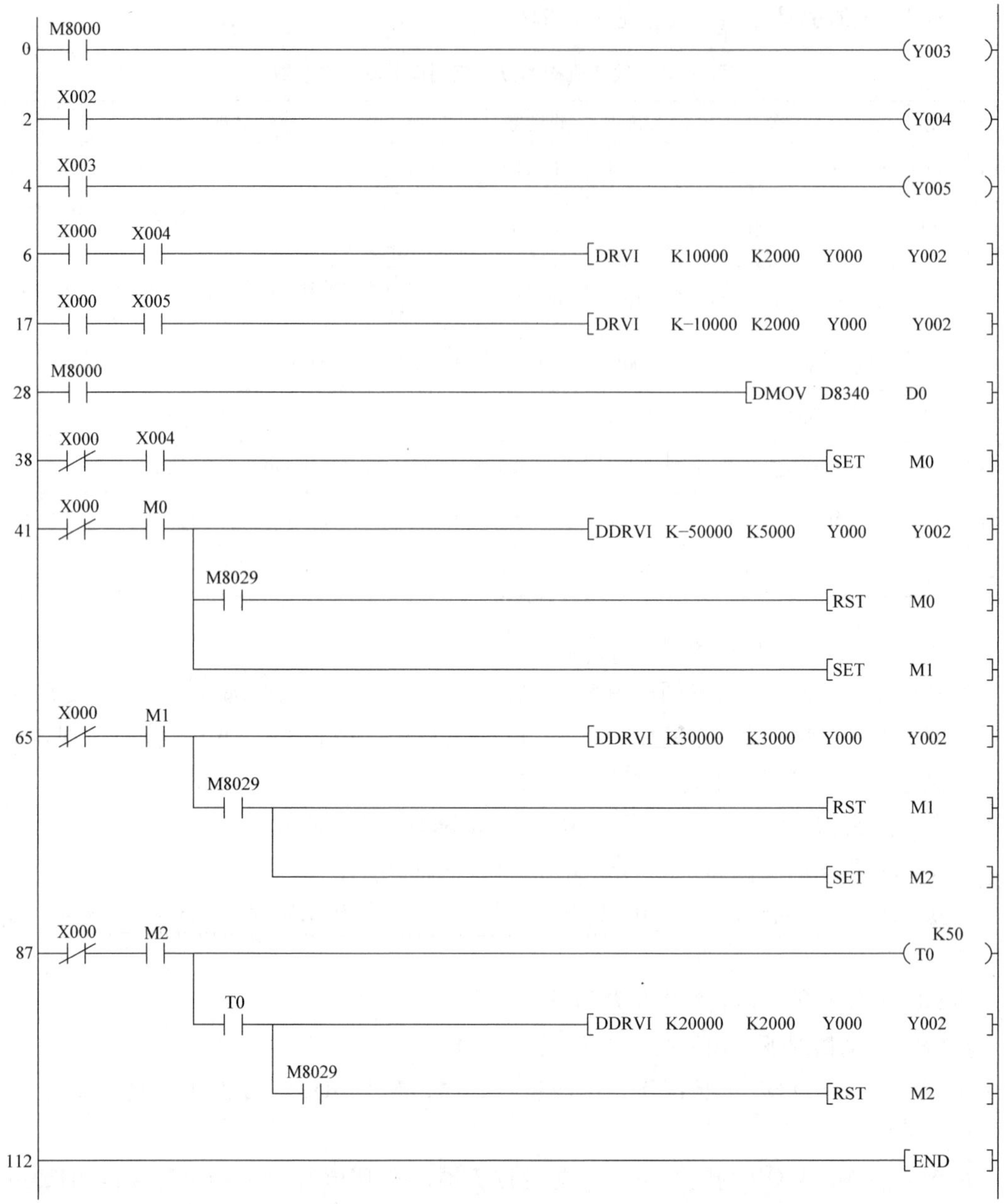

```
        M8000
   0 ─┤├────────────────────────────────────────────────────────( Y003 )

        X002
   2 ─┤├────────────────────────────────────────────────────────( Y004 )

        X003
   4 ─┤├────────────────────────────────────────────────────────( Y005 )

        X000  X004
   6 ─┤├───┤├──────────────────────────────[DRVI   K10000  K2000  Y000   Y002 ]

        X000  X005
  17 ─┤├───┤├──────────────────────────────[DRVI   K-10000 K2000  Y000   Y002 ]

        M8000
  28 ─┤├──────────────────────────────────────────────────[DMOV  D8340  D0 ]

        X000  X004
  38 ─┤╱├───┤├────────────────────────────────────────────────[SET   M0 ]

        X000  M0
  41 ─┤╱├───┤├──────────────────────────[DDRVI  K-50000 K5000  Y000   Y002 ]
              │
              │   M8029
              ├───┤├──────────────────────────────────────────[RST   M0 ]
              │
              └───────────────────────────────────────────────[SET   M1 ]

        X000  M1
  65 ─┤╱├───┤├──────────────────────────[DDRVI  K30000  K3000  Y000   Y002 ]
              │
              │   M8029
              ├───┤├──────────────────────────────────────────[RST   M1 ]
              │
              └───────────────────────────────────────────────[SET   M2 ]

        X000  M2                                                        K50
  87 ─┤╱├───┤├────────────────────────────────────────────────────( T0 )
              │
              │   T0
              ├───┤├──────────────────────[DDRVI  K20000  K2000  Y000   Y002 ]
              │
              │   M8029
              └───┤├──────────────────────────────────────────[RST   M2 ]

 112 ─────────────────────────────────────────────────────────────[END ]
```

图 5-55　FX3U 控制滑台运行梯形图

5.4 QD75 定位模块及其应用

5.4.1 QD75 定位模块系统工作原理

QD75 定位模块包括 QD75P、QD75D 和 QD75M 等模块，它获取各种信号及参数、数据，通过 Q 系列 CPU 控制实现复杂的脉冲定位控制，其实现过程示意如图 5-56 所示。

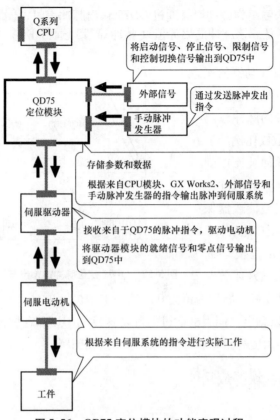

图 5-56　QD75 定位模块的功能实现过程

总脉冲数从 QD75 模块发送到伺服驱动器中，可按如下公式实现移动指定距离的控制。

$$\begin{bmatrix}移动指定距离的\\必要总脉冲数\end{bmatrix} = \begin{bmatrix}\dfrac{指定距离}{电动机旋转\,1\,圈时的机械（负载）侧的移动距离}\end{bmatrix} \times$$

$$\begin{bmatrix}电动机旋转\,1\,圈时的\\必要脉冲数\end{bmatrix}$$

QD75 定位模块按照图 5-57 所示进行设计，具体过程如下：

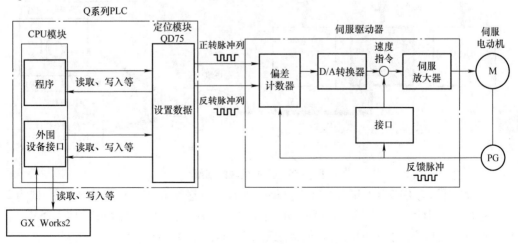

图 5-57　QD75 定位模块的设计

1）QD75 定位模块输出为脉冲串。通过 QD75 输出脉冲串时，伺服驱动器的偏差计数器中对输入的脉冲进行累计。该脉冲的累计值（脉冲滞留）通过 D/A 转换器变成伺服电动机的速度指令。

2）根据来自于伺服驱动器的速度指令，伺服电动机开始旋转。电动机旋转后，通过附带的脉冲编码器（PG）发生与旋转数成比例的反馈脉冲。发生的反馈脉冲被反馈到伺服驱动器，对偏差计数器的脉冲滞留进行减法运算。偏差计数器保持一定的累计量使电动机持续旋转。

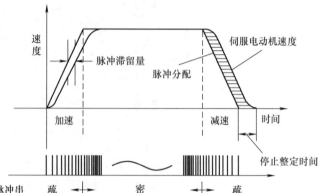

图 5-58　QD75 定位脉冲的输出与伺服电动机的速度关系

3）来自于 QD75 定位模块的指令脉冲输出停止时，偏差计数器的脉冲滞留减少，速度变慢，脉冲滞留为 0 时伺服电动机停止。

由图 5-58 所示可以看出，伺服电动机的旋转速度与 QD75 定位模块的指令脉冲的频率成比例，电动机的旋转角度与指令脉冲的输出脉冲数成比例。

5.4.2　QD75 定位模块的应用

1. 接线

图 5-59 所示是定位模块 QD75 的连接示意，它与 CPU 模块、I/O 模块一起安装到 Q 系列 PLC 的主基板上，同时通过电缆与三个外部设备相连：①驱动模块、伺服电动机；②手动脉冲发生器（简称手脉）；③机械系统输入（开关），包括 DOG 信号、极限开关、外部指令信号、停止信号等。

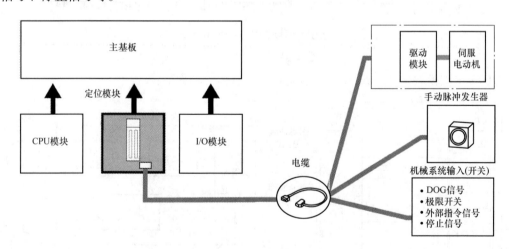

图 5-59　定位模块的连接

图 5-60 所示为 QD75P4 和 QD75D4 模块的外观，其区别在于"QD75D＊＊"型为差动驱动器输出、"QD75P＊＊"型为开路集电极输出。还有一种 QD75 模块，即 QD75M，它是使用 SSCNET 连接方式控制伺服，必须接三菱专用伺服（即 B 型伺服）。

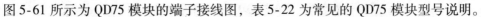

图 5-61 所示为 QD75 模块的端子接线图，表 5-22 为常见的 QD75 模块型号说明。

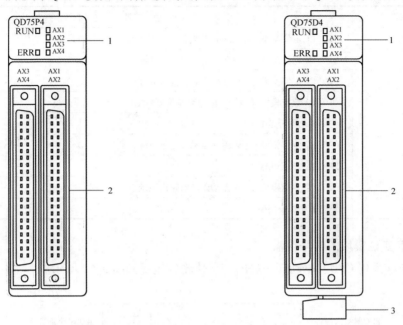

图 5-60　QD75P4 和 QD75D4 模块的外观

1—LED 显示器　2—外部设备连接器，其中 QD75P1、QD75P2、QD75D1 和 QD75D2
只有右侧连接器　3—差动驱动器公用端子

引脚布局	轴4 (AX4)		轴3 (AX3)		轴2 (AX2)		轴1 (AX1)	
	引脚编号	信号名称	引脚编号	信号名称	引脚编号	信号名称	引脚编号	信号名称
	2B20	空	2A20	空	1B20	PULSER B−	1A20	PULSER B+
	2B19	空	2A19	空	1B19	PULSER A−	1A19	PULSER A+
	*	PULSE COM	*	PULSE COM	*	PULSE COM	*	PULSE COM
	2B18	PULSE R−	2A18	PULSE R−	1B18	PULSE R−	1A18	PULSE R−
	*	PULSE R	*	PULSE R	*	PULSE R	*	PULSE R
	2B17	PULSE R+	2A17	PULSE R+	1B17	PULSE R+	1A17	PULSE R+
B20 A20	*	PULSE COM	*	PULSE COM	*	PULSE COM	*	PULSE COM
B19 A19	2B16	PULSE F−	2A16	PULSE F−	1B16	PULSE F−	1A16	PULSE F−
B18 A18	*	PULSE F	*	PULSE F	*	PULSE F	*	PULSE F
B17 A17	2B15	PULSE F+	2A15	PULSE F+	1B15	PULSE F+	1A15	PULSE F+
B16 A16	2B14	CLRCOM	2A14	CLRCOM	1B14	CLRCOM	1A14	CLRCOM
B15 A15	2B13	CLEAR	2A13	CLEAR	1B13	CLEAR	1A13	CLEAR
B14 A14	2B12	RDYCOM	2A12	RDYCOM	1B12	RDYCOM	1A12	RDYCOM
B13 A13	2B11	READY	2A11	READY	1B11	READY	1A11	READY
B12 A12	2B10	PGOCOM	2A10	PGOCOM	1B10	PGOCOM	1A10	PGOCOM
B11 A11	2B9	PGO5	2A9	PGO5	1B9	PGO5	1A9	PGO5
B10 A10	2B8	PGO24	2A8	PGO24	1B8	PGO24	1A8	PGO24
B9 A9	2B7	COM	2A7	COM	1B7	COM	1A7	COM
B8 A8	2B6	COM	2A6	COM	1B6	COM	1A6	COM
B7 A7	2B5	CHG	2A5	CHG	1B5	CHG	1A5	CHG
B6 A6	2B4	STOP	2A4	STOP	1B4	STOP	1A4	STOP
B5 A5	2B3	DOG	2A3	DOG	1B3	DOG	1A3	DOG
B4 A4	2B2	RLS	2A2	RLS	1B2	RLS	1A2	RLS
B3 A3	2B1	FLS	2A1	FLS	1B1	FLS	1A1	FLS
B2 A2								
B1 A1								

图 5-61　QD75 模块的端子接线图

注：* 表示假如上面一排和下面一排显示信号名称，则上面一排表示 QD75P1、QD75P2 和 QD75P4 的信号名称，
下面一排表示 QD75D1 QD75D2 和 QD75D4 的信号名称。

表 5-22　常见的 QD75 模块型号说明

型号名称	说　　　　明
QD75P1	QD75P1 定位模块（单轴开路集电极输出系统）
QD75P2	QD75P2 定位模块（2 轴开路集电极输出系统）
QD75P4	QD75P4 定位模块（4 轴开路集电极输出系统）
QD75D1	QD75D1 定位模块（单轴差动驱动器输出系统）
	差动驱动器公用端子
QD75D2	QD75D2 定位模块（2 轴差动驱动器输出系统）
	差动驱动器公用端子
QD75D4	QD75D4 定位模块（4 轴差动驱动器输出系统）
	差动驱动器公用端子

2. QD75 定位模块的信号传输

QD75 与 Q 系列 CPU、驱动模块等的信号传输的概要如图 5-62 所示。

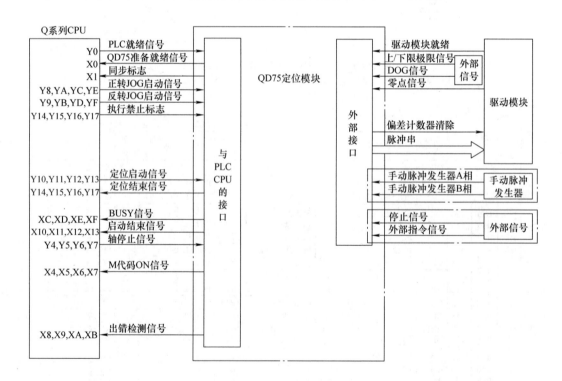

图 5-62　信号传输

QD75 使用 32 个输入点和 32 个输出点来与 PLC CPU 交换数据。表 5-23 所示的是 QD75 安装在主基板的插槽 0 中时的 I/O 信号，软元件 X 指的是从 QD75 输入到 PLC CPU 的信号，软元件 Y 指的是从 PLC CPU 输出到 QD75 的信号。

表 5-23　QD75 与 PLC 之间的 I/O 信号

信号方向：QD75→PLC CPU			信号方向：PLC CPU→QD75		
软元件编号	信号名称		软元件编号	信号名称	
X0	QD75 READY		Y0	PLC READY	
X1	同步标志		Y1	禁止使用	
X2	禁止使用		Y2		
X3			Y3		
X4	轴1	M 代码 ON	Y4	轴1	轴停止
X5	轴2		Y5	轴2	
X6	轴3		Y6	轴3	
X7	轴4		Y7	轴4	
X8	轴1	出错检测	Y8	轴1	正向运行 JOG 启动
X9	轴2		Y9	轴1	反向运行 JOG 启动
XA	轴3		YA	轴2	正向运行 JOG 启动
XB	轴4		YB	轴2	反向运行 JOG 启动
XC	轴1	BUSY	YC	轴3	正向运行 JOG 启动
XD	轴2		YD	轴3	反向运行 JOG 启动
XE	轴3		YE	轴4	正向运行 JOG 启动
XF	轴4		YF	轴4	反向运行 JOG 启动
X10	轴1	启动完成	Y10	轴1	定位启动
X11	轴2		Y11	轴2	
X12	轴3		Y12	轴3	
X13	轴4		Y13	轴4	
X14	轴1	定位完成	Y14	轴1	执行禁止标志
X15	轴2		Y15	轴2	
X16	轴3		Y16	轴3	
X17	轴4		Y17	轴4	
X18	禁止使用		Y18	禁止使用	
X19			Y19		
X1A			Y1A		
X1B			Y1B		
X1C			Y1C		
X1D			Y1D		
X1E			Y1E		
X1F			Y1F		

3. 手脉的接入

手脉常用于数控机床、印刷机械等的零位补正和信号分割。当手轮旋转时，编码器产生与手轮运动相对应的信号。图 5-63 所示为三菱 MR – HDP01 手脉外观，表 5-24 为其规格型号。

图 5-63　MR – HDP01 手脉外观

表 5-24　手脉的规格型号

项　目	规　　　格
型号	MR – HDP01
脉冲分辨率	25pulse/r（4 倍频时 100pulse/r）
输出方式	电压输出，输出电流最大 20mA
电源电压	DC 4.5 ~ 13.2V
消耗电流	60mA
输出电平	"H" 电平：电源电压 – 1V 以上（无负荷时） "L" 电平：0.5V 以下（最大引入时）
寿命	100 万转以上（200r/min 时）
允许轴荷重	径向荷重：最大 19.6N 轴向荷重：最大 9.8N
使用温度	– 10 ~ 60℃
重量	0.4kg
最大旋转数	瞬时最大 600r/min，通常 200r/min
脉冲信号形态	A 相、B 相 90°相位差 2 信号
启动摩擦转矩	0.06N·m（20℃时）

手脉接入 QD75 定位模块的示意如图 5-64 所示。

在手脉运行中，通过从手脉向 QD75 输入脉冲，按输入的脉冲数从 QD75 向伺服驱动器输出脉冲，按指定的方向使工件移动。图 5-65 所示为手脉运行的动作示例，其步骤如下：

1）将 "手脉允许标志"（即 G1524/G1624/G1724/G1824 表示 4 个轴的手脉允许标志）设置为 "1" 后 BUSY 信号将变为 ON，变为手脉运行允许状态。

2）根据通过手脉输入的脉冲数使工件移动。

3）不再有来自于手脉的脉冲输入时，工件停止。

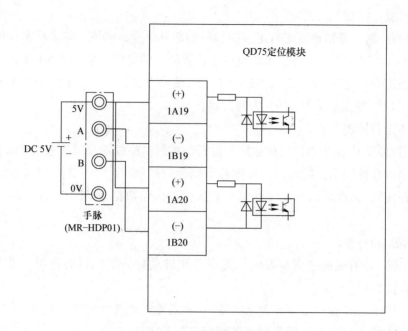

图 5-64 手脉接入 QD75 定位模块

4）如果将"手脉允许标志"设置为"0"，则 BUSY 信号将变为 OFF，变为手脉运行禁止状态。

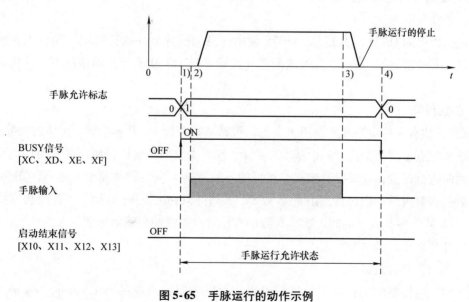

图 5-65 手脉运行的动作示例

5.4.3 **QD75 定位模块的控制功能与参数列表**

1. 控制功能

QD75 定位模块的控制功能如下：

（1）原点复归控制

"原点复归控制"是指确定进行定位控制时的起点位置，向该起点进行定位的功能。希望将电源投入时及定位停止后等位于原点以外位置的工件复归到原点时使用此功能。"原点复归控制"是作为"定位启动数据 No. 9001（机械原点复归）""定位启动数据 No. 9002（高速原点复归）"最先登录到 QD75 中的控制。

（2）基本定位控制

它是使用 QD75 中存储的"定位数据"进行的控制。将位置控制及速度控制等必要项目设置到该"定位数据"中，通过启动该定位数据执行控制。此外，该"定位数据"中可以设置"运行模式"，由此可以对连续的定位数据（如定位数据 No. 1、No. 2、No. 3）控制进行设置。

（3）高级定位控制

它是将 QD75 中存储的"定位数据"使用"块启动数据"执行的控制。可以执行如下所示方式的定位控制：

- 将若干个连续的定位数据处理为"块"，将任意的块按指定的顺序执行。
- 对位置控制及速度控制等附加"条件判定"后执行。
- 将多个轴中设置的指定 No. 的定位数据同时执行启动（向多个伺服系统同时输出脉冲）。
- 重复执行指定的定位数据。

（4）手动控制

通过从外部向 QD75 输入信号，QD75 输出任意的脉冲串并执行控制。在将工件移动到任意位置（JOG 运行），进行定位的微调整（微动运行、手脉运行）等情况下，使用该手动控制。

2. 参数列表

QD75 模块有一些参数和数据用于定位，包括基本参数1、基本参数2、详细参数1、详细参数2和原点复归用参数。其中基本参数1、基本参数2是根据机械设备及所用电动机在系统启动时进行设置，如果设置错误，将可能导致旋转方向逆转或完全不运行。图5-66所示是参数列表对应关系图，即所有的参数 Pr. * 都可以在 GX Works2 的"智能功率模块→QD75*→参数"中找到。同时，这些参数也有相对应的缓冲存储器地址。

这里介绍常见的基本参数。

（1）Pr. 1：单位设置

用于对定位控制时的指令单位进行设置，根据控制对象选择 mm、inch、degree、pulse 之一。对轴1、轴2、轴3、轴4的单位可分别进行设置。其中 mm、inch 用于 X/Y 工作台、传送带（机械为 inch 规格时使用 inch 单位）；degree 用于旋转体（360degree/转）或速度/位置切换控制（ABS 模式）时；pulse 用于 X、Y 工作台、传送带。

（2）Pr. 2～Pr. 4：每1个脉冲的移动量

三个参数分别是，Pr. 2—每1转的脉冲数（Ap）；Pr. 3—每1转的移动量（Al）；Pr. 4—

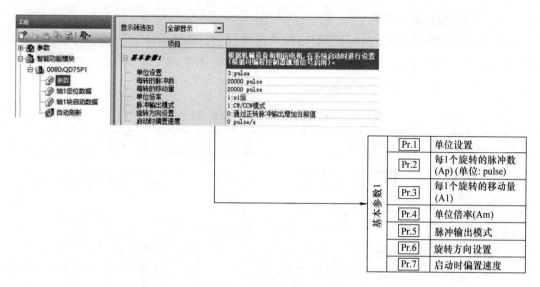

图 5-66 参数列表对应关系图

单位倍率（Am）。这些参数是对从 QD75 进行脉冲串输出时的每 1 个脉冲的移动量进行设置。以"Pr.1：单位设置"为"mm"为例进行说明，其每 1 个脉冲的移动量可用下式表示：

$$每 1 个脉冲的移动量 = \frac{每 1 转的移动量(Al)}{每 1 转的脉冲数(Ap)}$$

在图 5-67 所示中，将进给螺杆的导程（mm/r）设为 PB，将减速比设为 $1/n$，则每 1 个旋转的移动量（Al）$= P_B \times 1/n$。

但是，本参数的设置值"每 1 转的移动量（Al）"的可设置数值最大为 6553.5μm（约 6.5mm）。考虑到"每 1 转的移动量（Al）"超出了该值的情况，将"每 1 转的移动量（Al）"按下述方式设置：

每 1 转的移动量（Al）$= P_B \times 1/n =$ 每 1 转的移动量（Al）× 单位倍率（Am）

这里面单位倍率（Am）为 1、10、100、1000 中的任意一个。

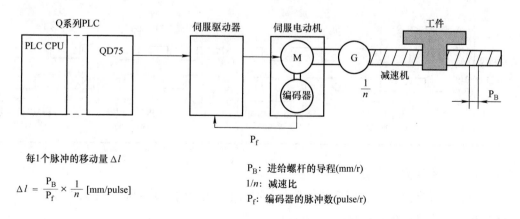

图 5-67 工件进给脉冲移动量计算示意

（3）Pr. 5：脉冲输出模式

根据使用的伺服驱动器对脉冲的输出模式进行设置，具体有 4 种模式，即 0：PULSE/SIGN 模式；1：CW/CCW 模式；2：A 相/B 相模式（4 倍率）；3：A 相/B 相模式（1 倍率）。表 5-25 所示为不同模式下伺服电动机的运行特征。

表 5-25　不同模式下伺服电动机的运行特征

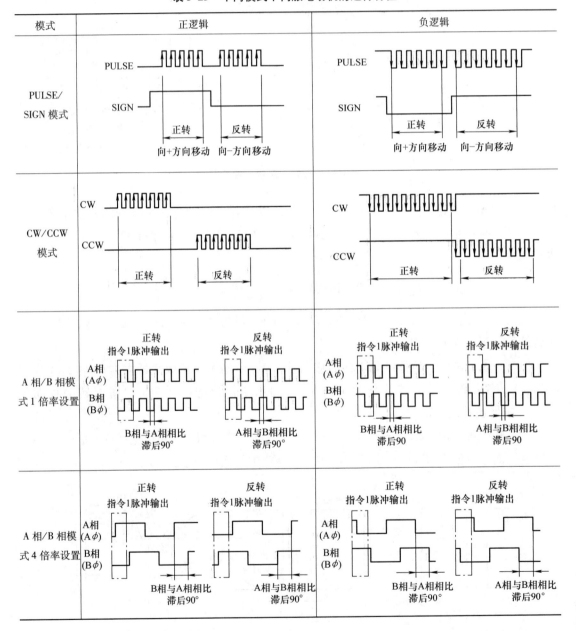

（4）Pr. 6：旋转方向设置

对定位方向（即进给当前值增加方向/减少方向）与此时的脉冲输出的关系进行设置。

（5）Pr. 7：启动时偏置速度

在"启动时偏置速度"中，设置"启动最低速度"。使用步进电动机的情况下，为了使电动机平稳地启动而进行此设置。

（6）Pr. 8：速度限制值

定位控制时，对原点复归控制时的上限速度进行设置。指定了超出速度限制值的速度的情况下，将以速度限制值进行限制。

（7）Pr. 9：加速时间 0、Pr. 10：减速时间 0

在"Pr. 9：加速时间 0"中，设置从速度 0 开始至达到"Pr. 8：速度限制值"（JOG 运行控制时为"Pr. 31：JOG 速度限制值"）所需的时间。

在"Pr. 10：减速时间 0"中，设置从"Pr. 8：速度限制值"（JOG 运行控制时为"Pr. 31：JOG 速度限制值"）变为速度 0 所需的时间。

Pr. 8 ~ Pr. 10 的关系如图 5-68 所示。

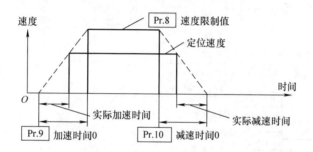

图 5-68   速度限制值与加速时间、减速时间的关系图

5. 4. 4 QD75P1 定位模块应用实例

【例 5-10】通过 QD75P1 控制伺服电动机点动运行

任务要求：通过 QD75P1 控制 MR－JE 伺服电动机进行点动运行。

实施步骤：

步骤 1：QD75P1 采用开路集电极与 MR－JE 伺服驱动器相连，其中伺服驱动器的 PG/NG 端子不接，定位控制模块的两个 PULSE COM 与伺服驱动器的 DOCOM 相连，具体如图 5-69 所示。

表 5-26 所示为 I/O 表。

步骤 2：伺服参数设置（见表 5-27）。

步骤 3：硬件配置。图 5-70 所示为 Q 参数设置时选择"模块添加"出现的"QD75 型定位模块"，这里选择 QD75P1。如图 5-71 所示，进行 QD75 模块的起始地址设置。同时，进行智能功能模块的参数设置（见图 5-72）。

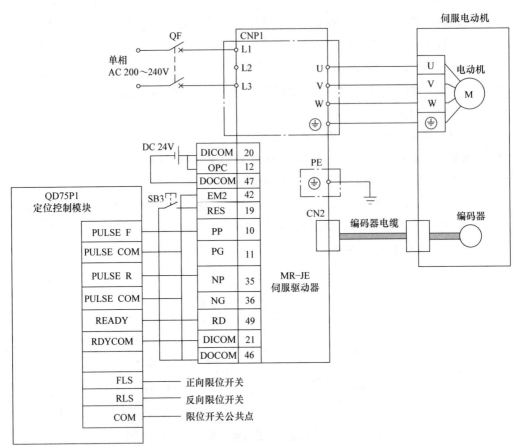

图 5-69 接线方式

表 5-26 I/O 表

输入	含义
X2D	数据设置按钮
X2E	JOG + 按钮
X2F	JOG − 按钮

表 5-27 伺服参数设置

编号	简称	名称	初始值	设定值	说　明
PA01	STY	运行模式	1000h	1000h	选择位置控制模式
PA05	FBP	每转指令输入脉冲数	10000	20000	根据设定的指令输入脉冲伺服电动机旋转 1 转（即 20000 个脉冲）
PA13	PLSS	指令脉冲输入形态	0100h	0010h	用于选择脉冲串输入信号，具体为负逻辑，正反脉冲串
PA21	AOP3	功能选择 A − 3	0001h	1000h	1 转的指令输入脉冲数
PD01	DIA1	输入信号自动 ON 选择 1	0000h	0001	SON 内部置 ON

输入模块：QX42，地址 X0000 ~ X003F，占用 64 点。

输出模块：QY42P，地址 Y0040 ~ Y007F，占用 64 点。

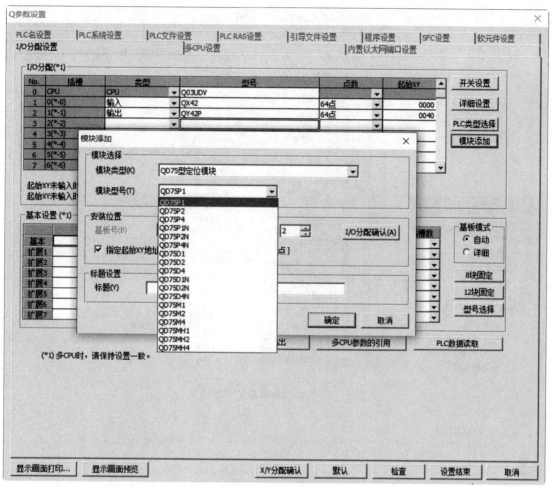

图 5-70 I/O 分配设置

定位模块：QD75P1，地址 X0080 ～ X009F，Y0080 ～ Y009F，占用 32 点。

No.	插槽	类型	型号	点数	起始XY
0	CPU	CPU	Q03UDV		
1	0(*-0)	输入	QX42	64点	0000
2	1(*-1)	输出	QY42P	64点	0040
3	2(*-2)	智能	QD75P1	32点	0080
4	3(*-3)				
5	4(*-4)				
6	5(*-5)				
7	6(*-6)				

图 5-71 QD75 模块的起始地址

步骤 4：编写程序。梯形图如图 5-73 所示，具体解释如下：

步 0：上电初始化，将速度限制设置成 20000，其对应的缓冲存储器号是 G10/G11，直接采用语句［DMOV K20000 U8 \ G10］，也可以直接在基本参数中进行设置而不写本语句。

步 6：按下数据设置按钮 X2D，将 JOG 速度及微动位移量这 2 个定位数据共 3 个字写入，直接采用语句［TOP H8 K1517 D5 K3］将 D5/D6/D7 数据送入 G1517 ～ G1519。

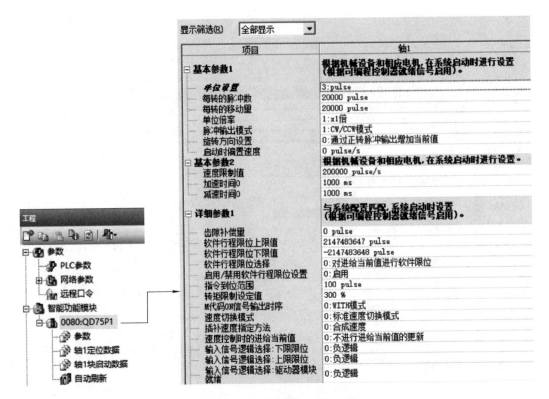

图 5-72 智能功能模块的参数设置

```
        SM402                                                          U8\
   0 ──┤ ├─────────────────────────────────────────[DMOV  K20000  G10 ]

        X2D
   6 ──┤ ├─────────────────────────────────────────[DMOVP K10000  D6  ]

                                                    [MOVP  K0      D5  ]

                                             [TOP  H8    K1517  D5   K3 ]

        X2E   X80   X8C
  20 ──┤ ├──┤ ├──┤/├──────────────────────────────────────────[SET  M7 ]
        X2F
      ──┤ ├──

        X2E   X2F
  25 ──┤/├──┤/├──────────────────────────────────────────────[RST  M7 ]

        X2E   M7    Y89
  28 ──┤ ├──┤ ├──┤/├────────────────────────────────────────────( Y88 )

        X2F   M7    Y88
  32 ──┤ ├──┤ ├──┤/├────────────────────────────────────────────( Y89 )

  36 ──────────────────────────────────────────────────────────[ END ]
```

图 5-73 通过 QD75P1 控制伺服电动机点动运行梯形图

步 20～32：按 JOG＋按钮 X2E 时，正向点动 Y88；按 JOG－按钮 X2F 时，反向点动 Y89；按钮松开时，复位。

5.4.5　QD75P4 定位模块应用实例

【例 5-11】 通过 QD75P4 控制伺服电动机的递增方式直线定位

任务要求： 通过触摸屏进行定位数据的传送、定位启动、原点回归、正反向点动功能，并显示当前位置值。

实施步骤：

步骤1：QD75P4 采用轴1，其接线方式与例 5-10 相同。

步骤2：触摸屏进行画面组态，具体如图 5-74 所示，包括设置点动位开关 M31（定位启动）、M34（停止）、M35（原点回归）、M36（正向点动）、M37（反向点动）；设置 32 位带符号数据 D100（点动速度）、D110（定位位置）、D112（指令速度）；实时显示当前位置 D20。

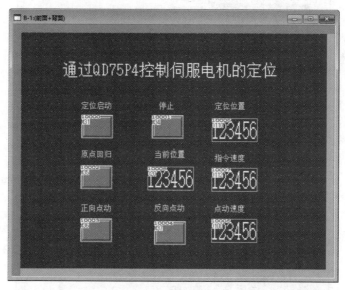

图 5-74　触摸屏画面组态

步骤3：PLC 的 I/O 配置如图 5-75 所示，QD75P4 定位模块的起始 XY 为 0000。按图 5-76所示进行基本参数1、基本参数2、详细参数1、详细参数2、原点回归基本参数和原点回归详细参数设置。

No.	插槽	类型		型号	点数		起始XY
0	CPU	CPU	▼			▼	
1	0(*-0)	智能	▼	QD75P4	32点	▼	0000
2	1(*-1)		▼			▼	
3	2(*-2)		▼			▼	
4	3(*-3)		▼			▼	
5	4(*-4)		▼			▼	
6	5(*-5)		▼			▼	
7	6(*-6)		▼			▼	

图 5-75　PLC 的 I/O 配置

项目	轴1
□ **基本参数1**	根据机械设备和相应电机,在系统启动时进行设置(根据可编程控制器就绪信号启用)。
单位设置	3:pulse
每转的脉冲数	20000 pulse
每转的移动量	20000 pulse
单位倍率	1:x1倍
脉冲输出模式	1:CW/CCW模式
旋转方向设置	0:通过正转脉冲输出增加当前值
启动时偏置速度	0 pulse/s
□ **基本参数2**	根据机械设备和相应电机,在系统启动时进行设置。
速度限制值	200000 pulse/s
加速时间0	1000 ms
减速时间0	1000 ms
□ **详细参数1**	与系统配置匹配,系统启动时设置(根据可编程控制器就绪信号启用)。
齿隙补偿量	0 pulse
软件行程限位上限值	2147483647 pulse
软件行程限位下限值	-2147483648 pulse
软件行程限位选择	0:对进给当前值进行软件限位
启用/禁用软件行程限位设置	0:启用
指令到位范围	100 pulse
转矩限制设定值	300 %
M代码ON信号输出时序	0:WITH模式
速度切换模式	0:标准速度切换模式
插补速度指定方法	0:合成速度
速度控制时的进给当前值	0:不进行进给当前值的更新
输入信号逻辑选择:下限位	0:负逻辑
输入信号逻辑选择:上限位	0:负逻辑
输入信号逻辑选择:驱动器模块就绪	0:负逻辑
输入信号逻辑选择:停止信号	0:负逻辑
输入信号逻辑选择:外部指令	0:负逻辑
输入信号逻辑选择:零点信号	0:负逻辑
输入信号逻辑选择:近点DOG信号	0:负逻辑
输入信号逻辑选择:手动脉冲发生器输入	0:负逻辑
输出信号逻辑选择:指令脉冲信号	0:负逻辑
输出信号逻辑选择:偏差计数器清除	0:负逻辑
手动脉冲发生器输入选择	0:A相/B相模式(4倍频)
速度·位置功能选择	0:速度·位置切换控制(INC模式)
□ **详细参数2**	与系统配置匹配,系统启动时设置(必要时设置)。
加速时间1	1000 ms
加速时间2	1000 ms
加速时间3	1000 ms
减速时间1	1000 ms
减速时间2	1000 ms
减速时间3	1000 ms
JOG速度限制值	20000 pulse/s
JOG运行加速时间选择	0:1000
JOG运行减速时间选择	0:1000
加减速处理选择	0:梯形加减速处理
S字比率	100 %
快速停止减速时间	1000 ms
停止组1快速停止选择	0:通常的减速停止
停止组2快速停止选择	0:通常的减速停止
停止组3快速停止选择	0:通常的减速停止
定位完成信号输出时间	300 ms
圆弧插补间误差允许范围	100 pulse
外部指令功能选择	0:外部定位启动
□ **原点回归基本参数**	设置用于进行原点回归控制所需要的值(根据可编程控制器就绪信号启用)。
原点回归方式	0:近点DOG型
原点回归方向	0:正方向(地址增加方向)
原点地址	0 pulse
原点回归速度	1 pulse/s
爬行速度	1 pulse/s
原点回归重试	0:不通过限位开关进行原点回归重试
□ **原点回归详细参数**	设置用于进行原点回归控制所需要的值。
原点回归停留时间	0 ms
近点DOG ON后的移动量设置	0 pulse
原点回归加速时间选择	0:1000
原点回归减速时间选择	0:1000
原点移位量	0 pulse
原点回归转矩限制值	300 %
偏差计数器清除信号输出时间	11 ms
原点移位时速度指定	0:原点回归速度
原点回归转重试时停留时间	0 ms

图 5-76　参数设置

步骤 4：轴 1 定位数据按图 5-77 所示进行设置，其中控制方式为"02h：INC 直线 1"，即"递增方式的轴 1 直线控制"。

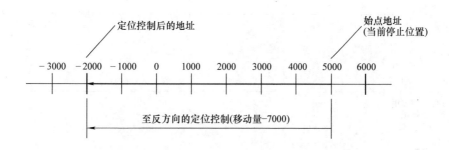

图 5-77 定位数据

在始点地址为 5000，移动量为 –7000 的情况下，进行至 –2000 的定位，该控制方式下的定位示意如图 5-78 所示。

图 5-78 INC 直线 1 控制方式下的定位示意

步骤 5：梯形图编程，如图 5-79 所示，具体解释如下：

步 0、18：向 QD75 模块输出 PLC 就绪信号 Y0，并将轴 1 的轴错误号、轴报警号、外部输入输出信号、状态输出到相关寄存器中。

步 21 ~ 32：当轴 1 的 M 代码 ON、轴 1 BUSY 信号均为 OFF 的情况下，且 QD75 模块准备完成、未触及上下限位时，输出允许定位 M30 信号为 ON；将触摸屏上设置的 D100 数据送至 G1518（即点动速度）；在允许定位时，自动将定位地址 D110、轴 1 指令速度 D112、轴 1 定位启动号 K1 送到相应的缓冲区寄存器 G2006、G2004、G1500。

步 45：执行原点回归指令，此时 G1500 的值为 K9001。

步 50：将当前位置 G800 送至 D20，并在触摸屏显示。

步 55 ~ 65：执行定位启动、原点回归、停止、正向点动和反向点动等逻辑命令。

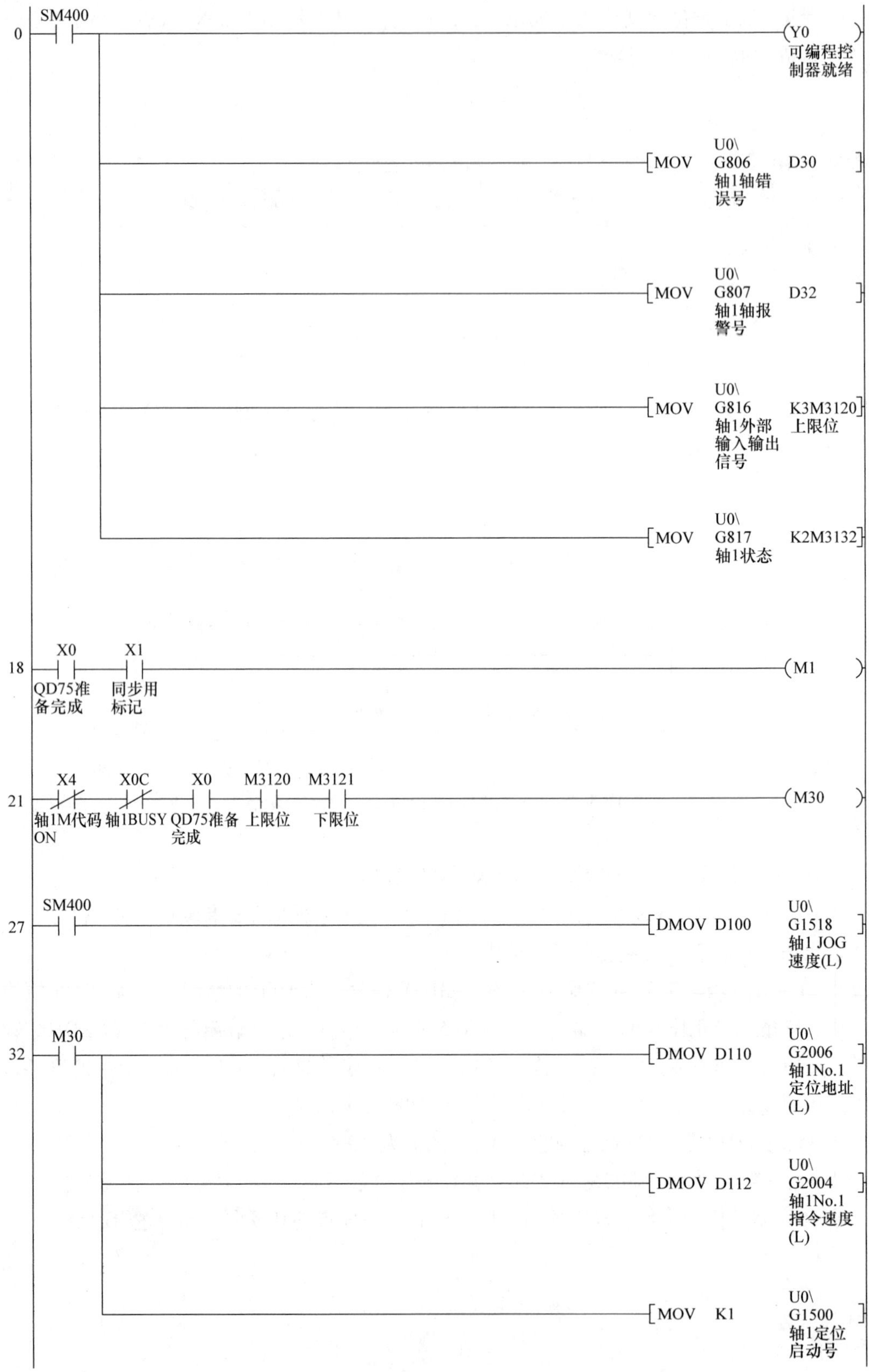
0
SM400
Y0
可编程控制器就绪
MOV U0\G806 轴1轴错误号 D30
MOV U0\G807 轴1轴报警号 D32
MOV U0\G816 轴1外部输入输出信号 K3M3120 上限位
MOV U0\G817 轴1状态 K2M3132
18
X0 QD75准备完成
X1 同步用标记
M1
21
X4 轴1M代码ON
X0C 轴1BUSY
X0 QD75准备完成
M3120 上限位
M3121 下限位
M30
27
SM400
DMOV D100 U0\G1518 轴1 JOG速度(L)
32
M30
DMOV D110 U0\G2006 轴1No.1定位地址(L)
DMOV D112 U0\G2004 轴1No.1指令速度(L)
MOV K1 U0\G1500 轴1定位启动号

图 5-79　梯形图

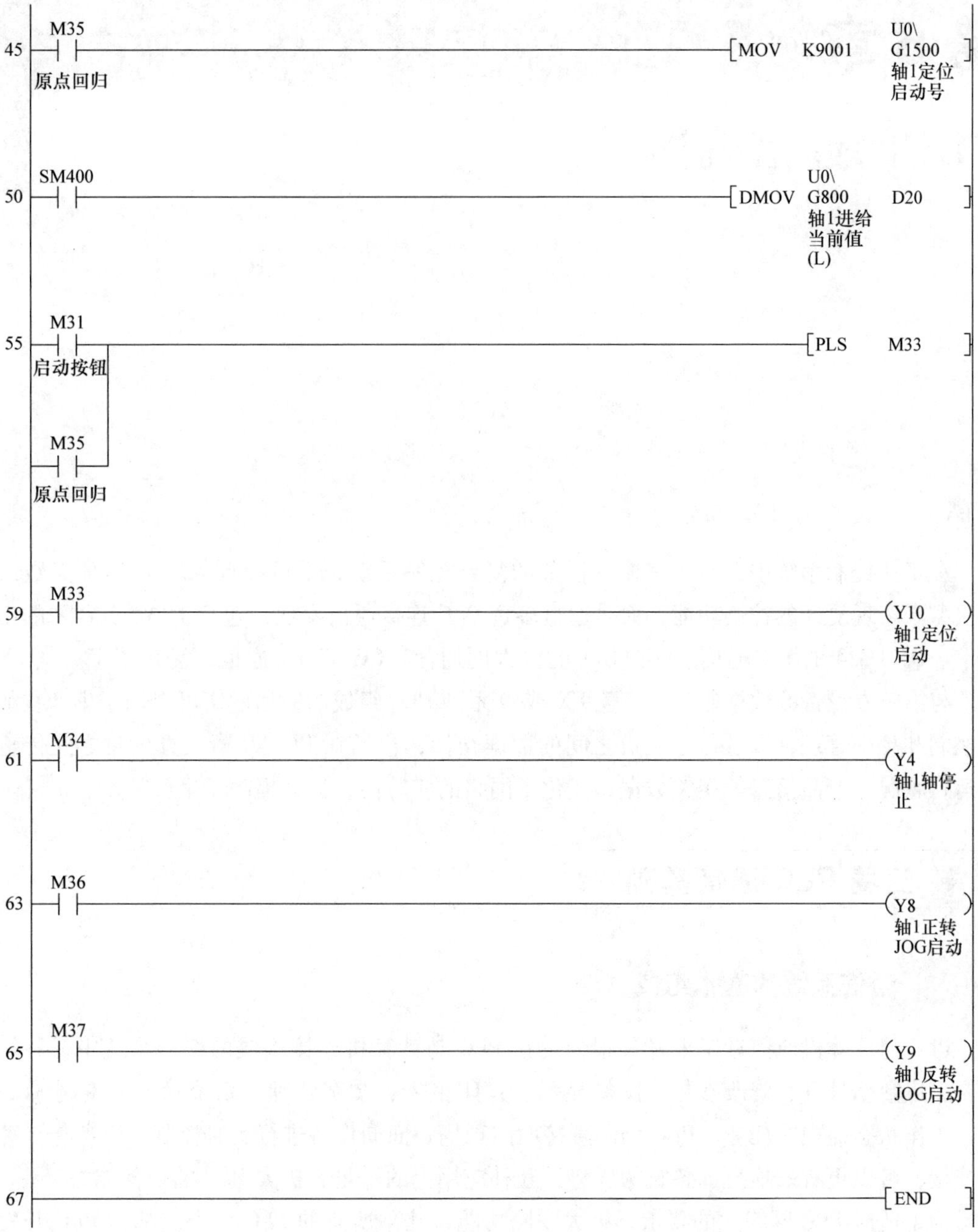

```
        M35
45      ┤├                                            ─[MOV   K9001    U0\      ]
       原点回归                                                        G1500
                                                                      轴1定位
                                                                      启动号

        SM400
50      ┤├                                            ─[DMOV  U0\      D20      ]
                                                             G800
                                                             轴1进给
                                                             当前值
                                                             (L)

        M31
55      ┤├──┬─                                        ─────────[PLS   M33      ]
       启动按钮 │
            │
        M35 │
        ┤├──┘
       原点回归


        M33
59      ┤├                                                        ──(Y10      )
                                                                      轴1定位
                                                                      启动

        M34
61      ┤├                                                        ──(Y4       )
                                                                      轴1轴停
                                                                      止

        M36
63      ┤├                                                        ──(Y8       )
                                                                      轴1正转
                                                                      JOG启动

        M37
65      ┤├                                                        ──(Y9       )
                                                                      轴1反转
                                                                      JOG启动

67      ─────────────────────────────────────────────────────────[END        ]
```

图 5-79 梯形图（续）

第 6 章

PLC的通信编程

导读

在工业控制系统中，对于多控制任务的复杂控制系统，不可能单靠增大 PLC 点数或改进机型来实现复杂的控制功能，而是通过多台 PLC 连接通信实现，包括 1: N 与 N: N 的串口通信、QJ71C24 的串口通信、QJ71E71 的以太网通信、CC–Link 通信，涵盖了 FX、Q 系列 PLC 与第三方设备的数据业务。三菱 FX 或 Q 系列 PLC 组成的通信网络可以用于生产线的分散控制和集中管理，以及与上位机之间的数据交换，包括在 PLC 及第三方设备之间传输设备运行状况、产品信息等相关数据，优化了网络的实时性，大大提高了生产效率。

6.1 三菱 PLC 通信基础

6.1.1 通信系统的基本组成

PLC 与计算机通信近年来发展很快。在 PLC 与计算机连接构成的综合系统中，计算机主要完成数据处理、修改参数、图像显示、打印报表、文字处理、系统管理、编制 PLC 程序、工作状态监视等任务。PLC 仍然直接面向现场、面向设备进行实时控制。PLC 与计算机的连接，可以更有效地发挥各自的优势，互补应用上的不足，扩大 PLC 的处理能力。

为了适应 PLC 网络化的要求，扩大联网功能，几乎所有的 PLC 厂家，都为 PLC 开发了与上位计算机通信的接口或专用的通信模块。一般在小型 PLC 上都设有通信接口；在中大型 PLC 上都设有专用的通信模块。

PLC 通信是指 PLC 与计算机、PLC 与 PLC、PLC 与现场设备或远程 I/O 之间的信息交换。如 PLC 编程就是计算机输入程序到 PLC 及计算机从 PLC 中读取程序的简单 PLC 通信。无论是计算机还是 PLC，它们都属于数字设备，之间交换的数据（或称信息）都是 "0" 和 "1" 表示的数字信号，所以通常把具有一定编码要求的数字信号称为数据信息。很显然，PLC 通信是属于数据通信。

图 6-1 所示为通信系统的基本组成框图，它分别由传送设备、发送器、接收器、传送控制设备（通信软件、通信协议）和通信介质（总线）等部分组成。

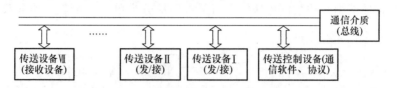

图 6-1　通信系统的基本组成框图

传送设备至少有两个，其中有的是发送设备，有的是接收设备。对于多台设备之间的数据传送，有时还有主、从之分。主设备起控制、发送和处理信息的主导作用，从设备被动地接收、监视和执行主设备的信息。主从关系在实际通信时由数据传送的结构来确定。在 PLC 通信系统中，传送设备可以是 PLC、计算机或各种外围设备。

传送的控制设备主要用于控制发送与接收之间的同步协调，以保证信息发送与接收的一致性。这种一致性靠通信协议和通信软件来保证，通信协议是指通信过程中必须严格遵守的数据传送规则，是通信得以进行的法规。

6.1.2　通信方式

数据通信方式有两种基本方式，即并行通信方式和串行通信方式。

1. 并行通信方式

并行通信方式是指传送数据的每一位同时发送或接收。如图 6-2 所示，表示 8 位二进制数同时从设备 A 传送到设备 B。在并行通信中，并行传送的数据有多少位，传输线就有多少根，因此数据的速度很快。若数据的位数较多，传送距离

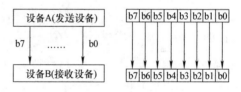

图 6-2　并行通信示意

较远，那么必然导致线路复杂，成本高。所以，并行通信不适合长距离传送。

2. 串行通信方式

串行通信是指传送的数据一位一位地顺序传送，如图 6-3 所示。传送数据时只需要 1～2 根传输线分时传送即可，与数据位数无关。串行通信虽然慢一点，但特别适合多位数据长距离通信。目前，串行通信的传输速率每秒可达兆字节的数量级。计算机与 PLC 的通信，

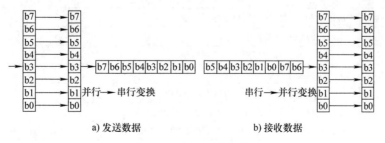

a) 发送数据　　　　b) 接收数据

图 6-3　串行通信示意

PLC 与现场设备、远程 I/O 的通信，开放式现场总线（CC - Link）的通信均采用的是串行通信方式。

在串行数据通信中，按数据传送的方向可将通信分为单工、半双工和全双工三种方式，如图 6-4 所示。

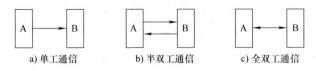

a) 单工通信   b) 半双工通信   c) 全双工通信

图 6-4 数据通信方式示意

单工通信是指信息的传递始终保持一个固定的方向，不能进行反方向传送，线路上任一时刻总是一个方向的数据在传送。半双工是在两个通信设备中同一时刻只能有一个设备发送数据，而另一个设备接收数据，没有限制哪个设备处于发送或接收状态，但两个设备不能同时发送或接收信息。全双工是指两个通信设备可以同时发送和接收信息，线路上任一时刻可有两个方向的数据在流动。

在串行通信方式中，为了保证发送数据和接收数据的一致性，又采用了两种通信技术，即同步通信技术和异步通信技术。异步通信是指将被传送的数据编码成一串脉冲，按照定位数（通常是按一个字节，即 8 位二进制数）分组，在每组数据的开始位加"0"标记，在末尾处加校验位"1"和停止位"1"标记。以这种特定的方式，一组一组地发送数据，接收设备将一组一组地接收，在开始位和停止位的控制下，保证数据传送不会出错，如图 6-5 所示。

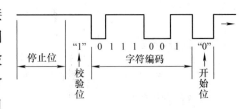

图 6-5 串行异步通信方式示意

这种通信方式，每传一个字节都要加入开始位、校验位和停止位，传送效率低。这种方式主要用于中、低速数据通信。

6.1.3 三菱 PLC 通信种类

三菱 PLC 的常见通信功能见表 6-1。

表 6-1 三菱 PLC 的常见通信功能

通信种类		具体描述
N: N 网络	功能	可以在 PLC 之间进行简单的数据链接
	用途	生产线的分散控制和集中管理等
并联联接	功能	可以在 PLC 之间进行简单的数据链接
	用途	生产线的分散控制和集中管理等
变频器通信	功能	可以通过通信控制三菱变频器 FREQROL
	用途	运行监视、控制值的写入、参数的参考及变更等
MODBUS 通信	功能	可以和 RS - 232C 以及 RS - 485 支持 MODBUS 的设备进行 MODBUS 通信
	用途	生产线的分散控制和集中管理等

（续）

通信种类		具 体 描 述
以太网通信	功能	可以利用 TCP/IP、UDP/IP 通信协议，经过以太网（100BASE‑TX、10BASE‑T），将 PLC 与计算机或工作站等上位系统连接
	用途	生产线的分散控制和集中管理，与上位网络之间的信息交换等
无协议通信	功能	可以与具备 RS‑232C 或者 RS‑485 接口的各种设备，以无协议的方式进行数据交换
	用途	与计算机、条形码阅读器、打印机、各种测量仪表之间的数据交换
CC‑Link	功能	对于以 MELSEC Q PLC 作为主站的 CC‑Link 系统而言，FX PLC 可以作为远程设备站、智能设备站进行连接。也可以构筑以 FX PLC 为主站的 CC‑Link 系统
	用途	生产线的分散控制和集中管理，与上位网络之间的信息交换等

6.2 FX3U 系列 PLC 串口通信

6.2.1 FX3U 系列 PLC 的通信连接

图6-6所示为 FX3U 系列 PLC 的通信连接，它共有 3 种方式用于 RS‑232/RS‑422/RS‑485 通信，即 A 位置可以安装 FX3U‑485ADP（‑MB）适配器；B 位置可以安装 FX3U‑485‑BD、FX3U‑422‑BD、FX3U‑232‑BD 等通信板；C 位置可以安装特殊单元、特殊模块。

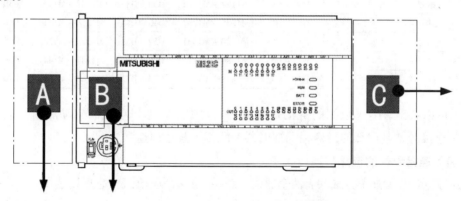

图6-6　FX3U 系列 PLC 的通信连接

6.2.2 FX 系列 PLC 与 FX 系列 PLC 之间的 $N:N$ 通信

1. $N:N$ 通信基础

在工业控制系统中，对于多控制任务的复杂控制系统，不可能单靠增大 PLC 点数或改进机型实现复杂的控制功能，而是采用多台 PLC 连接通信来实现，这种 PLC 与 PLC 之间的通信称为同位通信。三菱 FX 系列 PLC 常用的同位通信方式为 $N:N$ 网络，即最多 8 台 FX 系列 PLC 之间，通过 RS‑485 通信连接，然后可以进行软元件相互链接。在全部由 485ADP 构成的情况下，总延长距离最大可达 500m。

以 FX3U 系列 PLC 为例，PLC 与 PLC 之间的系统连接如图 6-7 所示。在各站间，位软元件（0~64 点）和字软元件（4~8 点）被自动数据连接，通过分配到本站上的软元件，可以知道其他站的 ON/OFF 状态和数据寄存器数值。这种连接适用于生产线的分布控制和集中管理等场合。根据要链接的点数，有 3 种模式可以选择，不同的模式见表 6-2。

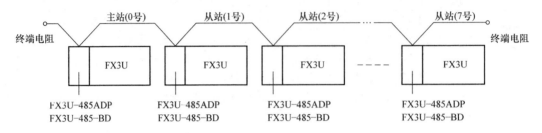

图 6-7　PLC 与 PLC 之间的 $N:N$ 通信

表 6-2　不同模式下的软元件分配

站号		模式 0		模式 1		模式 2	
		位软元件（M）	字软元件（D）	位软元件（M）	字软元件（D）	位软元件（M）	字软元件（D）
		0 点	各站 4 点	各站 32 点	各站 4 点	各站 64 点	各站 8 点
主站	站号 0	—	D0 ~ D3	M1000 ~ M1031	D0 ~ D3	M1000 ~ M1063	D0 ~ D7
从站	站号 1	—	D10 ~ D13	M1064 ~ M1095	D10 ~ D13	M1064 ~ M1127	D10 ~ D17
	站号 2	—	D20 ~ D23	M1128 ~ M1159	D20 ~ D23	M1128 ~ M1191	D20 ~ D27
	站号 3	—	D30 ~ D33	M1192 ~ M1223	D30 ~ D33	M1192 ~ M1255	D30 ~ D37
	站号 4	—	D40 ~ D43	M1256 ~ M1287	D40 ~ D43	M1256 ~ M1319	D40 ~ D47
	站号 5	—	D50 ~ D53	M1320 ~ M1351	D50 ~ D53	M1320 ~ M1383	D50 ~ D57
	站号 6	—	D60 ~ D63	M1384 ~ M1415	D60 ~ D63	M1384 ~ M1447	D60 ~ D67
	站号 7	—	D70 ~ D73	M1448 ~ M1479	D70 ~ D73	M1448 ~ M1511	D70 ~ D77

从表可以看出，$N:N$ 数据的链接是在最多 8 台 FX 系列 PLC 之间自动更新。应注意的是，$N:N$ 连接时，其内部的特殊辅助继电器不能作为其他用途。

2. 通信连接硬件的选择与连线

$N:N$ 数据链接的通信方式共有两个通道。图 6-8 所示为通道 1，它可以选用 FX3U – 485 – BD，最长通信距离为 50m；也可以选择 FX3U – CNV – BD + FX3U – 485ADP（–MB），即左侧适配器，最长通信距离为 500m。图 6-9 所示为通道 2，它可以在 FX3U – □ – BD（"□"为 232、422、485、USB、8AV 中任何一个）为通道 1 的基础上，添加 FX3U – 485ADP（–MB）为通道 2；也可以在适配器为通道 1 的基础上，添加 FX3U – 485ADP（–MB）为通道 2。在通道 2 的配置中，使用 FX3U – 8AV – BD 时，通信通道将占据 1ch；使用 FX3U – CF – ADP 时，通信通道将占据 1ch。

使用 FX3U – 485 – BD、FX3U – 485ADP（–MB）的情况下，请使用内置终端电阻，如图 6-10 所示，进行终端电阻切换开关设定。

图 6-11 所示为 $N:N$ 通信的接线原理，采用 1 对接线方式。

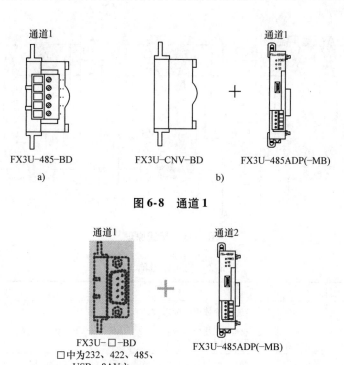

图6-8   通道1

图6-9   通道2

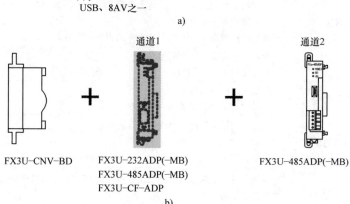

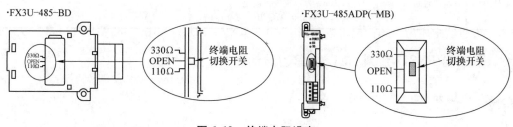

图6-10   终端电阻设定

3. 通信时的数据寄存器

在图6-7中，0号PLC称为主站，其余称为从站，它们之间的数据通信通过相关通信接口进行连接。站号的设定数据存放在特殊数据寄存器D8176中，主站为0，从站为1~7，站点的总数存放在D8177中。N: N网络通信中相关的软元件名称与内容见表6-3。

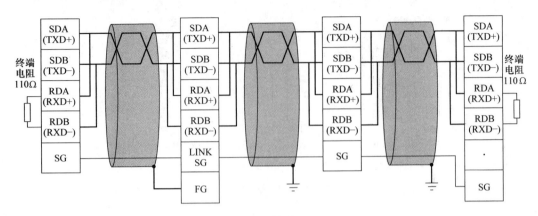

图6-11　接线原理

表6-3　软元件名称与内容

软元件	名称	内容	设定值
M8038	参数设定	设定通信参数用的标志位 也可以作为确认有无 N: N 网络程序用的标志位 在顺控程序中请勿置 ON	—
M8179	通道的设定	设定所使用的通信口的通道（使用 FX3G、FX3GC、FX3U、FX3UC 时） 请在顺控程序中设定 无程序：通道1；有 OUT M8179 的程序：通道2	—
D8176	相应站号的设定	N: N 网络设定使用时的站号 主站设定为0，从站设定为1~7［初始值：0］	0 ~ 7
D8177	从站总数设定	设定从站的总站数 从站的 PLC 中无须设定 ［初始值：7］	1 ~ 7
D8178	刷新范围的设定	选择要相互进行通信的软元件点数的模式 从站的 PLC 中无须设定 ［初始值：0］ 当混合有 FXON、FX1S 系列时，仅可以设定模式0	0 ~ 2
D8179	重试次数	即使重复指定次数的通信也没有响应的情况下，可以确认错误，以及 其他站的错误 从站的 PLC 中无须设定 ［初始值：3］	0 ~ 10
D8180	监视时间	设定用于判断通信异常的时间（50 ~ 2550ms） 以 10ms 为单位进行设定 从站的 PLC 中无须设定 ［初始值：5］	5 ~ 255

6.2.3 三台 FX3U 系列 PLC 之间的通信

【例6-1】通过 N: N 方式连接三台 FX3U 系列 PLC

任务要求：现在共有三台 FX3U 系列 PLC，分别是 FX3U – 64MR 一台、FX3U – 32MR 两台，它们之间的通信示意如图 6-12 所示，具体要求如下：

1）主站 0 的 PLC 输入（X000～X003），输出到从站 1 和 2；接收从站 1 的信号到 Y004～Y007，接收从站 2 的信号到 Y010～Y013，一一对应并相应地执行 ON/OFF。

2）从站 1 接收主站 0 的信号，并输出到 Y004～Y007，接收从站 2 的信号到 Y010～Y013；将输入信号（X000～X003）输出到主站 0、从站 2。

3）从站 2 接收主站 0 的信号，并输出到 Y004～Y007，接收从站 1 的信号到 Y010～Y013；将输入信号（X000～X003）输出到主站 0、从站 1。

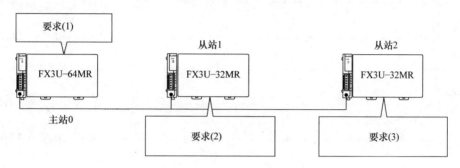

图 6-12　*N*:*N* 通信示意图

实施步骤：

步骤 1：通信连接。3 台 FX3U 系列 PLC 均采用 FX3U – 485ADP 连接，构成 *N*:*N* 网络。按要求将 FX3U – 64MR 设置为主站，从站数为 2，数据更新采用模式 0，重试次数为 3，公共暂停时间为 50ms。

步骤 2：分析链接软元件。根据 *N*:*N* 通信模式，其链接软元件见表 6-4。

表 6-4　链接软元件

序号	站号	输入（X）	链接软元件	输出（Y）
0	主站	X000～X003	D0	Y000～Y003
1	从站 1	X000～X003	D10	Y004～Y007
2	从站 2	X000～X003	D20	Y010～Y013

步骤 3：通信编程。图 6-13 所示为主站 0 号的程序，具体解释如下：

1）设置通信格式 D8120 为 H23F6。

2）设置 D8176～D8180 的参数。在 D8176 中设定主站地址 0；在 D8177 中设定从站的台数，设定范围为 K1～K7，这里选为 K2；D8178 中设置数据的刷新模式 0；D8179 为通信重复次数为 3；D8180 等待时间为 50ms。

3）主站信息的写入程序（主站→从站），即将主站 X000～X003 的内容通过链接软元件 D0 传送到从站的输出（Y）中。

4）从站信息的读出程序（从站→主站），使用链接软元件，读出所使用的从站那部分台数的数据。

图 6-14 所示为从站 1 号的程序，具体解释如下：

1）设置通信格式 D8120 为 H23F6。

M8038
0
MOV K0 D8176
MOV K2 D8177
MOV K0 D8178
MOV K3 D8179
MOV K5 D8180
M8000
26
MOV K1X000 D0
M8000
32
MOV D10 K1Y004
MOV D20 K1Y010
43
END

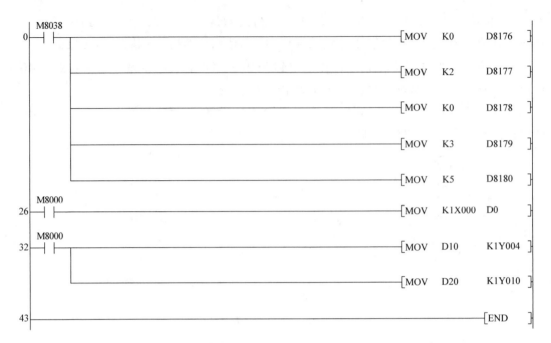

图 6-13 主站 0 号的程序

2）设置 D8176 的参数。在 D8176 中设定范围为 K1 ~ K7，站号请从 1 号站开始依次分配，请勿设定为重复或空号，这里设定从站地址为 1。

3）从站信息的写入程序（从站→主站），将本站 X000 ~ X003 的内容传送到链接软元件中。根据所设定的站号不同，链接软元件也不同，其中［MOV K1X000 D10］中的 D10 指定本站的软元件编号。

4）其他从站信息的读出程序，如从站 2 号→本站，使用链接软元件 D20，输出到Y10 ~ Y13 中。

M8038
0
MOV K1 D8176
M8000
6
MOV K1X000 D10
M8000
12
MOV D0 K1Y000
MOV D20 K1Y010
23
END

图 6-14 从站 1 号的程序

需要注意的是，凡是使用通道 2 的站点，均需要编写输出 M8179，具体如图 6-15 所示为主站设置、图 6-16 所示为从站设置。

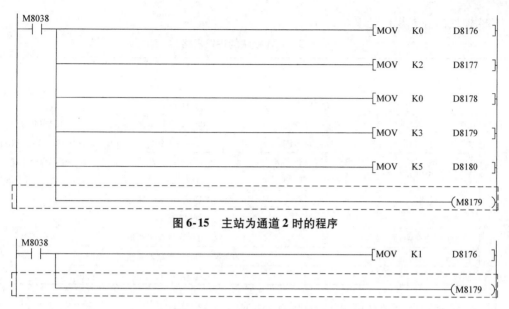

图 6-15 主站为通道 2 时的程序

图 6-16 从站为通道 2 时的程序

6.3 QJ71C24 串口通信

6.3.1 QJ71C24 串口通信模块概述

QJ71C24 串口通信模块（以下简称 C24 模块）包括 QJ71C24N、QJ71C24N – R2、QJ71C24N – R4、QJ71C24、QJ71C24 – R2 等型号的模块，即通过串行通信用的 RS – 232、RS – 422/485 线路将对方设备与 Q 系列 PLC CPU 相连接，以实现与扫描仪、称重仪、变频器或其他 PLC 之间的数据通信（见图 6-17）。

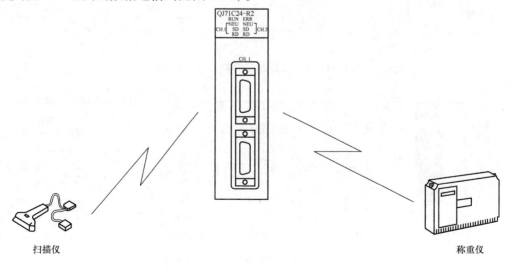

图 6-17 QJ71C24 串口通信模块的数据通信

C24 模块的性能规格见表 6-5。

表 6-5　C24 模块的性能规格

项目		规格		
		QJ71C24N QJ71C24	QJ71C24N – R2 QJ71C24 – R2	QJ71C24N – R4
接口	CH1	RS – 232 标准 （D – Sub 9P）	RS – 232 标准 （D – Sub 9P）	RS – 422/485 标准 （双片嵌入式端子排）
	CH2	RS – 422/485 标准 （双片式端子排）	RS – 232 标准 （D – Sub 9P）	RS – 422/485 标准 （双片嵌入式端子排）
通信方式	线路	全双工通信/半双工通信		
	MC 协议通信	半双工通信		
	无顺序协议通信	全双工通信/半双工通信		
	双向协议通信	全双工通信/半双工通信		
	同步方式	起止同步方式		

RS – 232 端口分布及针信号定义如图 6-18 所示，其中 RD 信号是用于数据接收的信号，SD 信号是用于数据发送的信号。RS – 422/485 端口分布及针信号定义如图 6-19 所示，其中 SDA、SDB 信号是用于 C24 模块向对方设备进行数据发送的信号，RDA、RDB 信号是用于 C24 模块向对方设备进行数据接收的信号。

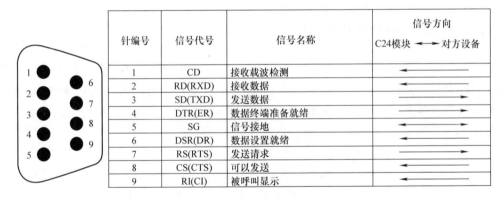

图 6-18　RS – 232 端口分布及针信号定义

图 6-19　RS – 422/485 端口分布及针信号定义

6.3.2　C24 模块的 I/O 分配与开关设置

1. I/O 分配

C24 模块可以如图 6-20 所示安装到 Q 系列 PLC 的机架中，支持单 CPU 或多 CPU 通信。一旦硬件位置确定之后，就可以将安装的 QJ71C24N－R2 模块如图 6-21 所示进行 Q 参数设置的 I/O 分配。这里需要选择模块类型为"智能"模块，起始 XY 则根据实际情况设定或默认设定，比如这里选择为 0000。

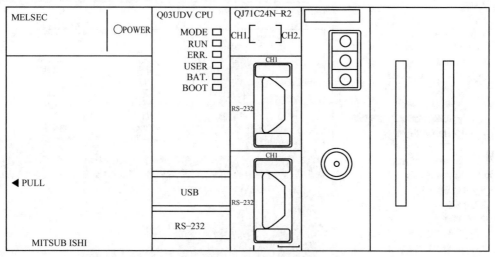

图 6-20　C24 模块安装位置

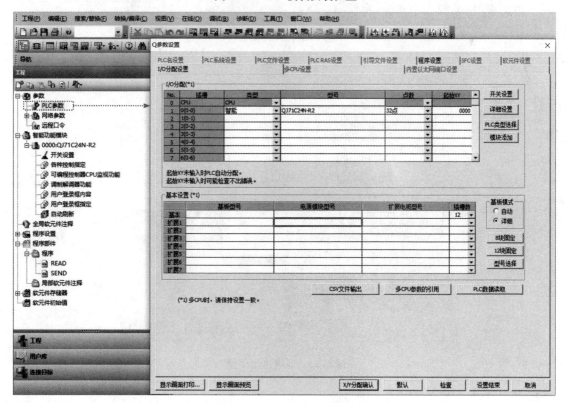

图 6-21　Q 参数设置的 I/O 分配

2. 开关设置

C24 模块作为智能功能模块，可以通过图 6-22 所示进行开关设置等属性的设置，其中传送设置包括数据位、奇偶校验位、奇数/偶数校验、停止位、和校验代码、RUN 中写入、设置更改。通信速度设置的波特率范围为 50 ~ 230400bps，如图 6-23 所示。

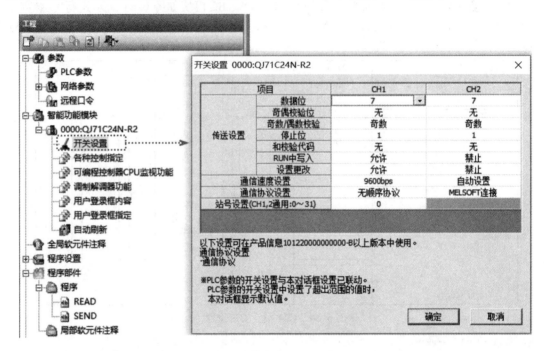

图 6-22　开关设置

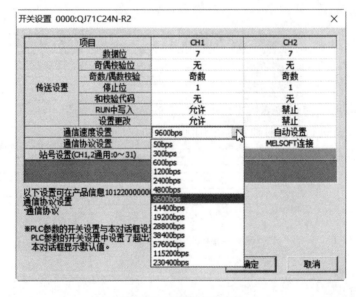

图 6-23　通信速度设置

图6-24所示为通信协议设置,共有MELSOFT连接、MC协议(格式1)～MC协议(格式5)、无顺序协议、双向协议、通信协议、ROM/RAM/开关测试、单体环路测试等。下面介绍一下几个重要的通信协议。

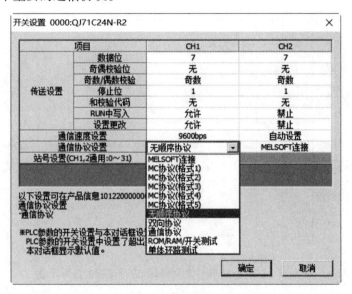

图6-24 通信协议设置

(1) MC协议

MC协议,又称MELSEC协议,是三菱自身的通信协议。它包括以下通信功能:

1) ASCII代码的通信。兼容1C/2C/3C/4C帧的通信,分别对应MC协议(格式1)～MC协议(格式4)。

2) 二进制代码的通信。兼容4C帧的通信,对应MC协议(格式5)。

(2) 无顺序协议

无顺序协议通信可以用于任意格式数据的发送/接收、通过用户登录帧进行的数据的发送/接收、通过中断程序进行的数据接收、PLC CPU监视,通过ASCII/二进制转换进行的ASCII数据发送/接收、通过穿透代码指定进行的数据发送/接收等。

在于第三方设备进行通信时通常都采用无顺序协议。

(3) 双向通信协议

仅用于1:1的任意格式数据的发送/接收、通过中断程序进行的数据接收、通过ASCII/二进制转换进行的ASCII数据发送/接收、通过穿透代码指定进行的数据发送/接收。

(4) MELSOFT连接

MELSOFT连接是指三菱内部协议,一般用于支持三菱协议的产品通信,比如三菱的编程软件、三菱的触摸屏等。

图6-25所示为C24模块(比如QJ71C24N-R4)的CH2通道与GOT触摸屏进行连接的接线示意,图6-26所示为C24模块的开关设置,图6-27所示为GOT触摸屏的连接机器设置。

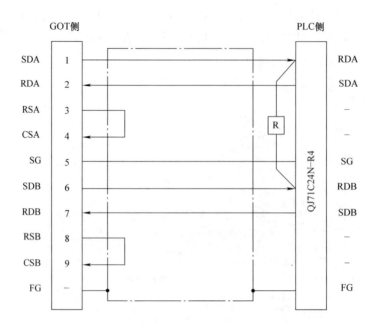

图6-25　C24模块与GOT触摸屏进行连接的接线示意

图6-26　QJ71C24N-R4开关设置

6.3.3　C24模块的输入/输出信号

PLC CPU的输入/输出信号一览表见表6-6，其中XY地址是将C24模块安装到Q系列PLC基板模块的0插槽中时所显示的32位输入/输出信号的分配情况。软元件X是从C24模块至PLC CPU的输入信号，软元件Y是从PLC CPU至C24模块的输出信号。

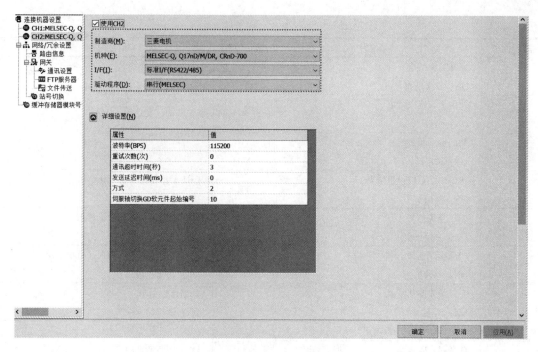

图 6-27　GOT 参数设置

表 6-6　PLC CPU 的输入/输出信号一览表

软元件号	信号内容	软元件号	信号内容
X0	CH1 发送正常结束 ON：正常结束	XB	CH2 接收异常检测 ON：异常检测
X1	CH1 发送异常结束 ON：异常结束	XC	（系统用）
X2	CH1 发送处理 ON：发送中	XD	CH2 模式切换 ON：切换中
X3	CH1 接收读取请求 ON：读取请求中	XE	CH1 端出错 ON：出错中
X4	CH1 接收异常检测 ON：异常检测	XF	CH2 端出错 ON 出错中
X5	（系统用）	X10	调制解调器初始化结束 ON：初始化结束
X6	CH1 模式切换 ON：切换中	X11	拨号 ON：拨号中
X7	CH2 发送正常结束 ON：正常结束	X12	线路连接 ON：连接中
X8	CH2 发送异常结束 ON：异常结束	X13	初始化线路连接失败 ON：初始化连接失败
X9	CH2 发送处理 ON：发送中	X14	线路切断结束 ON：切断结束
XA	CH2 接收读取请求 ON：读取请求中	X15	通知正常结束 ON：正常结束

（续）

软元件号	信号内容	软元件号	信号内容
X16	通知异常结束 ON：异常结束	Y9	CH2 模式切换请求 ON：切换请求中
X17	快闪卡 读取结束 ON：结束	XA	
		YB	使用禁止
X18	快闪卡 写入结束 ON：结束	YC	
		YD	
X19	快闪卡 系统设置结束 ON：结束	YE	CH1 端出错信息初始化请求 ON：初始化请求中
X1A	CH1 全局信号 ON：有输出指示	YF	CH2 端出错信息初始化请求 ON：初始化请求中
X1B	CH2 全局信号 ON：有输出指示	Y10	调制解调器初始化请求（待机请求） ON：初始化请求
X1C	系统设置默认结束 ON：结束	Y11	线路连接请求 ON：连接请求中
X1D	（系统用）	Y12	线路切断请求 ON：切断请求中
X1E	Q 系列 C24 就绪 ON：可以访问	Y13	使用禁止
X1F	看门狗时钟出错（WDT 出错） ON：模块发生异常 OFF：模块正常动作中	Y14	通知发行请求 OFF：通知发行请求中
		Y15	使用禁止
Y0	CH1 发送请求 ON：发送请求中	Y16	
Y1	CH1 接收读取结束 ON：读取结束	Y17	快闪卡 读取请求 ON：请求中
Y2	CH1 模式切换请求 ON：切换请求中	Y18	快闪卡 写入请求 ON：请求中
Y3		Y19	快闪卡 系统设置请求 ON：请求中
Y4	使用禁止	Y1A	使用禁止
Y5		Y1B	
Y6		Y1C	系统设置默认请求 ON：请求中
Y7	CH2 发送请求 ON：发送请求中	Y1D	使用禁止
Y8	CH2 接收读取结束 ON：读取结束	Y1E	
		Y1F	

6.3.4 C24 模块的缓冲存储器设置

C24 模块缓冲存储器由用户用区域及系统区域所构成，其中用户用区域是用户进行数据的读取/写入的区域，包括用于存储数据通信的设置值的区域、数据通信用的区域、存储通信状态以及通信出错信息的区域等；系统区域是 C24 模块系统所使用的区域。表6-7 所示为部分缓冲存储器的设置一览表。

表6-7　部分缓冲存储器的设置一览表

地址十进制（十六进制）		用途	名称	初始值	对象协议		
CH1	CH2				MC	无	双
146（92н）	306（132н）	信号指定	RS/DTR 信号状态指定 　0：Off　　　1：On 　RS 信号（b0） 　DTR 信号（b2） 　系统用（b1）、（b3）~（b15）	0005н	RW		
147（93н）	307（133н）	传送控制指定用	DTR/DSR（ER/DR）、DC 控制指定 ● 传送控制（b0） 　0：DTR/DSR 控制　　1：DC 代码控制 ● DC1/DC3 控制（b8） 　0：无控制　　　　1：有控制 ● DC2/DC4 控制（b9） 　0：无控制　　　　1：有控制	0	RW		
148（94н）	308（134н）		DC1/DC3（Xon/Xoff）代码指定 ● DC1 代码（b0~b7） 　OOн~FFн：DC1 代码 ● DC3 代码（b8~b15） 　OOн~FFн：DC3 代码	1311н			
149（95н）	309（135н）		DC2/DC4 代码指定 ● DC2 代码（b0~b7） 　OOн~FFн：DC2 代码 ● DC4 code（b8~b15） 　OOн~FFн：DC4 代码	1412н			
150（96н）	310（136н）	通信控制指定用	字/字节单位指定 　0：字单位　　　1：字节单位	0	RW		
151（97н）	311（137н）		CD 端子检查指定（RS-232 用） 　0：检查　　　1：不检查	1			

注：MC 表示 MC 协议；无表示无顺序协议；双表示双向协议。

在 GX Works2 的环境中，通过设置相应的参数来直接对缓冲存储器进行读写，图6-28所示为与缓冲存储器相对应的参数设置，它可以简单地进行 bit 选项选择 ON 或 OFF，也可以直接写入参数值。

6.3.5　C24 模块的无顺序协议通信

1. 发送与接收通信流程

以无顺序协议进行任意格式的数据发送的方法如图6-29所示，它将"STX"开头、"ABCDEFGH"为数据、"ETX"为结尾的10个字节数据（即5个字数据）发送到第三方设备。

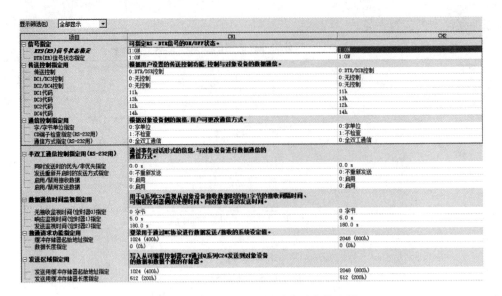

图 6-28　与缓冲存储器相对应的参数设置

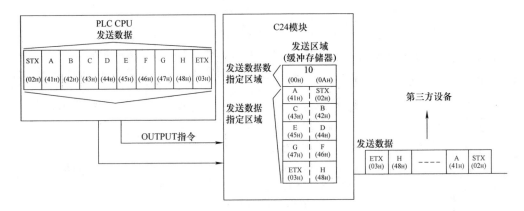

图 6-29　发送示意

　　以无顺序协议进行任意格式的数据接收的方法如图 6-30 所示。数据的接收方法分为用于接收可变长度报文的"通过接收结束代码进行的接收方法"、用于接收固定长度报文的"通过接收结束数据数进行的接收方法"两种。

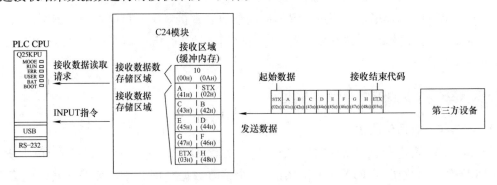

图 6-30　接收示意

从图 6-29 和图 6-30 可以看出，用于无顺序协议通信的专用指令包括 G. OUTPUT（对指定数据计数的数据进行发送）、G. INPUT（读取接收的数据）等。

2. 专用通信指令——G. OUTPUT 指令

G. OUTPUT 指令的格式如下：

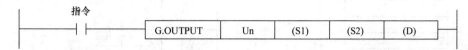

G. OUTPUT 指令格式中，设置数据 Un、（S1）、（S2）、（D）的内容与数据类型见表 6-8。

表 6-8　G. OUTPUT 指令设置数据的内容与数据类型

设置数据	内容	设置端	数据型
Un	模块的起始输入输出信号 （00 ~ FE：以 3 位显示输入/输出信号时的高 2 位）	用户	BIN16 位
（S1）	存储控制数据的软元件的起始编号	用户、系统	软元件名
（S2）	存储发送数据的软元件的起始编号	用户	
（D）	执行结束时 ON 的位软元件编号	系统	位

（S1）相关的控制数据见表 6-9，其中（S1）+2 的"字/字节单位指定"中指定为字节时设置字节数、指定为字时设置字数，该选项的设置参考图 6-31 所示；设置端中的"用户"是指 G. OUTPUT 指令执行前用户设置的数据，"系统"是指将 G. OUTPUT 指令的执行结果存储到 PLC CPU 中。

表 6-9　G. OUTPUT 控制数据

软元件	项目	设置数据	设置范围	设置端
（S1）+0	发送通道	• 设置发送通道 1：通道 1（CH1 端） 2：通道 2（CH2 端）	1、2	用户
（S1）+1	发送结果	• 存储根据 OUTPUT 指令发送的结果 0：　　正常 0 以外：出错代码	—	系统
（S1）+2	发送数据计数	• 设置要发送的数据计数	1 以上	用户

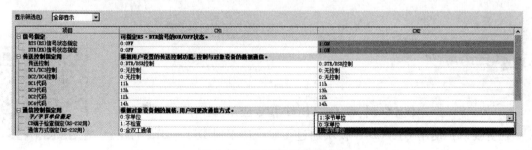

图 6-31　字/字节单位指定

从 G. OUTPUT 指令表达式可以看出，通过 Un 中指定模块的无顺序协议，将（S2）中指定的软元件以后中存储的数据跟随着（S1）中指定的软元件以后的控制数据进行发送，具体如图 6-32 所示。

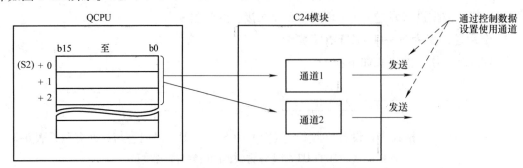

图 6-32　G. OUTPUT 指令的无顺序协议传送示意

如图 6-33 所示，通过结束软元件（(D)）、结束时的状态显示软元件（(D)+1）可以对 G. OUTPUT 指令的正常/异常结束进行确认。当 G. OUTPUT 指令异常结束时，异常结束信号 (D)+1 将 ON，出错代码将被存储在发送结果 (S1)+1 中。

1）结束软元件：在 G. OUTPUT 指令结束时的扫描的 END 处理中 ON，在下一个 END 处理中 OFF。

2）结束时的状态显示软元件：根据 G. OUTPUT 指令结束时的状态进行 ON/OFF。

● 正常结束时：保持 OFF 状态不变。

● 异常结束时：在 G. OUTPUT 指令结束时的扫描的 END 处理中 ON，在下一个 END 处理中 OFF。

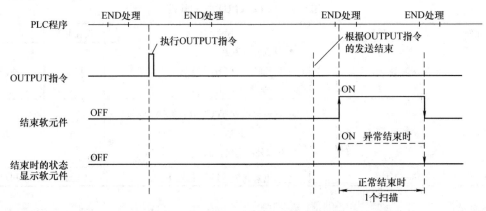

图 6-33　执行 G. OUTPUT 指令时的动作

【例 6-2】 G. OUTPUT 指令应用

任务要求：使用 QJ71C24N 模块通过无顺序协议对 D11 ~ D15 的任意数据进行发送。

实施步骤：

步骤 1：在"Q 参数设置"中，选择 QJ71C24N 模块为智能模块，并将起始 XY 设置为

0000（见图6-34），即输入/输出信号为X/Y00～X/Y1F；选择QX10模块为输入模块，连接按钮，实现发送指令和复位指令功能。

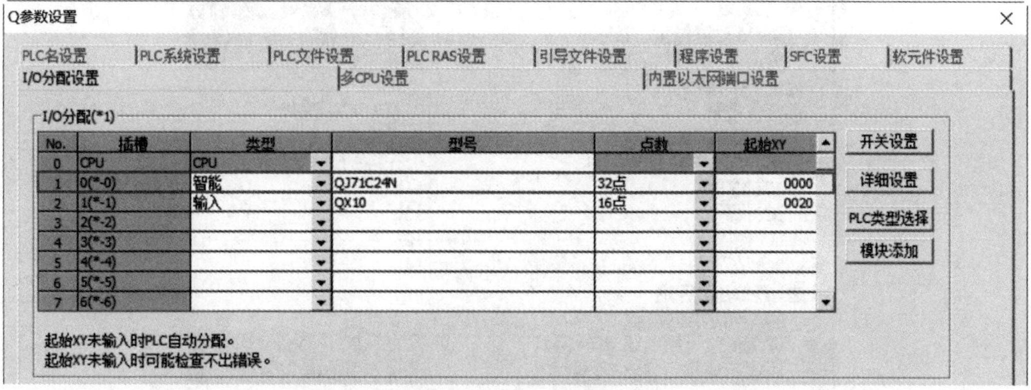

图6-34 Q参数设置

步骤2：在智能模块的"开关设置"中（见图6-35），选择CH2为此次程序的实施通道，对数据位"7"、奇偶校验位"无"、停止位"1"、通信速度"9600bps"、通信协议"无顺序协议"、站号设置"0"等参数进行设置。

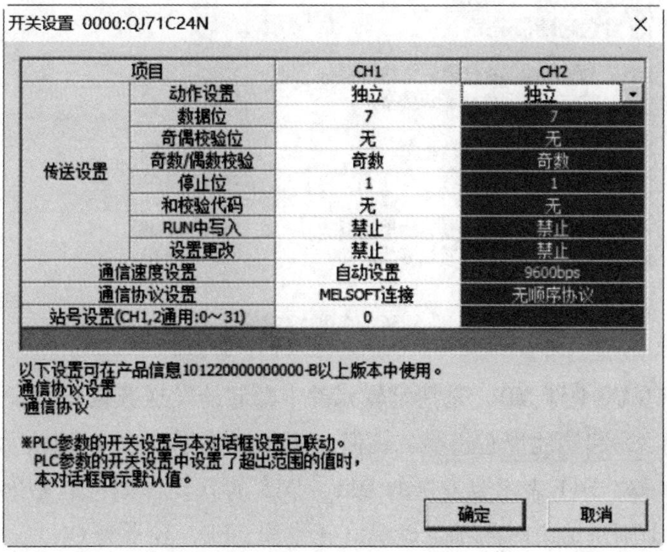

图6-35 开关设置

步骤3：在智能模块的"各种控制设定"中（见图6-36），根据实际要求进行选项设置，其中"字/字节单位指定"设置为"0：字单位"。

步骤4：程序编写如图6-37所示，具体解释如下：

［MOV K2 D0］是指定数据发送接口的编号（CH2），其中K2就是CH2的"2"。

［MOV K5 D2］是指定字单位用的发送数据，如果在"各项控制设定"中设定为字节为单位发送，则需要改为［MOV K10 D2］。

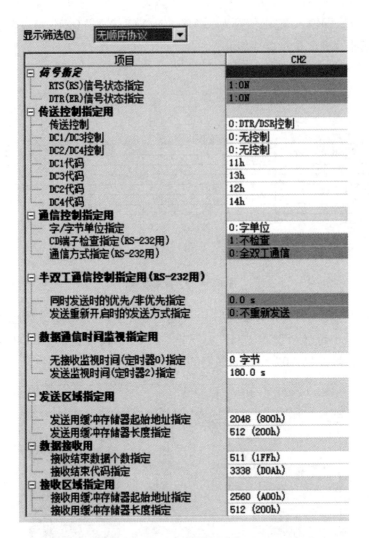

图 6-36　各种控制设定

　　[G. OUTPUT U0 D0 D11 M0] 是指定软元件中存储的发送数据将被发送，其中 U0 为智能模块所在插槽的 XY 起始地址右边第二位值；D0 为存储控制数据的软元件编号起始地址，它包括 D0、D1 和 D2；D11 表示要发送的 D11 ~ D15 的软元件编号起始地址；M0 是发送结束信号，对应的 M1 则是结束时的状态显示（正常为 OFF，异常为 ON）。一旦异常，则通过 [MOV D1 D101] 进行数据发送。

　　3. 专用通信指令——G. INPUT 指令

　　与 OUTPUT 相反，INPUT 主要用于无顺序协议通信时的数据读取、接收，其指令表达式如下所示：

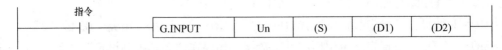

　　G. INPUT 指令格式中，设置数据 Un、(S)、(D1)、(D2) 的内容与数据类型见表 6-10，

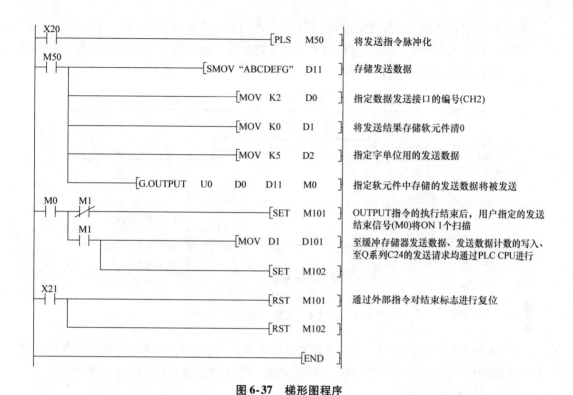

图 6-37 梯形图程序

其中（S）所存储的控制数据解释见表 6-11。需要注意的是，对 G. INPUT 的指令不能进行脉冲化，且应在输入/输出信号的读取请求为 ON 的状态下执行 G. INPUT 指令。

表 6-10 G. INPUT 指令设置数据的内容与数据类型

设置数据	内容	设置端	数据型
Un	模块的起始输入/输出信号 （00 ~ FE：以 3 位显示输入/输出信号时的高 2 位）	用户	BIN16 位
（S）	存储控制数据的软元件的起始编号	用户、系统	软元件名
（D1）	存储接收数据的软元件的起始编号	系统	
（D2）	执行结束时 ON 的位软元件编号	系统	位

表 6-11 G. INPUT 控制数据

软元件	项目	设置数据	设置范围	设置端
（S）+0	接收通道	• 设置接收通道 1：通道 1（CH1 端） 2：通道 2（CH2 端）	1、2	用户
（S）+1	接收结果	• 存储根据 INPUT 指令接收的结果 0： 正常 0 以外：出错代码	—	系统
（S）+2	接收数据计数	• 存储接收的数据的数据计数	0 以上	系统
（S）+3	接收数据允许数	• 设置（D1）中可存储的接收数据的允许字数	1 以上	用户

图 6-38 所示在当输入/输出信号的读取请求为 ON 的状态下,即 X3、X4（CH1）或 XA、XB（CH2）为 ON 时,执行 G. INPUT 指令。指令异常结束时,异常结束信号（D）+1 将 ON,出错代码将被存储在发送结果（S1）+1 中。

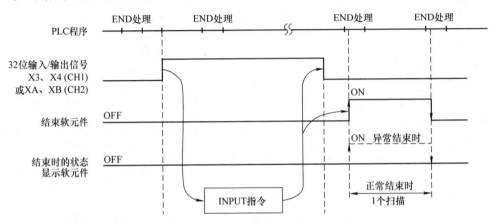

图 6-38 执行 G. INPUT 指令时的动作

图 6-40 所示的程序是通过无顺序协议来接收数据,并将之存储到 D10 以后的程序,其中 C24 模块的输入/输出信号为 X/Y00 ~ X/Y1F 时,接收通道为 CH1,因此选择允许信号为 X3/X4。程序具体解释如下:

［MOVP K1 D0］表示指定接收通道 CH1。

［FMOVP K0 D1 K2］是将接收结果、接收数据计数存储软元件清 0。

［MOVP K10 D3］是指定接收数据允许数为 10 个字节,同时需要在"各项控制设定"中设定为字节为单位（见图 6-39）。

图 6-39 字/字节单位指定

［G. INPUT U0 D0 D10 M0］是接收指令,当正常结束时,在接收数据允许数（用户指定）范围内将接收数据从缓冲存储器的接收数据存储区中读取。

［MOV D2 Z0］表示存储区中读取。

［BMOV D10 D110 K0Z0］表示接收数据移动到其他存储器,以便接收下次数据。

6.3.6 C24 模块与称重仪 AD-4401 通信

【例 6-3】 C24 模块通过 RS-422 与称重仪 AD-4401 进行通信

任务要求:使用 QJ71C24N 模块通过无顺序协议跟称重仪 AD-4401 进行 RS-422 通

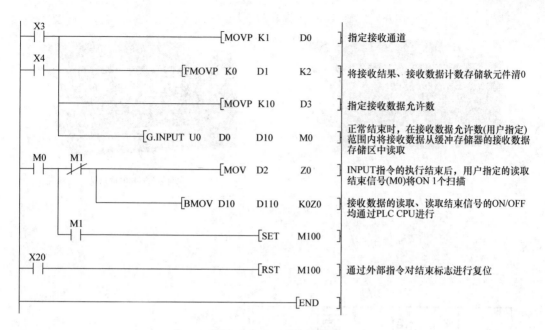

图 6-40   G. INPUT 程序

信，能实时读取重量与计量结果。

实施步骤：

步骤1：熟悉 QJ71C24N 与称重仪 AD – 4401 的通信。

图 6-41 所示的 AD – 4401 是一种小型称重仪表，具有高性能的 A/D 转换和其他通用功能，其中高速 A/D 取样达到 100 次/s、高分辨率达 1/16000，高灵敏度达 0.3μV/分度，并具有 RS – 422/RS – 485 接口。

图 6-41   称重仪外观

图 6-42 所示为 QJ71C24N 与多台称重仪通过 RS – 422/RS – 485 相连的示意。

表 6-12 所示为称重仪通信设定参数，包括 RSF – 01 ~ RSF – 09，其中地址功能是用来区别不同称重仪。使用 RSF – 09 可以将其自身设备的地址号设置为 1 ~ 99，0 没有地址功能。当上位机（比如 Q 系列 CPU）发送带有地址"@ xx"（xx 是地址号）的命令时，AD – 4401 与自己设备的地址设置进行核对。如果核对的结果匹配，则命令将被解析并响应，并将自己的地址添加到响应中。

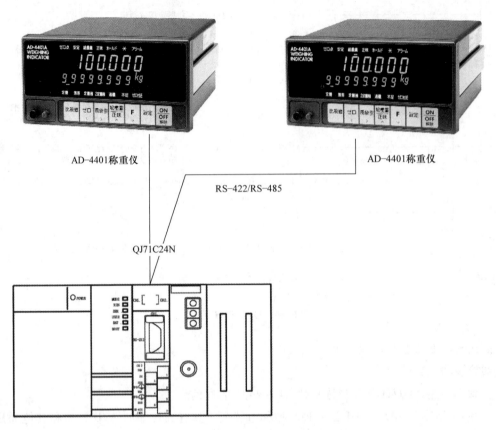

图 6-42　QJ71C24N 与多台称重仪相连

表 6-12　称重仪通信设定参数

RSF –	名称	用户设置	默认值	设定		
				参量	注释	
01	输出数据		1	1	显示称重值	A&D 标准形式
				2	毛重	
				3	净重	
				4	皮重	
				5	毛重/净重/皮重	
				6	重量累计	数值累计形式
				7	称重次数累计	
				8	重量累计/称重次数累计	
02	数据传输模式		1	1	自流	输出采样时间设定在 9600bit/s 以下
				2	自动打印	
				3	手动打印	
				4	指令	
				5	比较值 + 毛重；每次采样输出	
				6	比较值 + 净重；每次采样输出	

（续）

RSF –	名称	用户设置	默认值	设定		
				参量	注释	
03	波特率		5	1	600bit/s	
				2	1200bit/s	
				3	2400bit/s	
				4	4800bit/s	
				5	9600bit/s	
				6	19200bit/s	
04	奇偶性		2	0	无	
				1	奇数	
				2	偶数	
05	特征位长度		7	7	7 位	
				8	8 位	
06	停止位长度		1	1	1 位	
				2	2 位	
07	终结器		2	1	CR	
				2	CR LF	
08	RS – 422 /RS – 485		1	1	RA – 422	选用 RS – 232C 时不可用此设定
				2	RS – 485	
09	地址数		0	0	无地址功能 01 ~ 99：有地址功能	选用 RS – 232C 时设定为 0

图 6-43 所示为通信指令示意，其中 < CR > < LF > 为 ASCII "0D0A"，表示接收结束代码指定（见图6-44）；MZ 为指令名称，具体见表6-13。如果要读取 1 号机的重量，则需要写 "@01RW < CR > < LF >"。

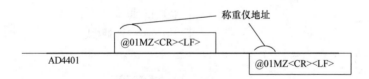

图 6-43　通信指令

图 6-44　结束字符设定

表 6-13 通信指令名称

指令名称	功能
R W（Request Weight）	读取重量
R B（Req. Batch status）	读取计重步序状态
R F（Request Final）	读取计量结果
R T（Request Total）	读取累计重量、次数
D T（Delete Total）	清除累计值
M G（Make Gross）	显示到毛重
M N（Make Net）	显示到净重
M Z（Make Zero）	清零
M T（Make Tare）	去皮
C T（Clear Tare）	清除皮重量
B B（Begin Batch）	配料启动
B D（Begin Discharged）	排料启动
H B（Halt Batch）	紧急停止
S S（Set Setpoints）	设定值设定
R S（Request Setpoint）	读取使用中的设定值
R E（Read EEPROM）	读取 EEPROM 注：仅接受校准模式
W E（Write EEPROM）	写入 EEPROM 注：仅接受校准模式

步骤 2：进行 QJ71C24N 与称重仪 AD - 4401 的接线。

如图 6-45 所示，可以进行 QJ71C24N 与称重仪 AD - 4401 的接线，共有两种方式：RS - 422 和 RS - 485。无论哪一种，都需要与称重仪 RSF - 08 参数进行匹配。

步骤 3：设置 QJ71C24N 与称重仪 AD - 4401 的串口通信参数。

只有两者的串口通信参数一致时，才能进行通信，表 6-14 和图 6-46 所示分别是称重仪 AD - 4401 的通信参数和对应的 QJ71C24N 的 CH2 开关设置，具体为波特率 9600bps、偶数校验、8 位数据位、1 位停止位、终止符 CR - LF。

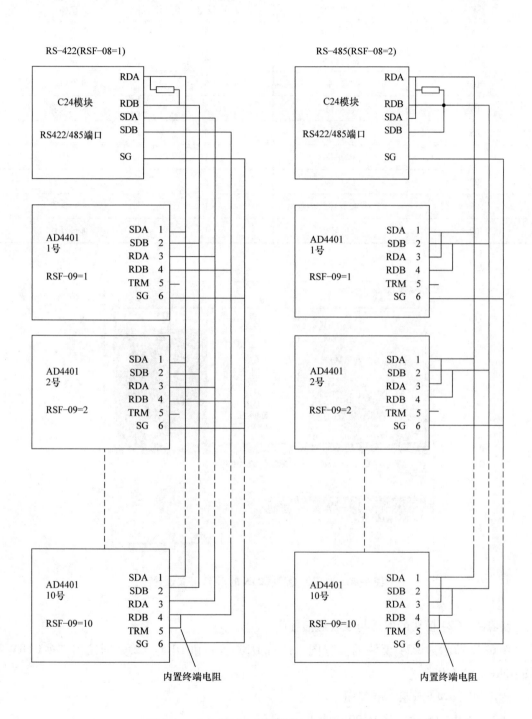

图 6-45 QJ71C24N 与称重仪 AD–4401 的接线

表6-14　称重仪 AD－4401 的通信参数

RSF －	功能名称	设定	说明
01	输出数据	2	毛重
02	数据传送模式	4	指令
03	波特率	5	9600bps
04	校验位	2	偶数校验
05	数据位	8	8 位
06	停止位	1	1 位
07	终止符	2	CR － LF
08	RS－422/485 切换	1	RS － 422
09	地址号码	1	地址功能

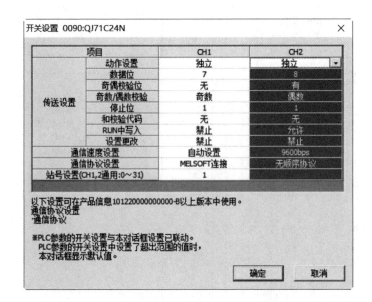

图 6-46　对应的 QJ71C24N 的 CH2 开关设置

步骤 4：C24 模块的发送与接收通信程序。

图 6-47 所示为 C24 模块的流程图，针对 D100 = 1 和 D100 = 2 分别输出 "@ 01RW" "@ 01RF" 两个指令。

程序如图 6-48 所示，解释如下：

步 0：上电初始化，将 D100 设为 1。

步 3 ~ 24：根据 D100 的值，将报文写入 D5200 ~ D5202，分别是 "@ 01RW" 和 "@ 01RF" 两个指令。

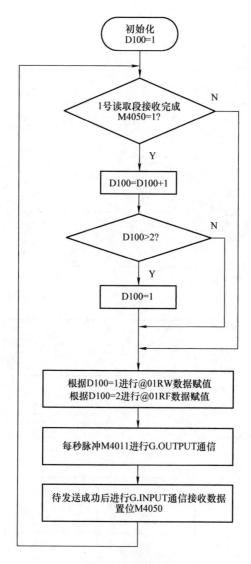

图 6-47 流程图

步 47：每 1s 进行一次通信发送激活。

步 64：将 D5200 ~ D5202 的数据写入 D7011 ~ D7013，同时在 D7014 中写入结尾符号 "0A"，进行 G. OUTPUT 发送，该 C24 模块的起始 XY 地址为 0090H，相应的参数为 U9。该指令发送 7 个字节，以 "@01RW" 指令为例，数据的高低位如图 6-49 所示。

步 157 ~ 183：发送结束成功或出错处理。

步 186：接收相对应的数据。

步 270 ~ 313：接收结束成功或出错处理。

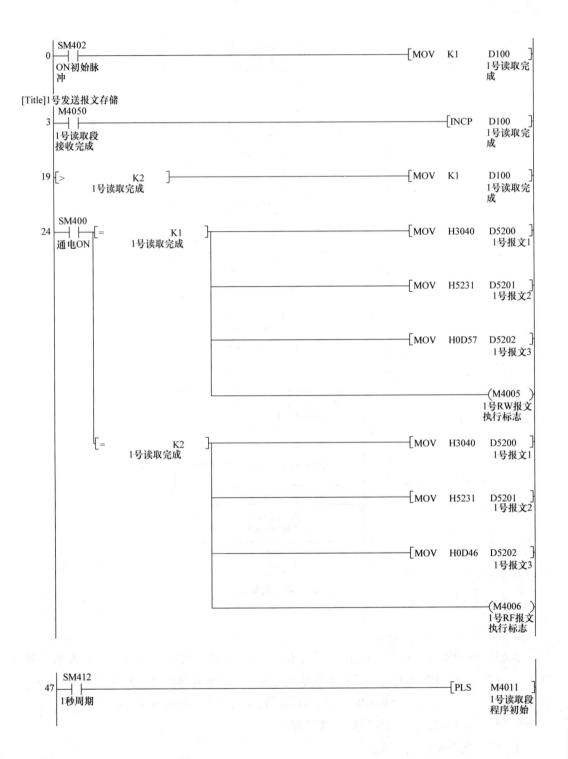

图 6-48　C24 模块与

[Title]1号发送数据

<指定发送数据通道CH2 >

64 M4011
├──┤├──
1号读取段
程序初始

[MOV　K2　　D7000]
1号读取报
文发送通道

[MOV　D5200　D7011]
1号报文1　1号读取报
文1

[MOV　D5201　D7012]
1号报文2　1号读取报
文2

[MOV　D5202　D7013]
1号报文3　1号读取报
文3

[MOV　H0A　D7014]
1号读取停
止符LF

<将发送结果存储软元件清零 >

[MOV　K0　　D7001]
1号读取报
文发送结果

<指定字单位用的发送数据数 >

[MOV　K7　　D7002]
1号读取发
送报文数

<指定软元件中存储的发送数据被发送 >

[G.OUTPUT　U9　D7000　D7011　M4000]
1号读取报　1号读取报　1号读取
文发送通道　文1　　发送完成

157 M4000　M4001
├──┤├──┤/├──
1号读取段　1号读取段
发送完成　发送出错

[SET　M4101]
1号读取段
发送完成

<存储软元件出错代码 >

M4001
├──┤├──
1号读取段
发送出错

[MOV　D7001　D7020]
1号读取报
文发送结果

[SET　M4102]
1号读取段
发送出错

177 M4101
├──┤├──
1号读取段
发送完成

M4102
├──┤├──
1号读取段
发送出错

H　　K50
(T499)
1号读取段
发送结果

183 T499
├──┤├──
1号读取段
发送结果

[RST　M4101]
1号读取段
发送完成

[RST　M4102]
1号读取段
发送出错

称重仪的通信程序

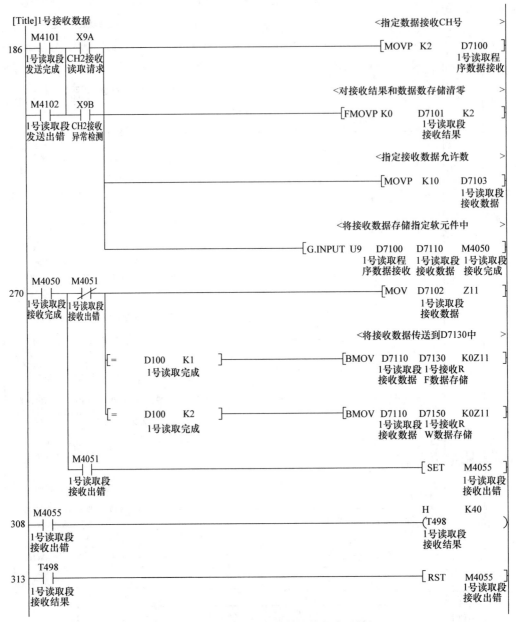

图 6-48　C24 模块与称重仪的通信程序（续）

	高位	低位
D7011	0	@
D7012	R	1
D7013	CR	W
D7014		LF

图 6-49　通信数据的高低位

6.4 QJ71E71 以太网通信

6.4.1 以太网通信概论

1. TCP/IP 分层模型

图 6-50 所示为 TCP/IP 分层模型，其四个协议层分别完成以下的功能：

第一层，网络接口层。网络接口层包括用于协作 IP 数据在已有网络介质上传输的协议。它定义像地址解析协议（Address Resolution Protocol，ARP）这样的协议，提供 TCP/IP 的数据结构和实际物理硬件之间的接口。

第二层，网间层。网间层即网络层，包含 IP、RIP（Routing Information Protocol，路由信息协议），负责数据的包装、寻址和路由。同时还包含网间控制报文协议（Internet Control Message Protocol，ICMP）用来提供网络诊断信息。

第三层，传输层。传输层提供两种端到端的通信服务，其中 TCP（Transmission Control Protocol，传输控制协议）提供可靠的数据流传输服务，UDP（Use Datagram Protocol，用户数据报协议）提供不可靠的用户数据报服务。

第四层，应用层。应用层协议包括 FINGER、WHOIS、FTP（文件传输协议）、GO-PHER、HTTP（超文本传输协议）、TELENT（远程终端协议）、SMTP（简单邮件传送协议）、IRC（因特网中继会话）、NNTP（网络新闻传输协议）等。

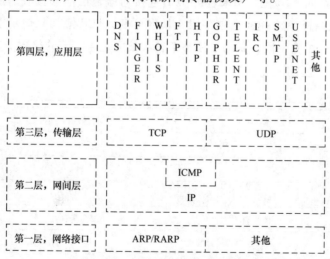

图 6-50 TCP/IP 协议四层网络

2. TCP 与报文

在传输层中的 TCP，其发送与接收如图 6-51 所示。由发送方的应用进程向 TCP 层发送用于网间传输的、用 8 位字节表示的字节流，然后 TCP 把字节流分区成适当长度的报文段（该报文段包含 TCP 首部），之后 TCP 把结果包传给 IP 层，由它来通过网络将包传送给接收方的 TCP 层。TCP 为了保证不发生丢包，就给每个包一个序号，同时序号也保证了传送到接收方的包的按序接收。然后接收方对已成功收到的包发回一个相应的确认（ACK）；如果发送端实体在合理的往返时延（RTT）内未收到确认，那么对应的数据包就被假设为已丢失将会被进行重传。TCP用一个校验和函数来检验数据是否有错误；在发送和接收时都要计算校验和。

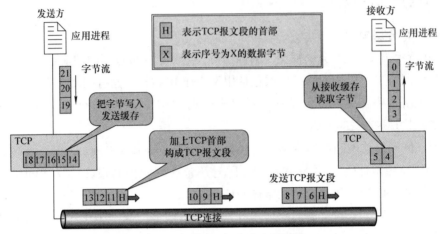

图6-51　TCP下的发送与接收

TCP报文段首部格式如图6-52所示，具体的含义如下：源端口，16位；目的端口，16位；序号，即发送数据包中的第一个字节的序列号，32位；确认号，即确认序列号，32位；数据偏移，4位；标志位，6位，包括URG、ACK、PSH、RST、SYN、FIN等；窗口，表示接收缓冲区的空闲空间，16位，用来告诉TCP连接对端自己能够接收的最大数据长度；校验和，16位；紧急指针，16位；选项字段，长度可变，TCP最初只规定了一种选项，即最大报文段长度MSS；填充字段，是为了使整个首部长度是4字节的整数倍。

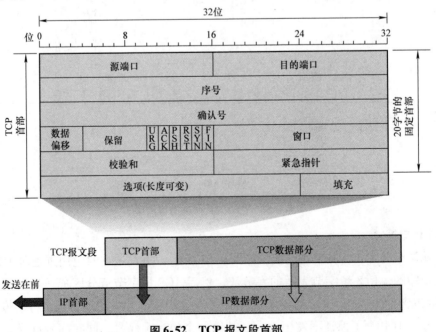

图6-52　TCP报文段首部

3. UDP 与报文

UDP 有不提供数据包分组、组装和不能对数据包进行排序的缺点，也就是说，当报文发送之后，是无法得知其是否安全完整到达的。UDP 用来支持那些需要在计算机之间传输数据的网络应用。图 6-53 所示为 UDP 下的用户数据报和 IP 数据报。UDP 用户数据报有两个字段：数据字段和首部字段。首部字段有 8 个字节，由 4 个字段组成，每个字段都是两个字节。相比于 TCP 来说，UDP 的报文长度更小，传送速度更快。

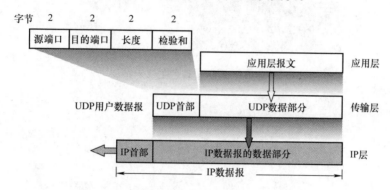

图 6-53　UDP 下的用户数据报和 IP 数据报

6.4.2　三菱 QJ71E71 模块使用与参数设置

图 6-54 所示的 QJ71E71 模块（以下简称 E71 模块）是以太网接口模块，用于通过以太网连接个人计算机或工作站等上位系统与 Q 系列 PLC 用 TCP/IP、UDP/IP 通信的接口模块（见图 6-55）。E71 模块通过 100BASE – TX、10BASE – T 等介质连接时，允许的最长距离为 100m、级联数最多为 4 级，如图 6-56 所示。

使用 E71 模块进行以太网通信时，可以从上位机系统读出和写入 PLC 数据或程序文件，进行 PLC CPU 的状态控制（如远程 RUN/STOP），使用 MELSEC 协议时一次通信最多可读出或写入 960 个字软元件；用随机访问缓冲存储器进行数据通信，最大可进行 6K 字的数据收发，还能够作为虚拟存储器用于 PLC 之间的收发。

在 Q 系列 PLC 的基板上插入 E71 模块时，需要设置为"智能"模块，且点数为 32 点，如图 6-57 所示。与其他智能模块不一样的是，E71 模块的网络参数不是在"智能功能模块"一栏中进行设置，而是在图 6-58 所示的"网络参数→以太网/CC IE/MELSECNET"一栏中进行设置。

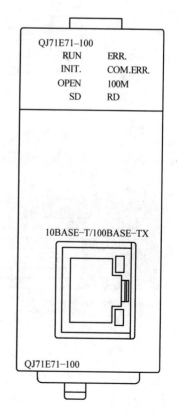

图 6-54　QJ71E71 –100 模块外观

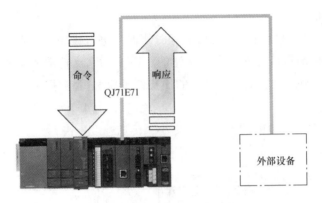

图 6-55　E71 模块的工作示意

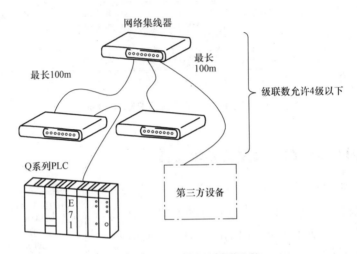

图 6-56　E71 模块的级联连接

图 6-57　Q 参数设置

　　以太网运行设置包括通信数据代码设置（二进制码、ASCII 码）、初始时间设置（是否进行 OPEN 等待）、IP 地址设置、发送帧设置、TCP 生存确认设置，如图 6-59 所示。

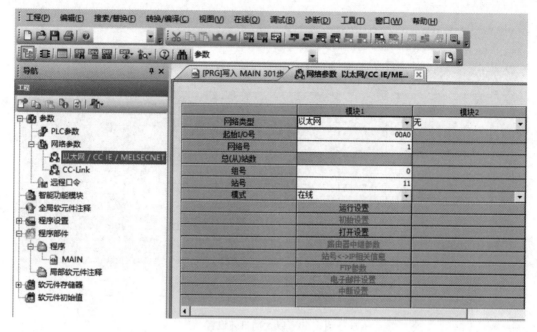

图6-58 网络参数

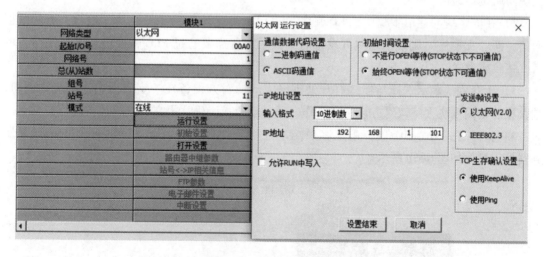

图6-59 以太网运行设置

图6-60所示的以太网打开设置是指采取何种协议（TCP或UDP）、打开方式（Active、Unpassive、Fullpassive、MELSOFT连接）、固定缓冲（接收、发送）、固定缓冲通信步骤（无顺序、有顺序、通信协议）、成对开放、生存确认、本站端口号、通信对象IP地址和端口号。

以太网打开设置中，需要厘清以下几个核心要素：

1）在固定缓冲区中，选择对应于相应连接的固定缓冲区是用于发送、还是用于接收。无论将固定缓冲区的使用用途设定为发送还是接收，均可从对方设备进行MC协议通信和随

图 6-60　以太网打开设置

	协议	打开方式	固定缓冲	固定缓冲通信步骤	成对开放	生存确认	本站端口号	通信对象IP地址	通信对象端口号
1	TCP	Active	接收	无顺序	成对	不确认	1025	192.168. 1.201	1025
2	TCP	Active	发送	无顺序	成对	不确认	1025	192.168. 1.201	1025
3									
4									
5									
6									
7									
8									
9									
10									
11									
12									
13									
14									
15									
16									

机访问用缓存通信。

2）在固定缓冲通信步骤中，"有顺序"表示与对方设备通过"握手"进行1∶1的数据通信，而"无顺序"则表示与对方设备的"握手"等需要通过 PLC 程序进行并按照对方的格式接收或发送。

3）生存确认表示选择与连接打开处理已完成的对方设备在一定周期内未进行通信时，是否让以太网模块去确认对方设备的动作。通过能否接受确认报文，进行设备的存在检查。

4）打开方式为 Active 的一般是客户端，打开方式为 Unpassive、Fullpassive 的一般是服务器端，具体如图 6-61 所示。

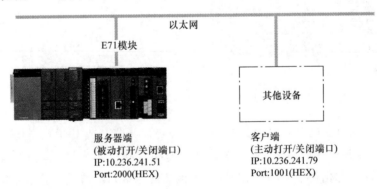

图 6-61　打开方式

5）端口号的设置，在本站或通信对象设置中可以是相同的，但是 IP 地址不可以重复。一个 IP 地址可以有很多个端口。

6.4.3 以太网通信专用指令

在以太网应用中，可以使用专用指令来对数据进行通信，具体包括 OPEN 和 CLOSE 指令，用于开放和关闭；BUFRCV，读取接收到的数据（用于主程序）；BUERCVS，读取接收到的数据（用于中断程序）；BURSND，发送数据；ERRCLR，清除出错信息；ERRRD，读取出错信息；UINI，重新初始化以太网模块。

1. ZP. OPEN 指令

ZP. OPEN 指令可通过与外部设备建立连接（开放处理）来执行数据通信，具体格式如下：

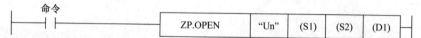

设置数据的说明见表 6-15，其中"Un"在实际编程中使用或不使用双引号均可以。"由（）设置"一栏中，"用户"表示在执行专用指令之前，由用户设置数据；"系统"表示 PLC CPU 储存专用指令的执行结果。（S1）为 GX Works2 设置的 16 个连接编号。（S2）所表示的控制数据见表 6-16。

表 6-15　ZP. OPEN 设置数据

设置数据	说明	由（）设置	数据类型
"Un"	以太网模块的输入/输出启动信号 （00～FE：三数字输入/输出信号中的两个最重要的数字）	用户	16 位二进制
（S1）	连接号（1～16）		16 位二进制
（S2）	存储控制数据的软元件的起始编号	用户、系数	16 位二进制
（D1）	指令完成时变为 ON 并持续扫描周期的本地站位软元件的起始编号 如果指令的执行异常结束，（D1）+1 也变为 ON	系统	位

表 6-16　ZP. OPEN 控制数据

软元件	项目	设置数据	设置范围	由（）设置
（S2）+0	执行类型/完成类型	• 指定在连接的开放处理中该使用何种设置，以及 GX Works2 的参数设置值或从（S2）+2 开始的控制数据的设置值 0000H：使用 GX Works2 中所设置的参数来开放处理 8000H：使用从（S2）+2 到（S2）+9 控制数据中所指定的参数来开放处理	0000H 8000H	用户
（S2）+1	完成状态	• 在完成时存储状态 0000H：正常完成 非 0000H：异常完成（出错代码）	—	系统

（续）

软元件	项目	设置数据	设置范围	由（）设置
（S2）+2	应用设置区域	• 指定如何使用开放 b15 b14 b13 至 b10 b9 b8 b7 b6 至 b2 b1 b0 6) | 0 | 5) 4) 3) | 0 | 2) 1) 1）固定缓冲存储器的使用 　0：不执行发送或固定缓冲存储器的通信 　1：用于接收 2）指定现存的确认状态 　0：不确认 　1：确认 3）成对开放设置 　0：不成对 　1：成对 4）通信方法（协议） 　0：TCP/IP 　1：UDP/IP 5）固定缓冲存储器的通信 　0：有顺序 　1：无顺序 6）开放系统 　00：主动开放或UDP/IP 　10：非被动开放 　11：被动开放	（如左栏所描述）	用户
（S2）+3	本地站的端口号	• 指定本地站的端口号	407H ~ 1387H 138BH ~ FFFEH	用户
（S2）+4 （S2）+5	指定 IP 地址	• 指定外部设备的 IP 地址	1H ~ FFFFFFFFH （FFFFFFFFH： 同步广播）	用户
（S2）+6	指定端口号	• 指定外部设备的端口号	401H ~ FFFFH （FFFFH： 同步广播）	同户
（S2）+7 to （S2）+9	指定以太网地址	• 指定外部设备的以太网地址	n 000000000000H FFFFFFFFFFFFH	用户

　　ZP. OPEN 指令可执行由 Un 指定的模块与由（S1）规定的连接开放处理，并由（S2）+0指定开放处理所使用的设置值，通过完成的位软元件（D1）+0 和（D1）+1 来检查 OPEN指令是否已经完成。完成位软元件（D1）+0 在 OPEN 指令完成时，扫描的结束处理时接通，而在下一个结束处理时断开。完成位软元件（D1）+1 根据 OPEN 指令的完成状态接通或断开，即正常完成时保持关闭不变，异常完成时在 OPEN 指令完成时，扫描的结束处理时接通，而在下一个结束处理时断开。图 6-62 所示为 ZP. OPEN 指令时序示意。

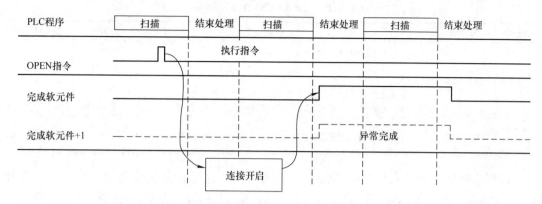

图 6-62　ZP. OPEN 指令时序示意

2. ZP. BUFSND 指令

ZP. BUFSND 指令通过固定缓冲存储器的通信，将数据发送给外部设备，其指令格式如下所示：

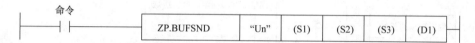

ZP. BUFSND 指令的设置数据说明见表 6-17，需要注意的是，用于每个局部软元件和程序的文件寄存器不能在设置数据时作为软元件使用。控制数据见表 6-18。发送数据见表 6-19。

表 6-17　ZP. BUFSND 设置数据

设置数据	说明	由（ ）设置	数据类型
"Un"	以太网模块的输入/输出启动信号 （00 ~ FE：三数字输入/输出信号中的两个最重要的数字）	用户	16 位二进制
（S1）	连接号（1 ~ 16）		16 位二进制
（S2）	存储控制数据的软元件的起始编号	系统	16 位二进制
（S3）	存储发送数据的软元件的起始编号	用户	16 位二进制
（D1）	指令完成时变为 ON 并持续扫描周期的本地站位软元件的起始编号 如果指令的执行异常结束，（D1）+1 也开放	系统	位

表 6-18　ZP. BUFSND 控制数据

软元件	项目	设置数据	设置范围	由（ ）设置
（S2）+0	系统区域	—	—	—
（S2）+1	完成状态	• 在完成时存储状态 0000H：正常完成 非 0000H：异常完成（出错代码）	—	系统

表 6-19　ZP. BUFSND 发送数据

软元件	项目	设置数据		设置范围	由（）设置
（S3）+0	发送数据的长度	• 以字为单位来指定发送数据的长度		—	用户
		有顺序（用于使用二进制代码的通信）：字数		1～1017	
		有顺序（用于使用 ASCII 代码的通信）：字数		1～508	
		无顺序（用于使用二进制代码的通信）：字节数		1～2046	
（S3）+1～ （S3）+n	发送数据	• 指定发送的数据		—	用户

　　ZP. BUFSND 指令用于为用 Un 指定的模块将（S3）指定的数据发送到（S1）规定连接的外部设备中。可以通过完成位软元件（D1）+0 和（D1）+1 来检查 BUFSND 指令是否已经完成。①完成位软元件（D1）+0 在 BUFSND 指令完成时，扫描结束处理开放，且在下一个结束处理时关闭。②完成位软元件（D1）+1 根据 BUFSND 指令的完成状态开放或关闭。ZP. BUFSND 指令示意如图 6-63 所示，时序示意如图 6-64 所示。

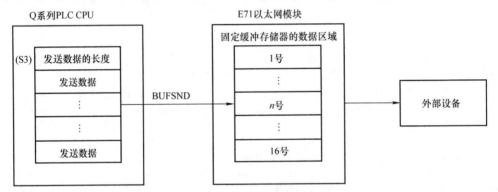

图 6-63　ZP. BUFSND 指令示意

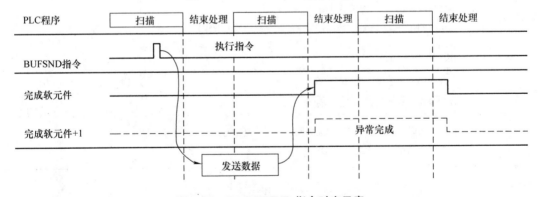

图 6-64　ZP. BUFSND 指令时序示意

3. ZP. BUFRCV 指令

　　ZP. BUFRCV 指令可读取通过固定缓冲存储器的通信从外部设备接收到的数据，该指令用于主程序，其指令格式如下：

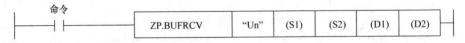

ZP. BUFRCV 指令的设置数据、控制数据、接收数据说明见表 6-20 ~ 表 6-22。

表 6-20　ZP. BUFRCV 设置数据

设置数据	说明	由（）设置	数据类型
"Un"	以太网模块的输入/输出启动信号 （00 ~ FE：三数字输入/输出信号中的两个最重要的数字）	用户	16 位二进制
(S1)	连接号（1 ~ 16）		16 位二进制
(S2)	指定控制数据的软元件的起始编号	系统	16 位二进制
(D1)	存储已接收数据的软元件的起始编号		16 位二进制
(D2)	指令完成时变为 ON 并持续扫描周期的本地站位软元件的起始编号 如果指令的执行异常结束，（D2）+1 也变为 ON		位

表 6-21　ZP. BUFRCV 控制数据

软元件	项目	设置数据	设置范围	由（）设置
(S2) +0	系统区域	—	—	
(S2) +1	完成状态	• 在完成时存储状态 0000a：正常完成 非 0000a：异常完成（出错代码）	—	系统

表 6-22　ZP. BUFRCV 接收数据

软元件	项目	设置数据	设置范围	由（）设置
(D1) +0	接收数据的长度	• 以字为单位来存储从固定缓冲存储器的数据区域中读取数据的数据长度	—	系统
		有顺序（用于使用二进制代码的通信）：字数	1 ~ 1017	
		有顺序（用于使用 ASCII 代码的通信）：字数	1 ~ 508	
		无顺序（用于使用二进制代码的通信）：字节数	1 ~ 2046	
(D1) +1 ~ (D2) +n	接收数据	• 按升序依次存储从固定缓冲存储器的数据区域中读取的数据	—	系统

ZP. BUFRCV 指令用于为用 Un 指定的模块（通过固定缓冲存储器）读取从 S1 规定的连接中接收的数据，其指令示意如图 6-65 所示，时序示意如图 6-66 所示。

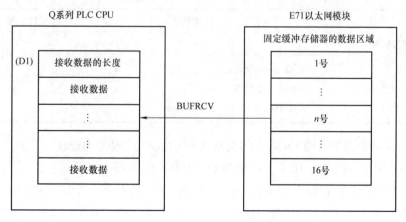

图 6-65　ZP. BUFRCV 指令示意

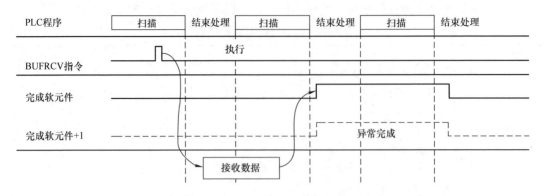

图 6-66 ZP. BUFRCV 指令时序示意

4. ZP. CLOSE 指令

ZP. CLOSE 指令断开（关闭）与外部设备进行数据通信的连接。其指令格式如下所示：

ZP. CLOSE 指令的设置数据、控制数据说明见表 6-23、表 6-24。

表 6-23　ZP. CLOSE 设置数据

设置数据	说明	由（）设置	数据类型
"Un"	以太网模块的输入/输出启动信号 （00～FE：三数字输入/输出信号中的两个最重要的数字）	用户	16 位二进制
(S1)	连接号（1～16）		16 位二进制
(S2)	存储控制数据的软元件的起始编号		16 位二进制
(D1)	指令完成时变为 ON 并持续扫描周期的本地站位软元件的起始编号 如果指令的执行异常结束，(D1)＋1 也变为 ON	系统	位

表 6-24　ZP. CLOSE 控制数据

软元件	项目	设置数据	设置范围	由（）设置
(S2)＋0	系统区域	—	—	—
(S2)＋1	完成状态	● 在完成时存储状态 0000a：正常完成 非 0000a：异常完成（出错代码）	—	系统

　　ZP. CLOSE 指令用于为用 Un 指定的模块关闭由（S1）规定的连接（关闭）。通过完成的位软元件（D1）＋0 和（D1）＋1 来检查 CLOSE 指令是否已经完成。完成位软元件（D1）＋0 在 CLOSE 指令完成时，扫描结束处理时接通，且在下一个结束处理时断开。完成位软元件（D1）＋1 根据 CLOSE 指令的完成状态接通或断开。图 6-67 所示为 ZP. CLOSE 指令时序示意。

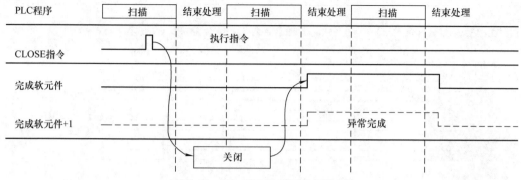

图 6-67   ZP. CLOSE 指令时序示意

6.4.4   两台 Q 系列 PLC 通过 E71 模块进行以太网通信

【例 6-4】采用有顺序协议进行两台 Q 系列 PLC 之间的以太网通信

任务要求： 如图 6-68 所示，两台均含有 E71 模块的 Q 系列 PLC 通过有顺序协议发送和接收 2 个数据，其中［A］PLC 的 IP 地址为 192.168.1.101，为发送数据方；［B］PLC 的 IP 地址为 192.168.1.201，为接收数据方。

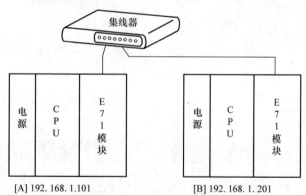

图 6-68   两台 Q 系列 PLC 通过 E71 模块进行以太网通信

实施步骤：

步骤 1：在［A］PLC"Q 参数设置"中，选择 QJ71E71 模块为智能模块，并将起始 XY 设置为 0000（见图 6-69），即输入/输出信号为 X/Y00 ~ X/Y1F；如图 6-70 所示，进行以太网运行设置，选择通信数据代码设置为二进制、初始时间设置为始终 OPEN 等待、发送帧设置为以太网（V2.0），IP 地址为 192.168.1.101 等；如图 6-71 所示，进行以太网打开设置，将［A］PLC 与［B］PLC 要通信的方式进行设置，比如协议为 TCP、打开方式为 Active、固定缓冲为发送、固定缓冲通信步骤为有顺序、成对开放为单个、生存确认为不确认、本站端口号为 1025、通信对象 IP 地址即［B］PLC 的 IP 地址为 192.168.1.201、通信对象端口号也为 1025。

图 6-69　［A］PLC Q 参数设置

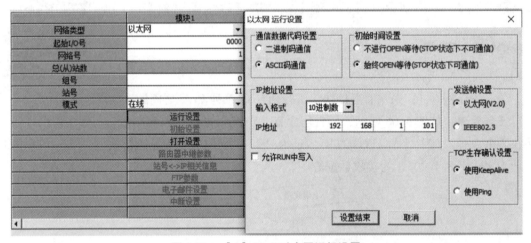

图 6-70　［A］PLC 以太网运行设置

	协议	打开方式	固定缓冲	固定缓冲通信步骤	成对开放	生存确认	本站端口号	通信对象IP地址	通信对象端口号
								IP地址/端口号输入格式	10进制数
1	TCP	Active	发送	有顺序	单个	不确认	1025	192.168.1.201	1025
2									
3									
4									
5									
6									
7									
8									
9									
10									
11									
12									
13									
14									
15									
16									

網络参数 以太网 打开设置 ...

(*) 以IP地址/端口号输入格式中选择的进制数格式显示IP地址与端口号。
请以选择的进制数格式输入。

设置结束　　　取消

图 6-71　［A］PLC 以太网打开设置

步骤2：对［A］PLC进行程序编写。共有2部分内容。

第1部分为1号连接建立，即TCP/IP主动建立连接，如图6-72所示。步0是读建立连接完成信号的信息（U0＼G20480）、读建立连接请求信号的信息（U0＼G20482）。当使用GX Works2的建立连接来设定参数时，采用［MOVP H0 D0］这一指令；步15为执行外部设备的建立连接处理［ZP. OPEN "U0" D0 M0］。

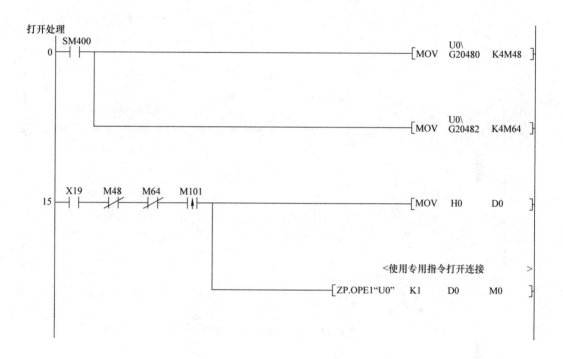

图6-72 ［A］PLC 1号连接建立

第2部分为发送数据，如图6-73所示。根据I/O信号，X19为初始化正常完成信号，M0和M48为1号连接建立连接完成信号，M22为指定发送数据标志。［ZP. BUFSND "U0" K1 D20 D22 M20］为执行发送数据指令。

步骤3：对［B］PLC进行参数设置。其IP地址为192.168.1.201，Q系列参数设置与以太网设置除IP地址为192.168.1.201外，其余均相同（见图6-74）。图6-75所示的［B］PLC以太网打开设置需要设置协议为TCP、打开方式为Unpassive、固定缓冲为接收、本站端口号为1025，而通信对象IP地址和端口号缺省不用填写。

步骤4：对［B］PLC进行程序编写，只需要编写数据接收即可，如图6-76所示。U0＼G20485为读取固定缓冲存储器接收状态的信号信息。

步骤5：在程序编写完进行两台PLC调试时，需要关注E71模块上LED的变化情况，表6-25所示为LED名称与显示说明。

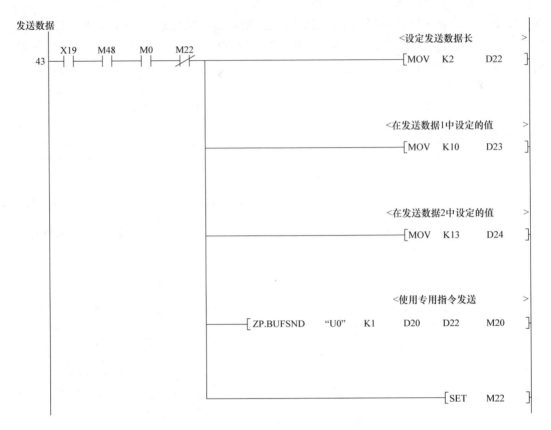

图 6-73 ［A］PLC 发送数据

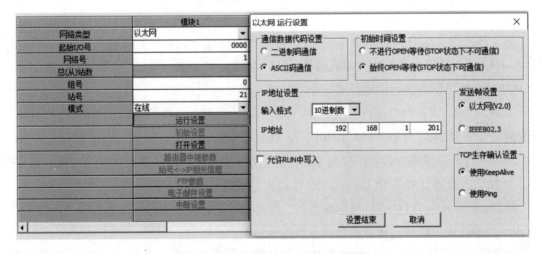

图 6-74 ［B］PLC 以太网运行设置

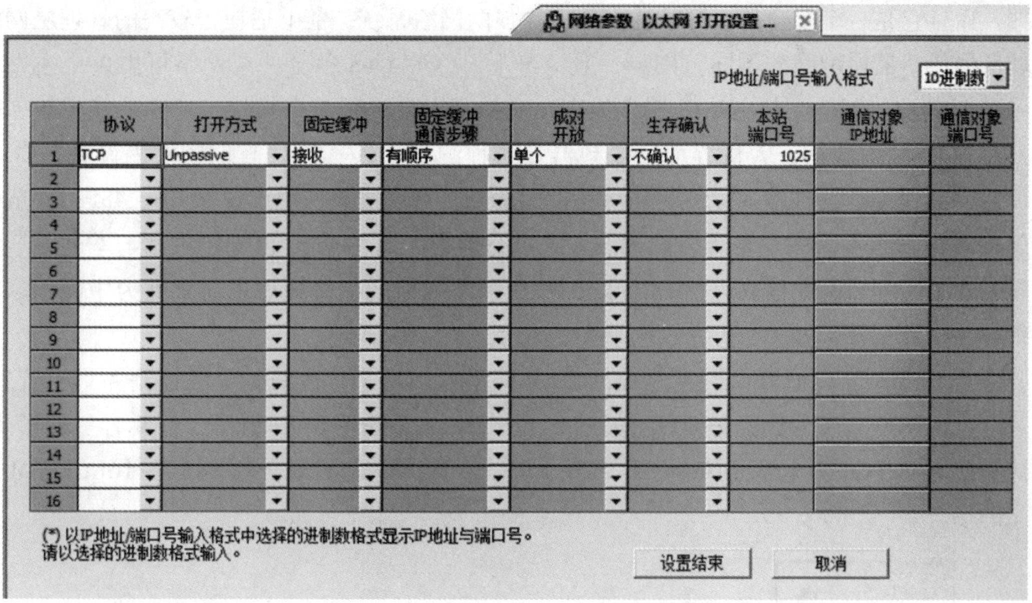

图 6-75　［B］PLC 以太网打开设置

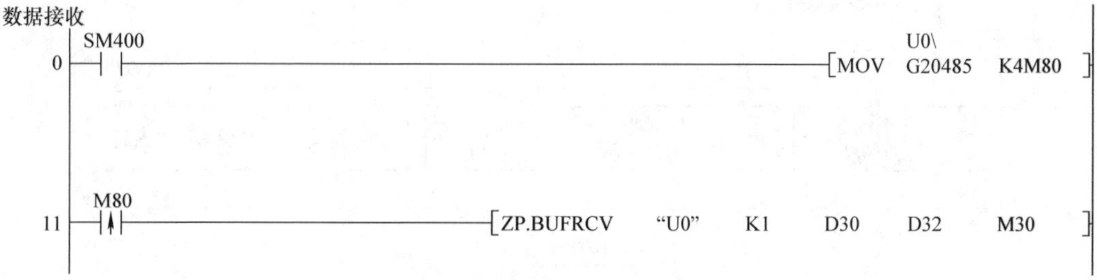

图 6-76　［B］PLC 程序

表 6-25　LED 名称与显示说明

QJ71E71-100 LED 名称	显示说明	LED 亮时	LED 灭时
RUN	正常运行显示	正常	异常
INIT.	初始化处理状态显示	正常完成	未处理
OPEN	开放处理状态显示	可使用正常建立的连接	不可用正常开放的连接
SD	数据发送显示	数据正在发送	数据未被发送
ERR.	设置异常显示	异常	正常设置
COM. ERR.	通信异常显示	发生通信异常	正在进行正常通信
100M	传送速度显示	100Mbit/s	未连接时 10Mbit/s
RD	数据接收状态显示	正在接收数据	没有接收到时数据

6.5　CC – Link 通信

6.5.1　CC – Link 概述

CC – Link 是由三菱最早提出的一种开放式现场总线, 其数据容量大, 通信速度多级可选择，而且它是一个复合的、开放的、适应性强的网络系统，能够适应于较高的管理层网络到较低的传感器层网络的不同范围。一般情况下，CC-Link 整个一层网络可由 1 个主站和 64 个从站组成。网络中的主站由 PLC 担当，从站可以是远程 I/O 模块、特殊功能模块、带有 CPU 和 PLC 本地站、人机界面、变频器及各种测量仪表、阀门等现场仪表设备。CC-Link 具有高速的数据传输速度，最高可达 10Mbit/s，其底层通信协议遵循 RS-485，一般情况下，CC-Link 主要采用广播-轮询的方式进行通信，CC-Link 也支持主站与本地站、智能设备站之间的瞬间通信。目前 CC-Link 被中国国家标准化管理委员会批准为中国国家标准指导性技术文件。

　　三菱 FX 或 Q 系列 PLC 组成的 CC-Link 网络可以用于生产线的分散控制和集中管理，以及与上位网络之间的数据交换等。如图 6-77、图 6-78 和图 6-79 所示，它共有三种形式，具体为 Q 系列 PLC 为主站的场合、FX2N-16CCL-M 为主站的场合和 FX3U-16CCL-M 为主站的场合。

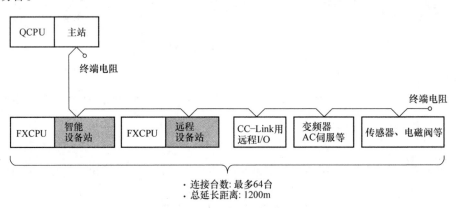

图 6-77　Q 系列 PLC 为主站的场合

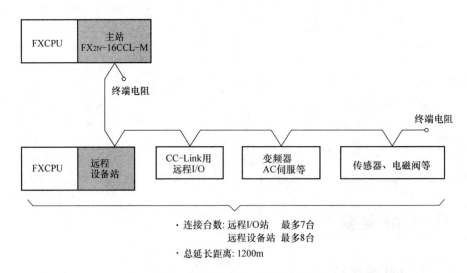

图 6-78　FX2N-16CCL-M 为主站的场合

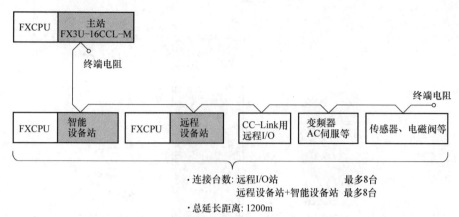

图 6-79　FX3U – 16CCL – M 为主站的场合

6.5.2　QJ61BT11N 模块

QJ61BT11N 是三菱 PLC 形成 CC – Link 总线的主站/从站模块，其外观如图 6-80 所示。图 6-81 所示为站点设置与传输速率设置，表 6-26 所示为传输速率。

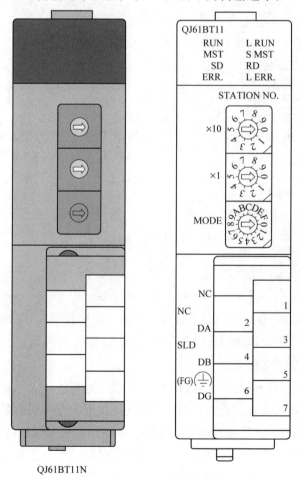

图 6-80　QJ61BT11N 外观

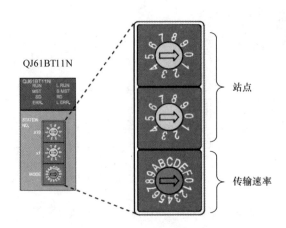

图 6-81   站点设置与传输速率设置

表 6-26   传输速率

编号	传送速率设置	模式
0	传送速率 156kbit/s	
1	传送速率 625kbit/s	
2	传送速率 2.5Mbit/s	在线
3	传送速率 5Mbit/s	
4	传送速率 10Mbit/s	
5	传送速率 156kbit/s	
6	传送速率 625kbit/s	线路测试
7	传送速率 2.5Mbit/s	站号设置开关设为 0 时，线路测试 1
8	传送速率 5Mbit/s	站号设置开关设为 1~64 时：线路测试 2
9	传送速率 10Mbit/s	
A	传送速率 156kbit/s	
B	传送速率 625kbit/s	
C	传送速率 2.5Mbit/s	硬件测试
D	传送速率 5Mbit/s	
E	传送速率 10Mbit/s	
F	不允许设置	

以 QJ61BTN 为主站的 Q PLC 可以和远程设备站使用远程输入 RX 和远程输出 RY 进行通信，到远程设备站的设定数据则用远程寄存器 RWw 和 RWr 进行通信，如图 6-82 所示。

QJ61BTN 可以有如下通信方式：

1）远程网络模式：在本模式中，可以和所有站（远程 I/O 站、远程设备站、本地站、智能设备站和备用主站）通信。因此，可以根据使用情况配置不同的系统。

2）远程 I/O 网络模式：在本模式中，仅包括主站和远程 I/O 站的系统才执行高速循环传送。因此和远程网络模式相比，可以缩短链接扫描时间。在和远程 I/O 站通信时，开关和指示灯的开/关数据通过远程输入 RX 和远程输出 RY 进行通信。

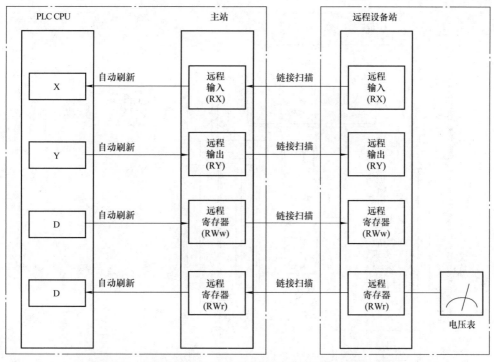

图 6-82　以 QJ61BTN 为主站的 Q PLC 和远程设备站的通信

6.5.3　FX2N–32CCL 模块

　　FX2N–32CCL 是三菱 FX 系列 PLC 连接到 CC–Link 网络的从站模块，其外观如图 6-83 所示。它可以占用 1~4 个站，具体站点设置和站数设置如图 6-84 所示。

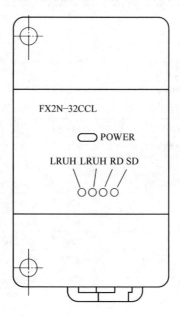

图 6-83　FX2N–32CCL 外观

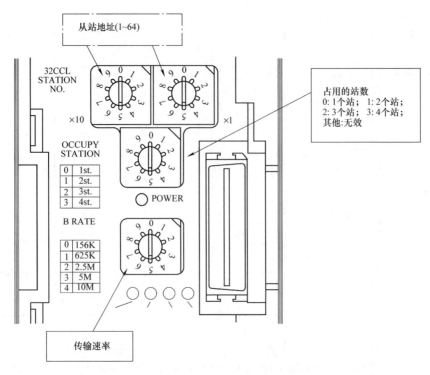

图 6-84　站点设置和站数设置

表 6-27 所示为 FX2N–32CCL 的读专用 BFM，表 6-28 所示为其写专用 BFM。以 FX2N–32CCL 为从站，则与主站之间的映射关系如图 6-85 所示。

表 6-27　读专用 BFM

BFM 编号	说明	BFM 编号	说明
#0	远程输出 RY00—RY0F（设定站）	#16	远程寄存器 RWw8（设定站 +2）
#1	远程输出 RY10—RY1F（设定站）	#17	远程寄存器 RWw9（设定站 +2）
#2	远程输出 RY20—RY2F（设定站 +1）	#18	远程寄存器 RwwA（设定站 +2）
#3	远程输出 RY30—RY3F（设定站 +1）	#19	远程寄存器 RWwB（设定站 +2）
#4	远程输出 RY40—RY4F（设定站 +2）	#20	远程寄存器 RWwC（设定站 +3）
#5	远程输出 RY50—RY5F（设定站 +2）	#21	远程寄存器 RWwD（设定站 +3）
#6	远程输出 RY60—RY6F（设定站 +3）	#22	远程寄存器 RwwE（设定站 +3）
#7	远程输出 RY70—RY7F（设定站 +3）	#23	远程寄存器 RWwF（设定站 +3）
#8	远程寄存器 RWw0（设定站）	#24	波特率设定值
#9	远程寄存器 RWw1（设定站）	#25	通信状态
#10	远程寄存器 RWw2（设定站）	#26	CC–Link 模块代码
#11	远程寄存器 RWw3（设定站）	#27	本站的编号
#12	远程寄存器 RWw4（设定站 +1）	#28	占用站数
#13	远程寄存器 RWw5（设定站 +1）	#29	出错代码
#14	远程寄存器 RWw6（设定站 +1）	#30	FX 系列模块代码（K7040）
#15	远程寄存器 RWw7（设定站 +1）	#31	保留

表6-28　写专用BFM

BFM编号	说明	BFM编号	说明
#0	远程输入 RX00—RX0F（设定站）	#16	远程寄存器 RWr8（设定站 +2）
#1	远程输入 RX10—RX1F（设定站）	#17	远程寄存器 RWr9（设定站 +2）
#2	远程输入 RX20—RX2F（设定站 +1）	#18	远程寄存器 RwrA（设定站 +2）
#3	远程输入 RX30—RX3F（设定站 +1）	#19	远程寄存器 RWrB（设定站 +2）
#4	远程输入 RX40—RX4F（设定站 +2）	#20	远程寄存器 RWrC（设定站 +3）
#5	远程输入 RX50—RX5F（设定站 +2）	#21	远程寄存器 RWrD（设定站 +3）
#6	远程输入 RX60—RX6F（设定站 +3）	#22	远程寄存器 RwrE（设定站 +3）
#7	远程输入 RX70—RX7F（设定站 +3）	#23	远程寄存器 RWrF（设定站 +3）
#8	远程寄存器 RWr0（设定站）	#24	未定义（禁止写）
#9	远程寄存器 RWr1（设定站）	#25	未定义（禁止写）
#10	远程寄存器 RWr2（设定站）	#26	未定义（禁止写）
#11	远程寄存器 RWr3（设定站）	#27	未定义（禁止写）
#12	远程寄存器 RWr4（设定站 +1）	#28	未定义（禁止写）
#13	远程寄存器 RWr5（设定站 +1）	#29	未定义（禁止写）
#14	远程寄存器 RWr6（设定站 +1）	#30	未定义（禁止写）
#15	远程寄存器 RWr7（设定站 +1）	#31	保留

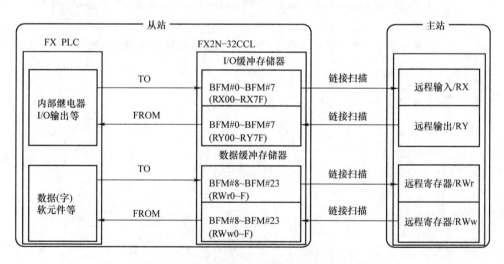

图6-85　从站与主站之间的 BFM 映射关系

6.5.4　Q 系列 PLC 与 FX 系列 PLC 之间的 CC – Link 通信

【例6-5】Q 系列 PLC 通过 CC – Link 与两台 FX 系列 PLC 进行通信

任务要求：现在共有三台 PLC，其中 Q00UCPU 为主站，FX3U – 32MR 和 FX3U – 64MR

为从站，它们之间采用 CC-Link 进行通信，如图 6-86 所示，具体要求如下：

1）主站 0 外接 3 个按钮，分别为 1 号从站启动信号 X0、2 号从站启动信号 X1、从站停止信号 X2；读取 1 号从站工序结束命令；读取 2 号从站工序到位状态、2 个模拟量信号，同时将每隔 5s 将 0.125V 信号写入到 2 号从站的模拟量输出端口。

2）从站 1 接收主站 0 的启动信号后，Y0 指示灯亮；延时 3s，启动设备 Y1；再延时 3s，停止设备 Y1、启动设备 Y2；延时 3s，停止设备 Y2、输出工序结束命令信号到主站；等待主站停止后，再次启动。

3）从站 2 接收主站 0 的启动信号后，Y0 设备启动，到达限位 X0，延时 5s 后，输出工序到位状态到主站；将 FX3U-3A-ADP 上的模拟量输入 1 和 2 分别传送到主站；同时接收主站的模拟量输出信号到该模拟量模块的电压输出端口。

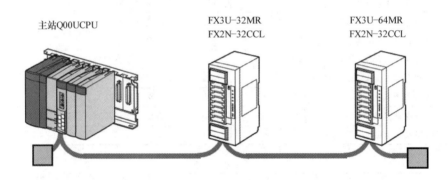

图 6-86　Q 系列 PLC 与两台 FX PLC 之间的 CC-Link 通信示意

实施步骤：

步骤 1：通信连接。按照图 6-87 所示进行连接。

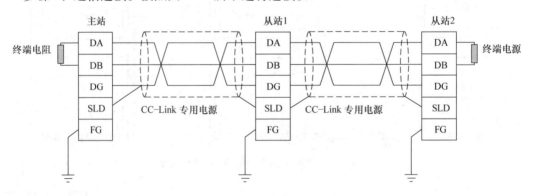

图 6-87　通信连接

步骤 2：CC-Link 网络参数设置。图 6-88 所示为主站 Q 系列 PLC 的 CC-Link 网络参数，分别设置类型为"主站"，模式设置为"远程网络（Ver.1 模式）"，总连接台数为"2"台，远程输入（RX）起始点为"M0"，远程输出（RY）起始点为"M128"，远程寄存器（RWr）起始数据为"D0"，远程寄存器（RWw）起始数据为"D200"。

图6-88　CC－Link 网络参数

单击图6-88 中的"站信息设置"，就会出现图6-89 所示的 CC－Link 站信息模块1，这里的 FX2N－32CCL 占用站数为1个，这时需要在 FX2N－32CCL 中设置相应的开关。

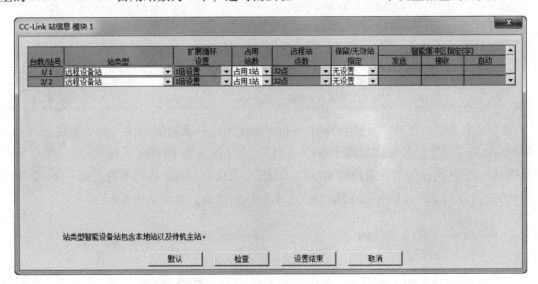

图6-89　CC－Link 站信息模块1

如图6-90 所示，如果在图6-88 中勾选 ☑ 在CC-Link配置窗口中设置站信息 ，则可以配置更详细的模块。根据 QJ61BT11N 的技术指标，它支持远程 I/O（RX/RY）32 个和远程寄存器（RWw/

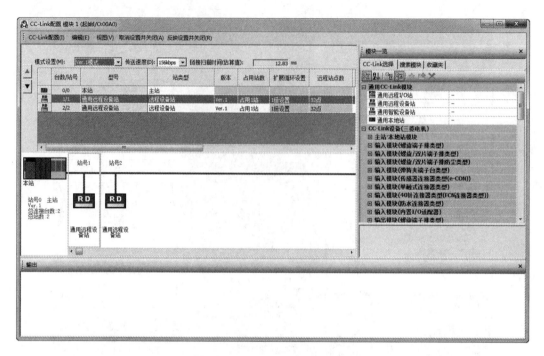

图 6-90　　CC – Link 配置模块 1

RWr）4 个，因此，它与从站 FX2N – 32CCL 之间的 BFM 映射关系见表 6-29。

表 6-29　　映射软元件

映射软元件	主站 Q CPU	从站 FX2N – 32CCL
M0 ~ M31	读取从站 1 号的数字量输入信号	1 号从站：写专用 BFM0# ~ BFM1#
M32 ~ M63	读取从站 2 号的数字量输入信号	2 号从站：写专用 BFM0# ~ BFM1#
M128 ~ M159	写入数字量输出信号到从站 1 号	1 号从站：读专用 BFM0# ~ BFM1#
M160 ~ M191	写入数字量输出信号到从站 1 号	2 号从站：读专用 BFM0# ~ BFM1#
D0 ~ D3	读取 1 号站 4 个数据	1 号从站：写专用 BFM8# ~ BFM11#
D4 ~ D7	读取 2 号站 4 个数据	2 号从站：读专用 BFM8# ~ BFM11#

对于主站来说，直接可以采用 MOV 等指令来使用这些映射软元件，而从站则必须采用 FROM/TO 指令，比如从站读取两个 BFM 的 I/O 缓冲区（即 BFM#0 ~ BFM1#），可以写如图 6-91所示，将主站的数字量信号 M128 ~ M159 读取出来。其中语句中的最后一个 K2 表示以 16 位二进制为单位，K1 代表读取 16 点，K2 代表 32 点，具体如图 6-92 所示。

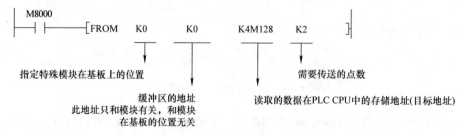

图 6-91　　从站读取两个 BFM 的 I/O 数据缓冲区

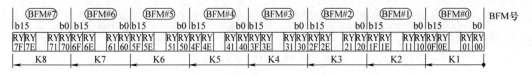

图 6-92　需要传送的点数示意

再比如读取 4 个 BFM 的数据缓冲区（即 BFM#8 ~ BFM11#），则可以写为〔FROM
K0　　　　K8　　　　D200　　　　K4　　　　　　　　〕。

步骤 3：程序编制。主站 Q 系列 PLC 的程序编制如图 6-93 所示，与从站用 FROM/TO

图 6-93　主站 Q 系列 PLC 程序

语句不同，主站只需要用 MOV 等指令就可以把表6-29所示的软元件读取或写入或进行其他运算，具体解释如下：

1）按钮 X0、X2 形成自锁，输出 M128，即1号从站设备启动状态。

2）按钮 X1、X2 形成自锁，输出 M160，即1号从站设备启动状态。

3）当停止按钮动作时，输出 M129、M161 信号给从站1和2。

4）接收到1号从站的工序结束命令信号 M0，输出指示灯 Y20；接收到2号从站的工序到位状态到主站 M32，输出指示灯 Y21。

5）模拟量信号的处理，先将 D300 从初始值为 0.125V 开始，每隔 5s，加 0.125V，直至达到量程，接着将 D300 数值传送到 D204（即从站2号）；同时将从站2号的2个模拟量D4、D6 依次读出到 D304、D306。

从站1程序如图6-94所示，具体解释如下：

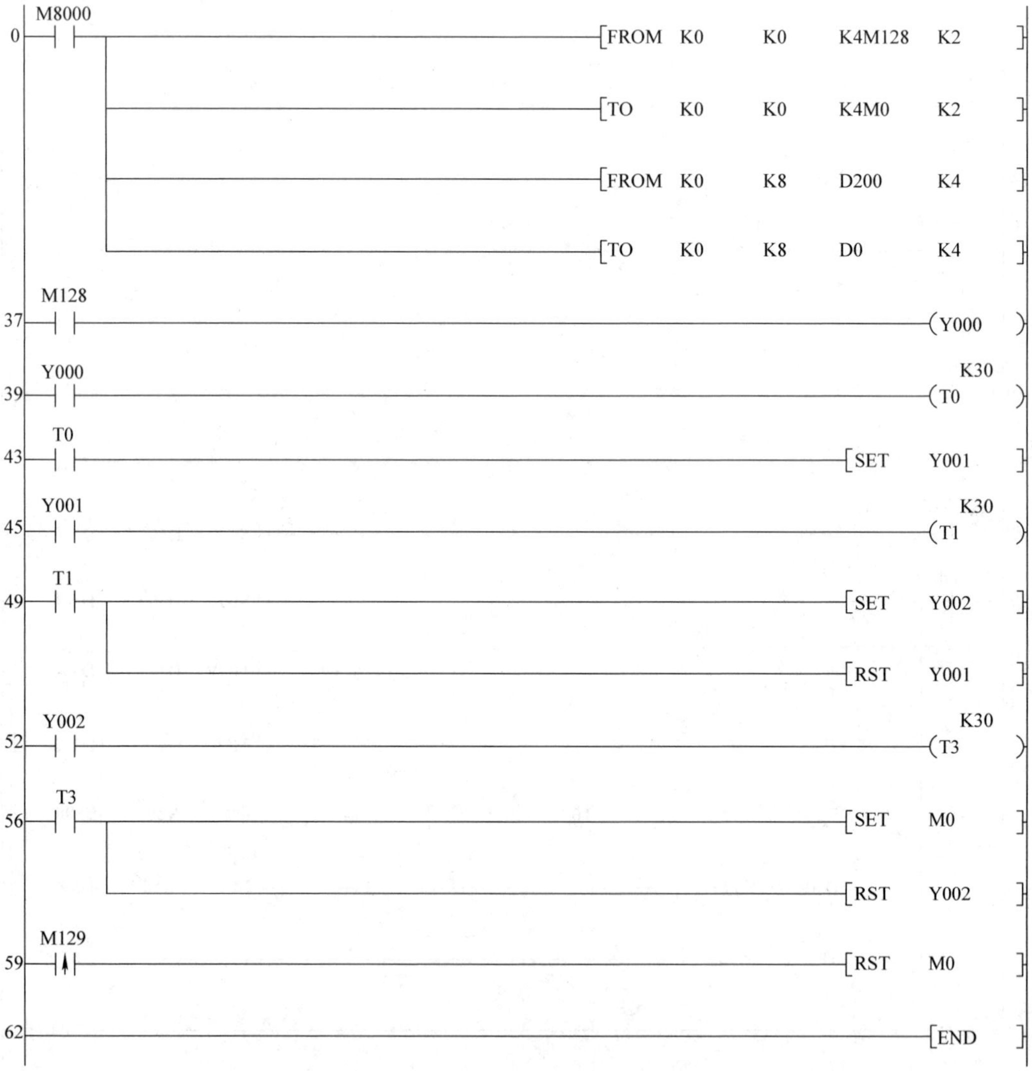

```
0   M8000
    ─┤├──┬─────────────────────[FROM  K0    K0    K4M128  K2 ]
        │
        ├─────────────────────[TO    K0    K0    K4M0    K2 ]
        │
        ├─────────────────────[FROM  K0    K8    D200    K4 ]
        │
        └─────────────────────[TO    K0    K8    D0      K4 ]

37  M128
    ─┤├────────────────────────────────────────────────(Y000)

39  Y000                                                   K30
    ─┤├────────────────────────────────────────────────(T0 )

43  T0
    ─┤├──────────────────────────────────────────[SET   Y001]

45  Y001                                                   K30
    ─┤├────────────────────────────────────────────────(T1 )

49  T1
    ─┤├──┬───────────────────────────────────────[SET   Y002]
        └───────────────────────────────────────[RST   Y001]

52  Y002                                                   K30
    ─┤├────────────────────────────────────────────────(T3 )

56  T3
    ─┤├──┬───────────────────────────────────────[SET   M0  ]
        └───────────────────────────────────────[RST   Y002]

59  M129
    ─┤↑├──────────────────────────────────────────[RST   M0  ]

62  ────────────────────────────────────────────────────[END ]
```

图 6-94　从站 1 程序

1）通过 FROM/TO 语句读取/写入见表6-29 的软元件。

2）当主站发过来的信号 M128 = ON 时，Y0 指示灯亮；延时 3s，启动设备 Y1；再延时 3s，停止设备 Y1、启动设备 Y2；延时 3s，停止设备 Y2、输出工序结束命令信号 M0 到主站；等待主站停止后，再次启动。

从站2 程序如图6-95 所示，具体解释如下：

1）通过 FROM/TO 语句读取/写入表6-29 所示的软元件。

2）当主站发过来的信号 M160 = ON 时，开始 Y0 设备启动，到达限位 X0，延时 5s 后，输出工序到位状态 M32 到主站。

3）设置 FX3U – 3A – ADP 模拟量模块的参数，然后将输入 1（D8260）和 2（D8261）分别传送到 D4 和 D6，最后传到主站；同时接收主站的模拟量输出信号 D204 到该模拟量模块的电压输出端口 D8262。

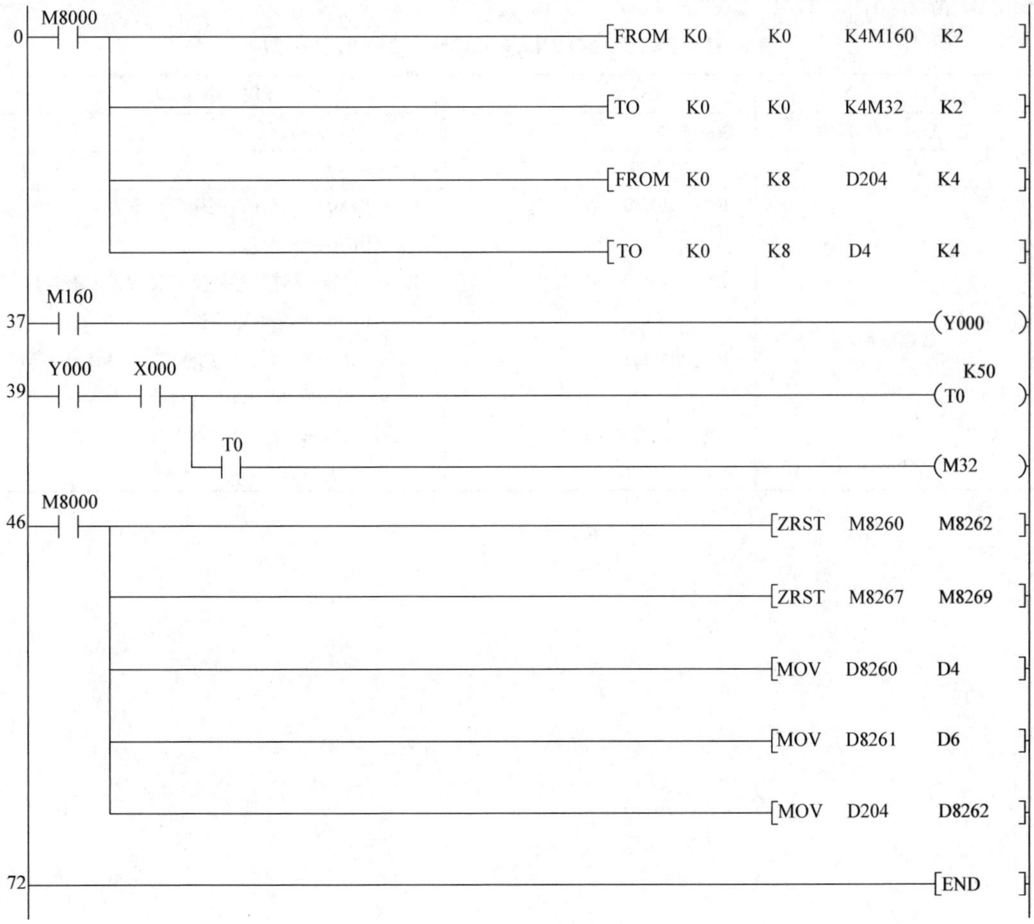

图6-95 从站2 程序

步骤4：调试。当程序下载到各自的3 台 PLC 后，首先需要观察各自的通信模块指示灯情况，正常的情况下，见表6-30。

表 6-30　通信正常指示灯

站点	通信模块型号	指示灯亮	指示灯灭
主站 0	QJ61BTN	LRUN、RD、SD、RUN、MST	LERR、ERR、SMST
从站 1	FX2N – 32CCL	LRUN、RD、SD	LERR
从站 2	FX2N – 32CCL	LRUN、RD、SD	LERR

　　ERR 灯亮起来的原因是有通信错误，具体包括开关类型设置不对、在同一条线上有一个以上的主站、参数内容中有一个错误、激活了数据链接监视定时器、断开电缆连接或者传送路径受到噪声影响。如果 ERR 闪烁，表示某个站有通信错误。

　　需要注意的是，这里也可以选用三菱 FX3U – 64CCL 来替代 FX2N – 32CCL。两者之间的区别是，FX2N – 32CCL 仅对应 CC – Link Ver. 1.00，而 FX3U – 64CCL 对应 CC – Link Ver. 2.00（及 Ver. 1.10）。因此，FX2N – 32CCL 作为远程设备站动作，而 FX3U – 64CCL 作为智能设备站动作。具体见表 6-31。

表 6-31　FX3U – 64CCL 与 FX2N – 32CCL 的区别

对比项目	FX2N – 32CCL	FX3U – 64CCL
CC – Link 对应版本	Ver. 1.00	Ver. 2.00 及 Ver. 1.10
站类别	远程设备站	智能设备站
数据区域	RX：BFM#0 ~ #7	RX：BFM#0 ~ #7（扩展循环设置为 1 倍时）BFM#64 ~ #77
	RY：BFM#0 ~ #7	RY：BFM#0 ~ #7（扩展循环设置为 1 倍时）BFM#120 ~ #133
	RY：BFM#8 ~ #23	BWw：BFM#8 ~ #23（扩展循环设为 1 倍时）BFM#176 ~ #207
	RWr：BFM#8 ~ #23	RWr：BFM#8 ~ #23（扩展循环设为 1 倍时）BFM#304 ~ #335

参 考 文 献

［1］李方园. 三菱 FX/Q 系列 PLC 从入门到精通［M］. 北京：电子工业出版社，2019.

［2］李方园. PLC 控制技术（三菱机型）［M］. 北京：中国电力出版社，2016.

［3］李方园. PLC 工程应用案例［M］. 北京：中国电力出版社，2013.

［4］李金城，等. 三菱 FX 系列 PLC 定位控制应用技术［M］. 北京：电子工业出版社，2015.

［5］陈忠平. 三菱 FX/Q 系列 PLC 自学手册［M］. 2 版. 北京：人民邮电出版社，2019.